面向新工科的电工电子信息基础课程系列教材

教育部高等学校电工电子基础课程教学指导分委员会推荐教材

随机信号分析

印勇 编著

清华大学出版社
北京

内 容 简 介

本书从信号分析与处理的角度组织内容,结合信号分析与处理的相关物理概念介绍概率论和随机过程的基本知识,在此基础上重点阐述随机信号通过线性系统和非线性系统的理论和分析方法。全书共 7 章,内容包括概率论基础,随机过程,随机过程的功率谱密度,随机信号通过线性系统,窄带系统和窄带随机信号,随机信号通过非线性系统的理论和分析方法,以及马尔可夫过程简介等。每章后安排有紧扣教学内容的习题,并给出了部分参考答案。

本书着重强调随机信号的物理概念和分析方法的阐述,内容丰富,叙述清楚,深入浅出,便于教学和自学。本书可作为电子信息学科,特别是电子信息类等专业高年级本科生和硕士研究生的教材使用,也可供相关专业领域的科研和工程技术人员参考。

图书在版编目(CIP)数据

随机信号分析/印勇编著.—北京:清华大学出版社,2023.1
面向新工科的电工电子信息基础课程系列教材
ISBN 978-7-302-61962-8

Ⅰ.①随… Ⅱ.①印… Ⅲ.①随机信号－信号分析－高等学校－教材 Ⅳ.①TN911.6

中国版本图书馆 CIP 数据核字(2022)第 180544 号

责任编辑:文 怡
封面设计:王昭红
责任校对:申晓焕
责任印制:曹婉颖

出版发行:清华大学出版社
      网 址:http://www.tup.com.cn,http://www.wqbook.com
      地 址:北京清华大学学研大厦 A 座   邮 编:100084
      社 总 机:010-83470000   邮 购:010-62786544
      投稿与读者服务:010-62776969,c-service@tup.tsinghua.edu.cn
      质量反馈:010-62772015,zhiliang@tup.tsinghua.edu.cn
      课件下载:http://www.tup.com.cn,010-83470236
印 装 者:三河市天利华印刷装订有限公司
经 销:全国新华书店
开 本:185mm×260mm   印 张:14.75   字 数:345 千字
版 次:2023 年 1 月第 1 版   印 次:2023 年 1 月第 1 次印刷
印 数:1~1500
定 价:49.00 元

产品编号:098647-01

前言

  "随机信号分析与处理"是电子信息类等专业十分重要的专业基础课程,在通信、雷达、图像处理、自动控制、生物医学、地球物理等领域有着广泛的应用。

  本书是编者在积累了多年教学实践经验的基础上编写而成的。针对电子信息类本科学生的实际水平,按照电子信息学科的基本要求,在保持数学本身系统性和逻辑性的前提下,选材简明扼要,强化信号分析与处理的物理概念,突出重点要求。本书系统地介绍随机过程的基本理论以及随机信号通过线性系统和非线性系统的理论和分析方法,最主要的特点是尽量避免抽象烦琐的数学问题,将数学概念与信号分析与处理结合,重点阐述物理概念和分析方法,注意加强应用,淡化数学技巧,阐述力求物理概念清晰,深入浅出,富有启发,易学易懂。本书可作为电子信息类专业高年级本科生的教材使用,也可以作为相关专业硕士研究生的参考教材。

  本书共分7章,第1章介绍概率论的基础知识;第2章阐述随机过程的基本概念,重点讨论平稳随机过程和各态历经过程;第3章为随机过程的功率谱密度分析;第4章讨论随机信号通过线性系统的基本理论和分析方法;第5章介绍窄带系统和窄带随机信号;第6章讨论随机信号通过非线性系统的分析方法;第7章介绍马尔可夫过程。各章后都附有习题,书后附有部分习题参考答案。

  本书得到了重庆大学微电子与通信工程学院教材建设基金资助。在教材的编写过程中,学院领导和同事给予了大力支持和热情鼓励,在此一并表示衷心的感谢!

  由于编者水平有限,教材中难免存在不妥和错误之处,恳请读者批评指正。

编 者

2022 年 9 月于重庆大学

大纲+课件

目录

目录

目录

目录

第 1 章

概率论基础

1.1 随机事件及其概率

1.1.1 随机试验

在研究自然界和人类社会时,人们可观察到的各种现象可粗略地划分为两类:一类是必然现象,或称为确定性现象;另一类是随机现象,或称为不确定性现象。

必然现象是指在相同条件下重复试验,所得结果总是确定的现象,只要试验条件不变,试验结果在试验之前是可以预言的。即必然现象是在一定条件下必然会发生的现象。这类现象在一定条件下进行多次重复试验,必然产生同一结果。例如,用手向空中抛出的石子,必然会下落;在一个标准大气压下,将水加热到 100℃ 就会沸腾;在带电体之间,总是同性相斥、异性相吸等。这些现象都是必然现象。

随机现象是指在相同条件下重复试验,所得结果不一定相同的现象,即试验结果是不确定的现象。对这种现象来说,在每次试验之前无法预知会出现什么结果。例如,掷一枚质地均匀的硬币时,它可能出现正面向上,也可能出现反面向上,但在试验前不能预言究竟会出现哪一面;向一目标进行射击,可能命中目标,也可能不命中目标;从一批产品中,随机抽检一件产品,结果可能是合格品,也可能是次品等。这些现象都是随机现象。可以看出,这类现象具有一个共同的特点:在相同条件下进行多次重复试验,每次试验会得到不完全相同的结果,有多种可能的结果,在每次试验之前哪一个结果会发生是无法预言的。

表面看来,随机现象似乎是没有规律的,其实它还是有规律的,不过,这种规律体现在大量重复试验时的集体现象之中。人们经过长期的反复实践,发现这类现象在相同条件下,对同一随机现象进行大量的重复试验,所得结果就会呈现出某种规律性,我们称这种规律性为统计规律性。概率论就是研究和揭示随机现象统计规律性的数学学科。

为了掌握随机现象的统计规律,就必须对随机现象进行大量观测,对于随机现象的一次观察,可以看作一次试验。例如:

例 1.1 抛硬币试验 E_1:抛一枚硬币,观察其正面 H 和反面 T 出现的情况。

例 1.2 掷骰子试验 E_2:掷一颗骰子,观察出现的点数。

例 1.3 产品抽样测试试验 E_3:在一批灯泡中任意抽取一只,测试它的寿命。

例 1.4 电话通话次数试验 E_4:某电信局记录 9:00—10:00 电话通话的次数。

例 1.5 摸球试验 E_5:在一个盒子中有 5 个红球、5 个黄球、5 个绿球,它们的大小、重量完全相同,从中任摸取一球,观察球的颜色。

这些试验均具有以下 3 个特点:

(1) 试验有多种可能结果,并且事先明确知道该试验的所有可能的结果;

(2) 每次试验出现哪个结果,事先是不可预测的;

(3) 试验可以在相同条件下重复进行。

在概率论中,将具有以上 3 个特点的试验称为随机试验,简称试验,常用字母 E 来表示。由以上例子可以看出,随机试验是产生随机现象的过程,随机试验和随机现象是并存的,随机试验是研究随机现象统计规律性的重要手段。

1.1.2 随机事件和样本空间

在随机试验的结果中,可能发生,也可能不发生,但在大量重复试验中,却具有某种规律性的事件,称为此随机试验的随机事件,简称事件。一般常用大写字母 A、B、C、D、……表示,有时也用"{……}"或"……"表示。例如,在抛硬币试验 E_1 中,"出现正面 H"和"出现反面 T"都是 E_1 的某种结果,它们都是 E_1 的随机事件;在掷骰子试验 E_2 中,"出现点数为 2""出现点数小于 4""出现点数大于或等于 2,小于 5"等,都是可能发生也可能不发生的结果,它们都是 E_2 的随机事件。

随机试验的每一种可能出现的结果都是一个随机事件,它们是该试验的最简单的随机事件,通常称这种简单的、不可再分割的随机事件为基本事件。例如,在抛硬币试验 E_1 中,"出现正面 H"和"出现反面 T"分别是其基本事件;在掷骰子试验 E_2 中,"出现 1 点""出现 2 点""出现 3 点""出现 4 点""出现 5 点""出现 6 点"分别是其基本事件。

在随机试验中,除基本事件外,还有其他的随机事件。如在 E_2 中,"出现偶数点"也是一个随机事件,它是由"出现 2 点""出现 4 点"和"出现 6 点"这三个基本事件所组成的,当且仅当这三个基本事件之一发生时,它才发生。这种事件称为复合事件。

随机事件中有两个极端情况:一个是在随机试验 E 中必然会发生的事件,称为必然事件;另一个在每次试验中都不可能发生的事件,称为不可能事件。例如,E_2 中"出现点数不大于 6"是必然事件,"出现点数大于 6"是不可能事件。必然事件和不可能事件本来没有不确定性,也就是说它们不是随机事件,但为了讨论方便起见,把它们当作一种特殊的随机事件。

为了便于研究随机试验,将随机试验的所有基本事件所组成的集合称作随机试验 E 的样本空间,记为 S。S 中的元素就是随机试验的基本事件,有时也称作样本点,常用小写字母 s 表示。如抛硬币试验 E_1 的样本空间 $S_1 = \{H, T\}$,掷骰子试验 E_2 的样本空间 $S_2 = \{1, 2, 3, 4, 5, 6\}$,产品抽样测试试验 E_3 的样本空间 $S_3 = \{t \mid t \geqslant 0\}$。

例 1.6 写出一次掷两颗骰子,观察每颗骰子的点数的样本空间。

解:$S = \{(i, j) \mid i, j = 1, 2, 3, 4, 5, 6\}$

其中,(i, j) 表示第一颗骰子掷出 i 点,第二颗骰子掷出 j 点,显然,S 共有 36 个样本点。

注意,样本空间中的元素是由试验内容所确定的,例如在试验 E_1 中,如果将硬币的正面编号为 1,反面编号为 2,那么 E_1 的样本空间不再是 $\{H, T\}$,而是 $\{1, 2\}$。

引入了样本空间 S 之后,我们看到随机试验 E 的随机事件是样本空间 S 中的子集,而且随机事件当且仅当子集中的一个样本点发生时发生。基本事件是样本空间的单点集,复合事件是由多个样本点组成的集合。例如,上面所说的随机事件 A:"出现偶数点"是由基本事件"2""4""6"所组成的,A 是 S_2 的子集,即 A:"2, 4, 6"。又如随机事件 B:"点数小于 3"是子集 $\{1, 2\}$,即 B:$\{1, 2\}$。

因为 S 是由所有基本事件所组成的,因而在任一次试验中,必然要出现 S 中的某一些基本事件 s,即 $s \in S$,即在试验中,S 必然会发生。所以,用样本空间 S 来代表一个必然事件,即必然事件包含一切样本点,它就是样本空间。相应地,空集 $\varnothing$ 可以看作 S 的子集,在任意一次试验中,不可能有 $s \in \varnothing$,即不可能事件不含任何样本点,$\varnothing$ 永远不可能发生,所以不可能事件就是空集 $\varnothing$。

1.1.3 事件之间的关系与运算

在一个随机试验中,可以观测到很多随机事件,它们各有其特点,彼此之间又有一定的联系,而且其中有些事件比较简单,有些事件比较复杂。因此,需要研究事件之间的关系和运算。可用集合论的观点研究事件和事件之间的关系和运算。

1. 子事件

若在一次试验中,事件 A 发生必然导致事件 B 发生,则称事件 A 是事件 B 的子事件,或称事件 B 包含事件 A(或事件 A 包含于事件 B 中),记为 $A \subset B$ 或 $B \supset A$。

子事件可用图 1.1 来说明,图中正方形表示随机试验的样本空间 S,圆 A 与圆 B 分别表示事件 A 和事件 B,事件 B 包含事件 A。

2. 两事件相等

若事件 B 包含事件 A,事件 A 也包含事件 B,即 $A \subset B$,同时 $B \subset A$,则称事件 A 与事件 B 相等,或事件 A 与事件 B 等价,记为 $A = B$,如图 1.2 所示。

3. 和事件

若事件 A 与事件 B 至少有一个发生,这样的一个事件称作事件 A 与事件 B 的和,或称作事件 A 与 B 的并,记为 $A \cup B$ 或 $A + B$,如图 1.3 所示。图中阴影部分即表示事件 A 与事件 B 的和。

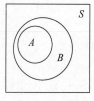 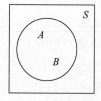 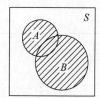

图 1.1　子事件　　　　　图 1.2　两事件相等　　　　　图 1.3　和事件

和事件可推广到有限个或可列个事件的情形。称 $\bigcup\limits_{i=1}^{n} A_i$ 为 n 个事件 $A_1, A_2, \cdots, A_n$ 的和事件,表示 $A_1, A_2, \cdots, A_n$ 中至少一个发生;称 $\bigcup\limits_{i=1}^{\infty} A_i$ 为可列个事件 $A_1, A_2, \cdots, A, \cdots$ 的和事件,表示 $A_1, A_2, \cdots, A, \cdots$ 中至少一个发生。

4. 积事件

若事件 A 与事件 B 同时发生,这样的事件称为事件 A 与事件 B 的积,或称为事件 A 与事件 B 的交,记为 $A\bigcap B$(或 AB)。如图 1.4 所示,图中阴影部分即表示事件 A 与事件 B 的积。

积事件可推广到有限个或可列个事件的情形,称 $\bigcap\limits_{i=1}^{n}A_i$ 为 n 个事件 $A_1,A_2,\cdots,A_n$ 的积事件,表示 n 个事件同时发生;称 $\bigcap\limits_{i=1}^{\infty}A_i$ 为可列个事件 $A_1,A_2,\cdots,A,\cdots$ 的积事件,表示可列个事件同时发生。

5. 差事件

若事件 A 发生而事件 B 不发生,这样的事件称为事件 A 与 B 的差,记为 $A-B$。如图 1.5 所示,图中阴影部分即表示事件 A 与 B 的差。

6. 互不相容事件

若事件 A 与事件 B 不能同时发生,即 AB 是一个不可能事件,称 A 与 B 为互不相容事件,记为 $A\bigcap B=\varnothing$。图 1.6 直观地表示了事件 A 与事件 B 是互不相容的。显然,基本事件是互不相容的。

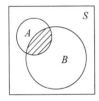

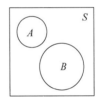

图 1.4　积事件　　　　　图 1.5　差事件　　　　　图 1.6　互不相容事件

7. 逆事件

若事件 A 与事件 B 中必然有一个发生,且仅有一个发生,即事件 A 和 B 满足条件:
$$\begin{cases} A+B=S \\ AB=\varnothing \end{cases}$$
则称 B 为 A 的逆事件或对立事件,或称 A 与 B 互逆。记为 $A=\bar{B}$ 或 $B=\bar{A}$。图 1.7 直观地表示了事件 A 与 B 互逆。

显然,对于任意事件 A 和 B,都有
$$A-B=A\bar{B}$$

例 1.7　设 A、B、C 是 S 中的随机事件,则
事件"A 发生,B、C 都不发生"可表示为 $A\bar{B}\bar{C}$。

图 1.7　逆事件

事件"A、B 都发生,C 不发生"可表示为 $AB\bar{C}$。

事件"A、B、C 中至少有一个发生"可表示为 $A \cup B \cup C$。

事件"A、B、C 中不多于一个事件发生"可表示为 $\bar{A}\bar{B}\bar{C} \cup A\bar{B}\bar{C} \cup \bar{A}B\bar{C} \cup \bar{A}\bar{B}C$。

事件"A、B、C 中至少有两个事件发生"可表示为 $AB\bar{C} \cup A\bar{B}C \cup \bar{A}BC \cup ABC$。

8. 事件的运算规律

事件运算满足如下规则:

(1) 交换律:

$$A \cup B = B \cup A \tag{1.1.1}$$
$$A \cap B = B \cap A \tag{1.1.2}$$

(2) 结合律:

$$(A \cup B) \cup C = A \cup (B \cup C) \tag{1.1.3}$$
$$(A \cap B) \cap C = A \cap (B \cap C) \tag{1.1.4}$$

(3) 分配律:

$$A \cup (B \cap C) = (A \cup B) \cap (A \cup C) \tag{1.1.5}$$
$$A \cap (B \cup C) = (A \cap B) \cup (A \cup C) \tag{1.1.6}$$

(4) 对偶律(德摩根定理):

$$\overline{\bigcup_{i=1}^{n} A_i} = \bigcap_{i=1}^{n} \overline{A_i} \tag{1.1.7}$$

$$\overline{\bigcap_{i=1}^{n} A_i} = \bigcup_{i=1}^{n} \overline{A_i} \tag{1.1.8}$$

(5) 差化积:

$$A - B = A\bar{B} \tag{1.1.9}$$

(6) 吸收律:

$$若 A \subset B, 则 A \cup B = B, AB = A \tag{1.1.10}$$

1.1.4　随机事件的频率与概率

一个随机试验有许多可能结果,我们常常希望知道某些结果出现的可能性有多大。例如,知道了某电话总机在一天内出现呼叫次数的可能性的大小,就可以根据要求合理地配置一定的线路设施以及管理人员;要在某条河上建一座防洪水坝,为了确定水坝的高度,就要知道该河流在造水坝地段每年最大洪水达到某高度的可能性的大小等。在生产实际中,了解和掌握事件发生的可能性大小是有重要意义的。为了研究事件发生的可能性,我们希望能将一个随机事件发生的可能性大小用一个数值来表达,这种刻画随机事件发生可能性大小的数值就是事件的概率。

1. 随机事件的频率

一般地,在同样条件下,大量进行重复试验来观察事件 A 发生或不发生(如抛硬币,

出现正面 H 的事件为 A）。若在 n 次独立试验中，随机事件 A 出现 n_A 次，比值

$$f_n(A) = \frac{n_A}{n} \tag{1.1.11}$$

称为事件 A 在这 n 次试验中出现的频率。

当 n 不大时，$f_n(A)$ 具有显著的随机性；当 n 逐渐增大，$f_n(A)$ 的随机性将逐渐减小，并以微小的摆动逐渐接近一个常数 $P(A)$。

用频率来描述事件发生的可能性的大小有缺点，因为它有随机波动性，不过当 n 逐渐增大时，频率 $f_n(A)$ 逐渐稳定于某个常数 $P(A)$，即当 n 很大时，就有 $f_n(A) \approx P(A)$。这个数 $P(A)$ 是客观存在的，即对于每一随机事件 A，总有这样一个数 $P(A)$ 与之相对应。因此，用稳定值 $P(A)$ 来描述事件 A 发生的可能性的大小是比较恰当的。

2. 概率的定义

设 E 是随机试验，S 是它的样本空间，对于 E 的每一事件赋予一实数，记为 $P(A)$，称之为事件 A 的概率，显然

$$P(A) = \lim_{n \to \infty} \frac{n_A}{n} \tag{1.1.12}$$

由于概率是频率的稳定值，因此对任何随机事件 A，有

$$0 \leqslant P(A) \leqslant 1 \tag{1.1.13}$$

而对必然事件 S 和不可能事件 $\varnothing$，显然有 $P(S)=1$，$P(\varnothing)=0$。

前面所说的"抛硬币""掷骰子"的试验，它们具有两个共同的特点：

(1) 试验的样本空间的样本只有有限个；

(2) 试验中每个基本事件出现的可能性相同。

一般地，设试验 E 的样本空间为 $S = \{e_1, e_2, \cdots, e_n\}$，若每一个基本事件的概率相等，即 $P(e_1) = P(e_2) = \cdots = P(e_n)$，则称这类试验为等可能概型，又称为古典概型。对于等可能概型，由于

$$S = e_1 + e_2 + \cdots + e_n$$

则

$$P(S) = nP(e_i) = 1$$

所以

$$P(e_i) = \frac{1}{n}$$

因此，在等可能概型中，若事件 A 包含 k 个基本事件，则有

$$P(A) = \frac{k}{n} = \frac{\text{事件 } A \text{ 中所包含的基本事件数}}{\text{基本事件总数}} \tag{1.1.14}$$

3. 概率的性质

概率具有下述性质：

(1) 非负性：对于任意给定的事件 A，$0 \leqslant P(A) \leqslant 1$；

(2) 规范性：$P(S)=1$；

(3) 可列可加性：对于任意给定的事件 $A_i(i=1,2,\cdots)$，且任意事件两两互不相容，则有

$$P\left(\sum_{i=1}^{\infty}A_i\right)=\sum_{i=1}^{\infty}P(A_i) \tag{1.1.15}$$

由此可得到以下结论：

(1) $P(\phi)=0$，即不可能事件的概率为 0；

(2) 有限可加性，若事件 $A_1,A_2,\cdots,A_n$ 两两互不相容，则

$$P\left(\sum_{i=1}^{n}A_i\right)=\sum_{i=1}^{n}P(A_i) \tag{1.1.16}$$

(3) 对任意事件 A，有 $P(\overline{A})=1-P(A)$；

(4) 对于任意事件 A、B，有

$$P(A+B)=P(A)+P(B)-P(AB) \tag{1.1.17}$$

$$P(A-B)=P(A)-P(AB) \tag{1.1.18}$$

$$P(A+B)\leqslant P(A)+P(B) \tag{1.1.19}$$

例 1.8 盒内有 5 个红球，3 个白球，从中任取 2 个，问两个都是红球的概率是多少？

解：试验可能出现的结果共有 $C_8^2=28$ 种，其中取得两个为红球所包含的基本事件数为 $C_5^2=10$ 种，所以

$$P=\frac{10}{28}\approx 0.357$$

例 1.9 某班级有 n 个人 $(n\leqslant 365)$，问至少有两个人的生日在同一天的概率为多大？

解：设 A 表示事件"n 个人至少有两个人的生日相同"，则 $\overline{A}$ 表示事件"n 个人的生日全不相同"。那么

$$P(\overline{A})=\frac{N!}{N^n(N-n)!}$$

所以

$$P(A)=1-P(\overline{A})=1-\frac{N!}{N^n(N-n)!} \quad (N=365)$$

例 1.10 一袋中有 10 个球，其中 4 个白球，6 个黑球。现按如下两种方式从袋中连续取 3 个球。

(1) 一次取一个球，观察其颜色后放进袋中，然后再取一个球。求(a)取出的 3 个球全为黑球的概率。求(b)取出的 3 个球中 2 个为白球、1 个为黑球的概率。

(2) 一次取一个球，取后不放回袋中，然后再取一个球。求(a)取出的 3 个球全为黑球的概率。求(b)取出的 3 个球中 2 个为白球、1 个为黑球的概率。

解：设"取出的 3 个球全为黑球"的事件为 A，"取出的 3 个球中 2 个为白球、1 个为黑球"的事件为 B。

按方式(1)从袋中连续取 3 个球，其基本事件总数为 $n=10^3$，事件 A 中所包含的基

本事件数为 $n_A = 6^3$，事件 B 中所包含的基本事件数为 $n_B = C_3^2 \times 4^2 \times 6$。所以

$$P(A) = \frac{6^3}{10^3} = 0.216$$

$$P(B) = \frac{C_3^2 \times 4^2 \times 6}{10^3} = 0.288$$

按方式（2）从袋中连续取 3 个球，其基本事件总数为 $n = 10 \times 9 \times 8$，事件 A 中所包含的基本事件数为 $n_A = 6 \times 5 \times 4$，事件 B 中所包含的基本事件数为 $n_B = C_3^2 \times 4 \times 3 \times 6$。所以

$$P(A) = \frac{6 \times 5 \times 4}{10 \times 9 \times 8} = \frac{1}{6}$$

$$P(B) = \frac{C_3^2 \times 4 \times 3 \times 6}{10 \times 9 \times 8} = \frac{3}{10}$$

1.2 条件概率与统计独立

1.2.1 条件概率

在随机试验中，研究的主要对象是随机事件的发生情况。除研究事件自身的发生情况外，还特别需要研究事件在一定条件下发生的情况，即在一个事件发生的条件下另一事件发生的概率。这就是条件概率问题。

定义 设 A、B 为随机试验的两个事件，且 $P(B) > 0$，则称

$$P(A \mid B) = \frac{P(AB)}{P(B)} \tag{1.2.1}$$

为事件 B 发生的条件下事件 A 发生的条件概率。

条件概率仍具有概率的三个基本性质：

（1）非负性：对于任意给定的事件 A，$0 \leqslant P(A \mid B) \leqslant 1$；

（2）规范性：$P(S \mid B) = 1$；

（3）可列可加性：对于任意给定的事件 $A_i (i = 1, 2, \cdots)$，且任意事件两两互不相容，则有

$$P\left(\sum_{i=1}^{+\infty} A_i \mid B\right) = \sum_{i=1}^{+\infty} P(A_i \mid B) \tag{1.2.2}$$

类似地，事件 A 发生的条件下事件 B 发生的条件概率为（$P(A) > 0$）

$$P(B \mid A) = \frac{P(AB)}{P(A)} \tag{1.2.3}$$

1.2.2 乘法定理

定理（乘法定理） 设任意事件 A、B，若 $P(B) > 0$，则有

$$P(AB) = P(A \mid B)P(B) \qquad\qquad (1.2.4)$$

若 $P(A) > 0$,则有

$$P(AB) = P(B \mid A)P(A) \qquad\qquad (1.2.5)$$

概率的乘法定理的意义是:两事件积的概率等于其中某一事件的概率乘以另一事件在前一事件已发生的条件下的条件概率。

例 1.11 有编号为 1、2、3、4、5 的五张卡片,第一次任取一张,且不放回,第二次在剩下的四张中任取一张,试求:(1)第一次取到奇数号卡片的概率;(2)第二次取到奇数号卡片的概率;(3)两次都取到奇数号卡片的概率。

解:设 A 为事件"第一次取到奇数号卡片",B 为事件"第二次取到奇数号卡片"

(1) $P(A) = \dfrac{C_3^1}{C_5^1} = \dfrac{3}{5}$

(2) $B = AB \cup \bar{A}B$ 且 $AB \cap \bar{A}B = \varnothing$

$$P(B) = P(AB) + P(\bar{A}B) = P(B \mid A)P(A) + P(B \mid \bar{A})P(\bar{A})$$

$$= \frac{2}{4} \times \frac{3}{5} + \frac{3}{4} \times \frac{2}{5} = \frac{3}{5}$$

(3) $P(AB) = P(B)P(B \mid A) = \dfrac{3}{5} \times \dfrac{2}{4} = \dfrac{3}{10}$

乘法定理可以推广到 n 个事件之积的情况,即设 $A_1, A_2, \cdots, A_n$ 为 n 个事件($n \geqslant 2$),且 $P(A_n \mid A_1 A_2 \cdots A_{n-1}) > 0$,则有

$$P(A_1 A_2 \cdots A_n) = P(A_1)P(A_2 \mid A_1)P(A_3 \mid A_1 A_2) \cdots P(A_n \mid A_1 A_2 \cdots A_{n-1})$$

$$(1.2.6)$$

1.2.3 全概率公式

若事件 $A_1, A_2, \cdots, A_n$ 两两互不相容,且 $\sum\limits_{i=1}^{n} A_i = S$,则称 $A_1, A_2, \cdots, A_n$ 构成一个完备事件组。

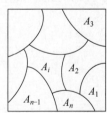

图 1.8 完备事件组

构成完备事件组的事件 $A_1, A_2, \cdots, A_n$ 可用图 1.8 形象地表示,它们表现为任意两个事件都不含公共的样本点,而这几个事件的全体恰好构成整个样本空间 S。

虽然,事件 $A_1, A_2, \cdots, A_n$ 可以不是基本事件,但随机试验 E 的所有基本事件构成一个完备事件组。

如果某个事件可能在多种情况下发生,而且它在各种情况下发生的可能性大小也都知道,试问该事件发生的"总的可能性"或"全部可能性"多大? 这类问题是常见的。由概率的有限可加性和条件概率的定义可导出计算事件"总的可能性"的全概率公式。

设 B 为 E 的事件,$A_1, A_2, \cdots, A_n$ 构成 E 的一个完备事件组,B 发生,只能与事件

$A_1, A_2, \cdots, A_n$ 中的一个同时发生，且仅能与它们之一同时发生，现在要确定 B 发生的概率。

因为 $A_1, A_2, \cdots, A_n$ 互不相容，故 $BA_1, BA_2, \cdots, BA_n$ 也互不相容，事件 B 就是 $BA_1, BA_2, \cdots, BA_n$ 之和。应用概率的有限可加性，可得

$$P(B) = \sum_{i=1}^{n} P(BA_i) \tag{1.2.7}$$

由乘法定理，有

$$P(BA_i) = P(A_i)P(B \mid A_i) \tag{1.2.8}$$

式(1.2.8)代入式(1.2.7)，可得

$$P(B) = \sum_{i=1}^{n} P(A_i)P(B \mid A_i) \tag{1.2.9}$$

定理（全概率公式） 设 $A_1, A_2, \cdots, A_n$ 构成随机试验 E 的一个完备事件组，且 $P(A_i) > 0 (i = 1, 2, \cdots, n)$，则对随机试验 E 的任一事件 B，有

$$P(B) = \sum_{i=1}^{n} P(A_i)P(B \mid A_i) \tag{1.2.10}$$

全概率公式的直观意义是：某一事件 B 的发生有各种可能的原因 $A_1, A_2, \cdots, A_n$，若 B 是由 A_i 引起的，则 B 发生的概率与 $P(BA_i)$ 有关($i = 1, 2, \cdots, n$)，且等于它们的总和。即在已知各条件的概率 $P(A_i)$ 和 A_i 发生的条件下事件 B 发生的条件概率 $P(B|A_i)$ 时，就可用全概率公式求得事件 B 的全概率。

例 1.12 某保险公司从保险的角度认为，人可分为两类，第一类是容易发生意外的人，另一类是比较谨慎的人。据该公司统计，容易发生意外的人在固定的一年内的某个时刻出一次事故的概率为 0.4，而比较谨慎的人的概率为 0.2，若假定第一类人占 30%，则一个新保险客户在购买保险单后一年内可能发生一次意外事故的概率是多少？

解：设 A 为事件"新保险客户在一年内出现一次意外"，

B_1 为事件"新客户属于第一类"，B_2 为事件"新客户属于第二类"，所以

$$P(A) = P(A \mid B_1)P(B_1) + P(A \mid B_2)P(B_2) = 0.4 \times 0.3 + 0.2 \times 0.7 = 0.26$$

例 1.13 对飞机进行三次独立的射击，第一次射击的命中率是 0.4，第二次射击的命中率是 0.5，第三次射击的命中率是 0.7。飞机中一弹坠落的概率为 0.2，中二弹坠落的概率是 0.6，若中三弹，则必然被击落。求射击三弹而击落飞机的概率。

解：令事件

B_1：一弹击中飞机　　　　　A_1：第一次击中飞机

B_2：二弹击中飞机　　　　　A_2：第二次击中飞机

B_3：三弹击中飞机　　　　　A_3：第三次击中飞机

A：飞机被击落

显然，B_1、B_2、B_3 为互不相容事件，应用加法定理和乘法定理，可以求得 $P(B_1)$、$P(B_2)$、$P(B_3)$。

已知 $P(A_1) = 0.4, P(A_2) = 0.5, P(A_3) = 0.7, P(A|B_1) = 0.2, P(A|B_2) = 0.6$，

$P(A|B_3)=1$，且 $B_1=A_1\overline{A}_2\overline{A}_3+\overline{A}_1A_2\overline{A}_3+\overline{A}_1\overline{A}_2A_3$。由于 A_1,A_2,A_3 相互独立(但相容)，$A_1\overline{A}_2\overline{A}_3,\overline{A}_1A_2\overline{A}_3$ 和 $\overline{A}_1\overline{A}_2A_3$ 互不相容，有

$$\begin{aligned}P(B_1)&=P(A_1\overline{A}_2\overline{A}_3)+P(\overline{A}_1A_2\overline{A}_3)+P(\overline{A}_1\overline{A}_2A_3)\\&=P(A_1)P(\overline{A}_2)P(\overline{A}_3)+P(\overline{A}_1)P(A_2)P(\overline{A}_3)+P(\overline{A}_1)P(\overline{A}_2)P(A_3)\\&=0.4\times0.5\times0.3+0.6\times0.5\times0.3+0.6\times0.5\times0.7\\&=0.36\end{aligned}$$

同理

$$\begin{aligned}P(B_2)&=P(A_1A_2\overline{A}_3)+P(A_1\overline{A}_2A_3)+P(\overline{A}_1A_2A_3)\\&=P(A_1)P(A_2)P(\overline{A}_3)+P(A_1)P(\overline{A}_2)P(A_3)+P(\overline{A}_1)P(A_2)P(A_3)\\&=0.4\times0.5\times0.3+0.4\times0.5\times0.7+0.6\times0.5\times0.7=0.41\end{aligned}$$

$$\begin{aligned}P(B_3)&=P(A_1A_2A_3)=P(A_1)P(A_2)P(A_3)\\&=0.4\times0.5\times0.7=0.14\end{aligned}$$

应用全概率公式得

$$\begin{aligned}P(A)&=P(A\mid B_1)P(B_1)+P(A\mid B_2)P(B_2)+P(A\mid B_3)P(B_3)\\&=0.2\times0.36+0.6\times0.41+1\times0.14=0.458\end{aligned}$$

即飞机被击落的概率为 0.458。

1.2.4 贝叶斯公式

现在提出这样一个问题：在全概率公式的命题中，若事件 B 已经发生，求事件 A_i 的概率，即求 $P(A_1|B),P(A_2|B),\cdots,P(A_n|B)$ 的大小。如例 1.13，假设飞机已被击落，要算出它中一弹、二弹或三弹的概率。

定理　若设 $A_1,A_2,\cdots,A_n$ 是一组互不相容的事件，且

$$\sum_{i=1}^{n}A_i=S,\quad P(A_i)>0\quad(i=1,2,\cdots,n)$$

则对任一事件 B，有

$$P(A_i\mid B)=\frac{P(A_i)P(B\mid A_i)}{\sum_{j=1}^{n}P(A_j)P(B\mid A_j)}\quad(i=1,2,\cdots,n)\qquad(1.2.11)$$

证明：根据乘法定理，有

$$P(BA_i)=P(A_i)P(B\mid A_i)=P(B)P(A_i\mid B)$$

所以

$$P(A_i\mid B)=\frac{P(BA_i)}{P(B)}=\frac{P(A_i)P(B\mid A_i)}{\sum_{j=1}^{n}P(A_j)P(B\mid A_j)}\quad(i=1,2,\cdots,n)$$

通常我们把在观察以前计算得到的概率 $P(A_i)$ 称为先验概率,把已观察到 B 的出现后,按贝叶斯公式计算得到的条件概率 $P(A_i|B)$ 称为后验概率。例如,在例 1.13 中,若已知飞机被击落的概率为 $P(A)=0.458$,则在飞机已被击落时,它中一弹、二弹或三弹的概率分别为

$$P(B_1 \mid A) = \frac{P(B_1)P(A \mid B_1)}{P(A)} = \frac{0.36 \times 0.2}{0.458} = 0.157$$

$$P(B_2 \mid A) = \frac{P(B_2)P(A \mid B_2)}{P(A)} = \frac{0.41 \times 0.6}{0.458} = 0.537$$

$$P(B_3 \mid A) = \frac{P(B_3)P(A \mid B_3)}{P(A)} = \frac{0.14 \times 1}{0.458} = 0.306$$

1.2.5 事件的独立性

设 A、B 为随机试验的任意两个事件,若 $P(A)>0$,则可以定义条件概率 $P(B|A)$。一般情况下,$P(B|A) \neq P(B)$,即事件 A 的发生对事件 B 的发生是有影响的,也就是说,B 的概率因 A 的发生而变化,称事件 A 和事件 B 相关;而当 $P(B|A)=P(B)$ 时,说明事件 B 发生的概率不受事件 A 发生的影响,即事件 B 的概率与事件 A 的发生与否无关,我们称事件 B 对事件 A 独立。

定义 对任意的两个事件 A、B,若
$$P(AB)=P(A)P(B) \tag{1.2.12}$$
成立,则称事件 A 与 B 是相互独立的,简称独立。

关于两个事件的独立性,有如下定理:

定理 1 当 $P(A)>0,P(B)>0$ 时,事件 A 与事件 B 相互独立的充分必要条件是
$$P(A \mid B)=P(A) \quad \text{或} \quad P(B \mid A)=P(B) \tag{1.2.13}$$

定理 2 若事件 A 与 B 相互独立,则下列三对事件:A 与 $\overline{B}$、$\overline{A}$ 与 B、$\overline{A}$ 与 $\overline{B}$ 也相互独立。

定理 3 不可能事件 $\varnothing$ 及必然事件 S 与任何事件 A 相互独立。

定义 对于事件 A、B、C,若 $P(AB)=P(A)P(B)$,$P(AC)=P(A)P(C)$,$P(BC)=P(B)P(C)$,$P(ABC)=P(A)P(B)P(C)$,则称事件 A、B、C 相互独立。

例 1.14 设甲、乙、丙三射手独立地射击同一目标,他们击中目标的概率分别是 0.9、0.88、0.8。求在一次射击中,目标被击中的概率。

解:设 A_1、A_2、A_3 分别为事件"甲、乙、丙独立击中目标",B 为事件"目标被击中"。
A_1、A_2、A_3 相互独立,则 $\overline{A}_1$、$\overline{A}_2$、$\overline{A}_3$ 相互独立。
$$B=A_1+A_2+A_3$$
$$P(B)=P(A_1+A_2+A_3)=1-P(\overline{A_1+A_2+A_3})=1-P(\overline{A}_1\overline{A}_2\overline{A}_3)$$
$$=1-P(\overline{A}_1)P(\overline{A}_2)P(\overline{A}_3)=1-0.1 \times 0.12 \times 0.2=0.9976$$

1.3　随机变量及其概率分布

1.3.1　随机变量的概念

概率论是研究随机现象统计规律性的一门数学学科,即概率论是从数量方面来反映随机事件的统计规律性。为了便于从数量上来描述、处理和解决各种与随机现象有关的理论和应用问题,就需要把随机试验的结果数量化,即把样本空间中的样本点与数值联系起来。这种随着随机试验的结果而取值的变量,就是随机的变量。

通过前面的讨论可知,在随机现象中,有一部分试验与数值直接发生关系,例如投掷一骰子出现的点数为 1、2、3、4、5、6 中的一个数;从一批产品中任取 10 件,抽到的废品数可能是 0,1,2,…,10 中的一个数等。而另一些试验,其可能的各种结果和数值之间并没有直接联系,如硬币出现正面或反面等,对于这类随机试验,可以规定一些数值来表示它的各种可能的结果。例如抛硬币试验,规定正面向上记为 1,反面向上记为 0,这样就可以将随机事件的结果直接和数值相联系。这样,我们就可以用一个变量 X 来定量表示随机试验的结果,而随机试验的各种可能结果,则通过 X 可能取的数值定量地表示出来,这个变量就是随机变量。

定义　设随机试验 E 的样本空间为 S,若对于每个样本点 $e \in S$,有一个实数 $X(e)$ 和它对应,这样就得到一个定义在 S 上的单值实函数 $X(e)$,称 $X(e)$ 为随机变量,简写为 X。

根据定义可以看出,随机变量具有两个显著的特征:

(1) 变量——随机变量是一个随试验结果不同、可取不同值的变量。

(2) 随机性——随机变量的取值依赖于随机试验的结果,具有随机性。

引入随机变量后,我们不仅可以通过随机变量将各个事件联系起来去研究随机试验的全部结果,而且可利用数学分析方法来研究随机试验。

一般地,用大写字母表示随机变量,用相应的小写字母表示随机变量的可能取值。

根据随机变量可能取得的值,可将随机变量分为离散型随机变量和连续型随机变量。对一个随机变量,不仅要了解它取哪些值,而且要了解取各个值的概率,即它的取值规律,通常把取值的规律称为随机变量的分布。

1.3.2　离散型随机变量及其分布

定义　若随机变量 X 只能取有限个或可列个不同的数值,则称 X 为离散型随机变量。

例如,前述的掷骰子出现的点数 X 只能取 1、2、3、4、5、6,抽到的废品数只能取 0,1,2,…,10,它们都是离散型随机变量。要掌握一个离散型随机变量的统计规律,只知道 X 的所有可能取值是不够的,还必须知道 X 取每个可能值的概率。

定义 设 X 为一个离散型随机变量,它所有可能取的值为 $x_1,x_2,\cdots$(有限个或可列个),p_k 是 X 取值为 $x_k(k=1,2,\cdots)$ 时相应的概率,即

$$P\{X=x_k\}=p_k \quad (k=1,2,\cdots) \tag{1.3.1}$$

或表示为

X	x_1	x_2	x_3	$\cdots$	x_k	$\cdots$
$P\{X=x_k\}$	p_1	p_2	p_3	$\cdots$	p_k	$\cdots$

则称式(1.3.1)或表格表示的函数为离散型随机变量 X 的概率分布,或称为 X 的分布密度或分布律。它清楚而完整地表示了随机变量 X 取值的概率分布情况。

显然,p_k 满足以下关系:

$$p_k \geqslant 0 \quad (k=1,2,\cdots)$$

$$\sum_{k=1}^{\infty} p_k = 1$$

例 1.15 投掷一骰子,出现的点数 X,全部取值可列成下表:

X	1	2	3	4	5	6
P	1/6	1/6	1/6	1/6	1/6	1/6

以下介绍几个常用的离散型随机变量及其概率分布。

1. 两点分布

设随机变量 X 只取两个可能值 0 和 1,它的概率分布为

$$P(X=k)=p^k(1-p)^{1-k} \quad (k=0,1; 0<p<1) \tag{1.3.2}$$

则称 X 服从两点分布。相应的分布律为

X	0	1
$P\{X=k\}$	$1-p$	p

若一个随机试验只有两种结果,即它的样本空间只有两个元素,$S=\{e_1,e_2\}$,则可在 S 上定义一个服从两点分布的随机变量

$$X=X(e)=\begin{cases} 0 & (\text{当 } e=e_1) \\ 1 & (\text{当 } e=e_2) \end{cases}$$

来描述这个随机试验的结果。

若随机变量 X 的分布密度为

$$P\{X=k\}=C_n^k p^k q^{n-k} \quad (k=1,2,\cdots,n) \tag{1.3.3}$$

则称 X 服从二项分布,记为 $X\sim B(n,p)$,其中 n、p 为参数,且 $0<p<1,q=1-p$。

特别地,当 $n=1$ 时的二项分布就是两点分布。

2. 泊松分布

若随机变量 X 的分布密度为

$$P\{X=k\}=\frac{\lambda^k}{k!}\mathrm{e}^{-\lambda} \quad (k=1,2,\cdots;\lambda>0) \tag{1.3.4}$$

则称 X 服从泊松分布,其中 λ 为参数。

1.3.3 连续型随机变量及其分布

对于可以在某一区间内任意取值的随机变量 X,由于它的取值不是集中在有限个或可列无穷个点上,因此,只有确知取值于任一区间上的概率 $P\{a<X<b\}$(其中 $a<b$,且 a、b 为任意实数),才能掌握它取值的概率分布情况,这就是连续型随机变量。

对于连续型随机变量 X,由于其可能值不能一个一个地列举出来,因而就不能像离散型随机变量那样可以用分布律来描述它。并且 $p_k=P\{X=x_k\}$ 无意义,即 p_k 恒为 0。因此,只好转而去研究随机变量所取的值落在一个区间内的概率。这就是下面要引入的分布函数。

定义 设 X 是一随机变量,x 是任意实数,称函数

$$F(x)=P\{X\leqslant x\} \quad (-\infty<x<+\infty) \tag{1.3.5}$$

为随机变量 X 的分布函数。

已知随机变量 X 的分布函数,就能知道 X 落在任一区间内的概率,它完整地描述了随机变量 X 的统计特性。

分布函数 $F(x)$ 既然是概率,就应具有下面的基本性质:

(1) $0\leqslant F(x)\leqslant 1$; $\tag{1.3.6}$

(2) $F(x)$ 为不减函数,即当 $x_1<x_2$ 时,有 $F(x_1)\leqslant F(x_2)$;

(3) $P\{X\geqslant x\}=1-F(x)$; $\tag{1.3.7}$

(4) 随机变量 X 在区间 $x_1\leqslant X\leqslant x_2$ 上取值的概率为

$$P\{x_1\leqslant X\leqslant x_2\}=F(x_2)-F(x_1) \tag{1.3.8}$$

(5) $F(-\infty)=\lim\limits_{x\to-\infty}F(x)=0$; $\tag{1.3.9}$

(6) $F(+\infty)=\lim\limits_{x\to+\infty}F(x)=1$; $\tag{1.3.10}$

(7) 对于连续型随机变量 X,$F(x)$ 是连续函数。

例 1.16 已知随机变量 X 的分布函数为

$$F(x)=\begin{cases} 0 & (x<0) \\ \dfrac{1}{4} & (0\leqslant x<1) \\ \dfrac{3}{4} & (1\leqslant x<2) \\ 1 & (x\geqslant 2) \end{cases}$$

求　$P\left\{X \leqslant \frac{1}{2}\right\}, P\left\{\frac{1}{2}<X \leqslant \frac{3}{2}\right\}, P\left\{\frac{1}{4} \leqslant X \leqslant \frac{1}{2}\right\}$。

解：$P\left\{X \leqslant \frac{1}{2}\right\}=F\left(\frac{1}{2}\right)=\frac{1}{4}$

$$P\left\{\frac{1}{2}<X \leqslant \frac{3}{2}\right\}=F\left(\frac{3}{2}\right)-F\left(\frac{1}{2}\right)=\frac{3}{4}-\frac{1}{4}=\frac{1}{2}$$

$$P\left\{\frac{1}{4} \leqslant X \leqslant \frac{1}{2}\right\}=F\left(\frac{1}{2}\right)-F\left(\frac{1}{4}\right)=\frac{1}{4}-\frac{1}{4}=0$$

定义　若对于连续型随机变量 X 的分布函数 $F(x)$，存在非负的函数 $f(x)$，使对于任意实数 x，有

$$F(x)=\int_{-\infty}^{x} f(t) \mathrm{d}t$$

称 $f(x)$ 为 X 的概率密度函数。

概率密度函数可表示为一条曲线，称为分布曲线。根据积分的几何意义可知，分布函数 $F(x)$ 是分布曲线下从 $-\infty$ 到 x 与横轴包围的面积，如图 1.9 所示。

概率密度函数 $f(x)$ 具有下列性质：

(1) $f(x) \geqslant 0$；　　　　　　　　　　　　　　　　　　　　　　　　　(1.3.11)

(2) 由概率密度函数曲线与 x 轴所围成面积为 1。即

$$\int_{-\infty}^{+\infty} f(x) \mathrm{d}x=1 \tag{1.3.12}$$

(3) 随机事件 $\{x_1 \leqslant X \leqslant x_2\}$ 的概率等于分布函数曲线下从 x_1 到 x_2 的面积，如图 1.10 所示。

$$P\{x_1 \leqslant X \leqslant x_2\}=F(x_2)-F(x_1)=\int_{x_1}^{x_2} f(x) \mathrm{d}x \tag{1.3.13}$$

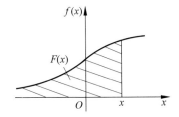　　　　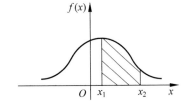

图 1.9　随机变量的概率密度函数　　　　图 1.10　随机事件 $\{x_1 \leqslant X \leqslant x_2\}$ 的概率

由于连续型随机变量在任一点处的概率都是 0，即

$$P(X=x)=\lim_{\Delta x \to 0^{+}} p(x \leqslant X \leqslant x+\Delta x)=\lim_{\Delta x \to 0^{+}} \int_{x}^{x+\Delta x} f(x) \mathrm{d}x=0$$

所以，有

$$P\{x_1 \leqslant X \leqslant x_2\}=P\{x_1 \leqslant X<x_2\}=P\{x_1<X \leqslant x_2\}$$

$$=P\{x_1<X<x_2\}=\int_{x_1}^{x_2} f(x) \mathrm{d}x$$

(4) 若 $f(x)$ 在点 x 处连续,则有 $F'(x)=f(x)$。

从这条性质可以看出 $f(x)$ 的物理意义。

$$f(x)=\frac{\mathrm{d}F(x)}{\mathrm{d}x}=\lim_{\Delta x\to 0}\frac{F(x+\Delta x)-F(x)}{\Delta x}=\lim_{\Delta x\to 0}\frac{P\{x<X<x+\Delta x\}}{\Delta x}$$

$$(1.3.14)$$

从式(1.3.14)可以看出,$f(x)$ 是随机变量 X 的值落在极小区间 $(x,x+\Delta x)$ 内的概率与区间长度 Δx 之比,即 X 落入极小区间 Δx 内的平均概率,这就可以把它看成 x 点的概率的密度,与物理学中线密度的定义相似。

例 1.17 设随机变量 X 的概率密度为 $f(x)=A\mathrm{e}^{-|x|}\ (-\infty<x<+\infty)$。
求:(1)系数 A;(2)$P(0<X<1)$。

解:(1) 由于 $\int_{-\infty}^{+\infty}f(x)\mathrm{d}x=1$,则

$$1=\int_{-\infty}^{+\infty}A\mathrm{e}^{-|x|}\ \mathrm{d}x=2A\int_{0}^{+\infty}\mathrm{e}^{-x}\ \mathrm{d}x=2A,\ \text{所以}\ A=\frac{1}{2}$$

$$(2)\ P(0<X<1)=\frac{1}{2}\int_{0}^{1}\mathrm{e}^{-x}\ \mathrm{d}x=\frac{1-\mathrm{e}^{-1}}{2}$$

下面介绍几种常见的连续型随机变量及其分布。

1. 均匀分布

若连续型随机变量 X 在有限区间 $[a,b]$ 内取值,且其概率密度函数为

$$f(x)=\begin{cases}\dfrac{1}{b-a} & (a\leqslant x\leqslant b)\\ 0 & (\text{其他})\end{cases}$$

$$(1.3.15)$$

则称 X 服从 $[a,b]$ 上的均匀分布。X 相应的分布函数为

$$F(x)=\begin{cases}0 & (x<a)\\ \dfrac{x-a}{b-a} & (a\leqslant x<b)\\ 1 & (x\geqslant b)\end{cases}$$

$$(1.3.16)$$

均匀分布的随机变量的概率密度函数和分布函数分别如图 1.11 和图 1.12 所示。

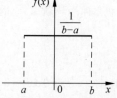
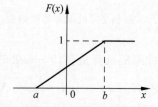

图 1.11 均匀分布的随机变量的概率密度函数   图 1.12 均匀分布的随机变量的分布函数

在 $[a,b]$ 上服从均匀分布的随机变量 X,X 取值小于 a 或大于 b 的概率为 0,取值在 $[a,b]$ 内的概率为 1,并且 X 落入任一子区间 $[c,d]$ 内的概率与 $[c,d]$ 的长度成正比,而

与子区间在[a，b]中的位置无关，即 X 落在两个等长度的子区间的概率是相等的。所以，均匀分布又称为等概分布。

2．指数分布

若连续型随机变量 X 的密度函数为

$$f(x) = \begin{cases} \lambda e^{-\lambda x} & (x \geqslant 0) \\ 0 & (x < 0) \end{cases} \tag{1.3.17}$$

其中，λ 为正常数，则称随机变量 X 服从指数分布。

3．瑞利分布

若连续型随机变量 X 的密度函数为

$$f(x) = \begin{cases} \dfrac{x}{\sigma^2} e^{-\frac{x^2}{2\sigma^2}} & (x \geqslant 0) \\ 0 & (x < 0) \end{cases} \tag{1.3.18}$$

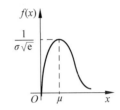

图 1.13　瑞利分布的概率
密度函数

式中，σ 为常数，且 $\sigma > 0$，则称随机变量 X 服从瑞利分布。瑞利分布的概率密度函数如图 1.13 所示。

1.3.4　正态分布

如果连续型随机变量 X 的概率密度函数为

$$f(x) = \frac{1}{\sqrt{2\pi}\sigma} e^{-\frac{(x-\mu)^2}{2\sigma^2}} \quad (-\infty < x < +\infty) \tag{1.3.19}$$

式中，μ、σ 均为常数，且 $\sigma > 0$，则称随机变量 X 服从正态分布（或称为 X 服从高斯分布），记作 $X \sim N(\mu, \sigma^2)$。正态分布的概率密度函数如图 1.14 所示。不同 σ 值的正态分布概率密度函数如图 1.15 所示。

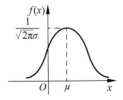
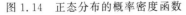

图 1.14　正态分布的概率密度函数

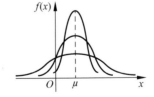

图 1.15　不同 σ 值的正态分布概率密度函数

正态分布的分布函数为

$$F(x) = \frac{1}{\sqrt{2\pi}\sigma} \int_{-\infty}^{x} e^{-\frac{(t-\mu)^2}{2\sigma^2}} dt \tag{1.3.20}$$

正态分布是数理统计中最重要的一种分布，它具有以下性质：

（1）分布曲线在 x 轴的上方，以 $x=\mu$ 为对称轴，且当 $x=\mu$ 时，$f(x)$ 有最大值。

（2）μ、σ 为正态分布两参数，μ 确定分布的位置，σ 确定分布的形状，σ 越大，分布曲线越扁平；σ 越小，分布曲线越陡峭。

（3）分布曲线在 $x=\mu\pm\sigma$ 处有拐点，即 $f''(x)=0$；在 $x=\mu-\sigma$ 与 $x=\mu+\sigma$ 之间，曲线上凸，而其他部分下凹，曲线向两侧延伸，永不和 x 轴相交。

（4）x 的取值范围是整个 x 轴。

若 $\mu=0,\sigma=1$，则称随机变量 X 服从标准正态分布，记为 $X\sim N(0,1)$，其概率密度函数为

$$f(x)=\frac{1}{\sqrt{2\pi}}\mathrm{e}^{-\frac{x^2}{2}} \quad (-\infty<x<+\infty) \tag{1.3.21}$$

标准正态分布的分布函数习惯上记为 $\Phi(x)$

$$\Phi(x)=\int_{-\infty}^{x}\mathrm{e}^{-\frac{t^2}{2}}\mathrm{d}t \tag{1.3.22}$$

对于一般的正态分布 $N(\mu,\sigma^2)$，都可以通过变量代换转化为标准正态分布 $N(0,1)$。利用标准正态分布表可以作相应的运算。

当 $X\sim N(0,1)$，随机事件 $\{x_1\leqslant X\leqslant x_2\}$ 的概率为

$$P\{x_1\leqslant X\leqslant x_2\}=\Phi(x_2)-\Phi(x_1) \tag{1.3.23}$$

由于标准正态分布的密度函数是偶函数，故有

$$\Phi(-x)=1-\Phi(x) \tag{1.3.24}$$

当 $X\sim N(\mu,\sigma^2)$，随机事件 $\{x_1\leqslant X\leqslant x_2\}$ 的概率为

$$P\{x_1\leqslant X\leqslant x_2\}=\frac{1}{\sqrt{2\pi}\sigma}\int_{x_1}^{x_2}\mathrm{e}^{-\frac{(t-\mu)^2}{2\sigma^2}}\mathrm{d}t \tag{1.3.25}$$

令 $v=\dfrac{t-\mu}{\sigma}$，得

$$P\{x_1\leqslant X\leqslant x_2\}=\frac{1}{\sqrt{2\pi}}\int_{\frac{x_1-\mu}{\sigma}}^{\frac{x_2-\mu}{\sigma}}\mathrm{e}^{-\frac{v^2}{2}}\mathrm{d}v$$

$$=\frac{1}{\sqrt{2\pi}}\int_{-\infty}^{\frac{x_2-\mu}{\sigma}}\mathrm{e}^{-\frac{v^2}{2}}\mathrm{d}v-\frac{1}{\sqrt{2\pi}}\int_{-\infty}^{\frac{x_1-\mu}{\sigma}}\mathrm{e}^{-\frac{v^2}{2}}\mathrm{d}v$$

$$=\Phi\left(\frac{x_2-\mu}{\sigma}\right)-\Phi\left(\frac{x_1-\mu}{\sigma}\right) \tag{1.3.26}$$

例 1.18 设 $X\sim N(3,9)$，求：

（1）$P(2<X<5)$；（2）$P(X>0)$；（3）$P\{|X-3|>6\}$。

解：（1）$P(2<X<5)=P\left(\dfrac{2-3}{3}<\dfrac{X-3}{3}<\dfrac{5-3}{3}\right)=\Phi\left(\dfrac{2}{3}\right)-\Phi\left(-\dfrac{1}{3}\right)=0.3779$

（2）$P(X>0)=P\left(\dfrac{X-3}{3}>\dfrac{0-3}{3}\right)=1-\Phi(-1)=0.8413$

（3）$\{|X-3|>6\}=(X-3>6)\bigcup(X-3<-6)=(X>9)\bigcup(X<-3)$

$$P\{|X-3|>6\}=P(X>9)+P(X<-3)=1-\Phi(2)-\Phi(-2)=0.0456$$

1.3.5 随机变量函数的分布

前面讨论了随机变量的概念及其分布的特征。可是在实际工作中,常常要遇到随机变量函数的变换问题。例如,在电子系统中,随机变量 X 表示系统输入信号在某时刻 t 时的可能值,随机变量 Y 表示系统在该时刻 t 时输出信号的可能值,那么,随机变量 Y 便是随机变量 X 的函数。

一般地,设 $y=g(x)$ 是 x 的一个函数,X 和 Y 是这样两个随机变量,每当 X 取值 x 时,相应地 Y 取值 $y=g(x)$,则称随机变量 Y 为随机变量 X 的函数,记作

$$Y=g(X) \tag{1.3.27}$$

若已知随机变量 X 的概率分布,在随机变量 X 作函数变换时,可以根据这种函数关系求出新的随机变量 Y 的概率分布。

对于离散型随机变量,可根据随机变量函数的概念,利用相等事件的概率相等的原则,即可由已知的离散型随机变量 X 的分布律求离散型随机变量 Y 的分布律。

设离散型随机变量 X 的分布律为

X	x_1	x_2	x_3	$\cdots$	x_k	$\cdots$
$P\{X=x_k\}$	p_1	p_2	p_3	$\cdots$	p_k	$\cdots$

当随机变量 $Y=g(X)$ 的各个取值 $y_k=g(x_k)(k=1,2,3,\cdots)$ 互不相等时,根据随机变量函数的概念,有 $\{Y=g(x_k)\}=\{X=x_k\}$,则有 $P\{Y=g(x_k)\}=P\{X=x_k\}$。因此,Y 的分布律为

Y	$y_1=g(x_1)$	$y_2=g(x_2)$	$y_3=g(x_3)$	$\cdots$	$y_k=g(x_k)$	$\cdots$
$P\{Y=y_k\}$	p_1	p_2	p_3	$\cdots$	p_k	$\cdots$

若随机变量 $Y=g(X)$ 的各个取值 $y_k=g(x_k)(k=1,2,3,\cdots)$ 中有相等的,则需要把那些相等的合并,并根据概率的可加性把对应的概率相加,就可以得到 Y 的分布律。例如,若 $g(x_k)=g(x_i)(k\neq i)$,则 Y 的取值只写 $g(x_k)$ 一项,对应的 $y_k=g(x_k)$ 的概率为 $P\{Y=g(x_k)\}=P\{X=x_k\}+P\{X=x_i\}$。

例 1.19 设随机变量 X 的分布律为

X	-3	-2	-1	0	1	2
$P\{X=x_k\}$	0.2	0.15	0.1	0.1	0.25	0.2

求 (1) $Y_1=2X+5$ 的分布律;(2) $Y_2=X^2$ 的分布律。

解:(1)当 X 取可能值 $-3,-2,-1,0,1,2$ 时,由 $Y_1=2X+5$ 可得,Y_1 相应的可能

取值为 $-1,1,3,5,7,9$，Y_1 的各个可能取值互不相等。由 $P\{Y_1=2x_i+5\}=P\{X=x_i\}$，可得 Y_1 的分布律为

Y_1	-1	1	3	5	7	9
$P\{Y_1=2x_i+5\}$	0.2	0.15	0.1	0.1	0.25	0.2

（2）当 X 取可能值 $-3,-2,-1,0,1,2$ 时，由 $Y_2=X^2$ 可得，Y_2 相应的可能取值为 $9,4,1,0,1,4$，Y_2 的各个可能取值中有相等的。故 Y_2 的分布律为

Y_1	0	1	4	9
$P\{Y_1=2x_i+5\}$	0.1	0.35	0.35	0.2

下面讨论连续型随机变量的情况。

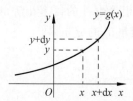

图 1.16　随机变量 X 和 Y 的单调函数关系

设 X 和 Y 的概率密度函数分别为 $f(x)$ 和 $\varphi(y)$。首先，我们讨论一种最简单的情况，即 Y 和 X 存在单调函数关系，如图 1.16 所示，其反函数为 $X=h(Y)$。

此时，若 X 位于一个很小区间 $(x,x+\mathrm{d}x)$ 内，则 Y 必然位于对应的一个区间 $(y,y+\mathrm{d}y)$ 内。X 位于区间 $(x,x+\mathrm{d}x)$ 内的概率为 $f(x)\,|\,\mathrm{d}x\,|$（因为概率不可能为负，所以 $\mathrm{d}x$ 应取绝对值），Y 位于区间 $(y,y+\mathrm{d}y)$ 内的概率为 $\varphi(y)\,|\,\mathrm{d}y\,|$，这两个事件的概率应该相等，即

$$f(x)\,|\,\mathrm{d}x\,|=\varphi(y)\,|\,\mathrm{d}y\,|$$

所以

$$\varphi(y)=f(x)\frac{|\,\mathrm{d}x\,|}{|\,\mathrm{d}y\,|}=f[h(y)]\,|\,h'(y)\,|\qquad(y\in\{\min(g(x)),\max(g(x))\})$$

$$(1.3.28)$$

这样，无论 $g(x)$ 是单调增函数，还是单调减函数，式（1.3.28）均成立。

例 1.20　设随机变量 X 具有正态分布，其概率密度函数为

$$f(x)=\frac{1}{\sqrt{2\pi}\sigma}e^{-\frac{(x-\mu)^2}{2\sigma^2}}\qquad(-\infty<x<+\infty)$$

求线性函数 $Y=k_1X+k_2$（k_1、k_2 均为常数，且 $k_1\neq0$）的概率密度函数。

解：Y 和 X 的函数关系为 $y=g(x)=k_1x+k_2$，解得

$$x=h(y)=\frac{y-k_2}{k_1}\quad\text{且}\quad h'(y)=\frac{1}{k_1}$$

所以

$$\varphi(y)=f[h(y)]\,|\,h'(y)\,|=\frac{1}{\sqrt{2\pi}\sigma}e^{-\frac{\left(\frac{y-k_2}{k_1}-\mu\right)^2}{2\sigma^2}}\left|\frac{1}{k_1}\right|$$

$$= \frac{1}{\sqrt{2\pi}\sigma|k_1|} e^{-\frac{[y-(\mu k_1+k_2)]^2}{2(k_1\sigma)^2}} \quad (-\infty < y < +\infty)$$

从该例可以看出,正态随机变量 X 的线性函数仍然服从正态分布,只是参数不同罢了。此例中:

$$X \sim N(\mu, \sigma^2)$$
$$Y \sim N(\mu k_1 + k_2, k_1^2 \sigma^2)$$

下面我们讨论稍微复杂一点的情况,即 Y 和 X 存在非单调的函数关系,即一个 y 值对应着多个 x 值。我们先讨论如图 1.17 所示的一个 y 值对应着两个 x 值的情况,此时 $Y=g(X)$ 被分为两个单调的函数区间。设此两个单调区间所对应的反函数分别为 $X_1=h_1(Y)$ 和 $X_2=h_2(Y)$。当 Y 位于区间 $(y, y+\mathrm{d}y)$ 内时,X 相应地有两种可能性,即 X 位于区间 $(x_1, x_1+\mathrm{d}x_1)$ 内或 X 位于区间 $(x_2, x_2+\mathrm{d}x_2)$ 内。因此根据概率的加法定理,有

$$\varphi(y)\,|\,\mathrm{d}y\,| = f(x_1)\,|\,\mathrm{d}x_1\,| + f(x_2)\,|\,\mathrm{d}x_2\,|$$

将 x_1、x_2 分别用 $x_1=h_1(y)$ 和 $x_2=h_2(y)$ 表示,得

$$\varphi(y) = f(x_1)\frac{|\,\mathrm{d}x_1\,|}{|\,\mathrm{d}y\,|} + f(x_2)\frac{|\,\mathrm{d}x_2\,|}{|\,\mathrm{d}y\,|}$$
$$= f[h_1(y)]\,|\,h_1'(y)\,| + f[h_2(y)]\,|\,h_2'(y)\,| \quad (y \in \{\min(g(x)), \max(g(x))\})$$

$$(1.3.29)$$

更复杂的情况是一个 y 值对应着多个 x 值,如图 1.18 所示。此时可将 Y 和 X 的函数关系分为 n 个单调的函数区间,每个单调区间所对应的反函数为 $X_i=h_i(Y)(i=1,2,\cdots,n)$,将式 (1.3.29) 作进一步的推广,得

$$\varphi(y)\,|\,\mathrm{d}y\,| = f(x_1)\,|\,\mathrm{d}x_1\,| + f(x_2)\,|\,\mathrm{d}x_2\,| + \cdots + f(x_n)\,|\,\mathrm{d}x_n\,|$$

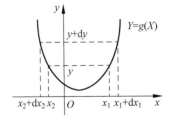

图 1.17 随机变量 X 和 Y 间的双值函数关系

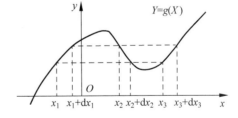

图 1.18 随机变量 X 和 Y 间的多值函数关系

故有

$$\varphi(y) = f(x_1)\frac{|\,\mathrm{d}x_1\,|}{|\,\mathrm{d}y\,|} + f(x_2)\frac{|\,\mathrm{d}x_2\,|}{|\,\mathrm{d}y\,|} + \cdots + f(x_n)\frac{|\,\mathrm{d}x_n\,|}{|\,\mathrm{d}y\,|}$$
$$= f[h_1(y)]\,|\,h_1'(y)\,| + f[h_2(y)]\,|\,h_2'(y)\,| + \cdots + f[h_n(y)]\,|\,h_n'(y)\,|$$
$$(y \in \{\min(g(x)), \max(g(x))\})$$

$$(1.3.30)$$

例 1.21 设 X 具有概率密度 $f(x)$,$-\infty < x < +\infty$。求 $Y=X^2$ 的概率密度函数。

解：函数 $y=x^2$ 不是单调函数，它可以划分为两个单调区间：$(-\infty,0)$ 和 $(0,+\infty)$，在这两个单调区间上，其反函数分别为

$$x_1 = h_1(y) = -\sqrt{y}, \quad x_2 = h_2(y) = \sqrt{y}$$

由于 $Y=X^2>0$，所以当 $y\leqslant 0$ 时，$\varphi(y)=0$；当 $y>0$ 时，有

$$\varphi(y)\mid \mathrm{d}y \mid = f(x_1)\mid \mathrm{d}x_1 \mid + f(x_2)\mid \mathrm{d}x_2 \mid$$

所以

$$\varphi(y) = f(x_1)\frac{\mid \mathrm{d}x_1 \mid}{\mid \mathrm{d}y \mid} + f(x_2)\frac{\mid \mathrm{d}x_2 \mid}{\mid \mathrm{d}y \mid} = f[h_1(y)]\mid h_1'(y)\mid + f[h_2(y)]\mid h_2'(y)\mid$$

$$= \frac{1}{2\sqrt{y}}[f(\sqrt{y}) + f(-\sqrt{y})]$$

于是 Y 的概率密度函数为

$$\varphi(y) = \begin{cases} \dfrac{1}{2\sqrt{y}}[f(\sqrt{y}) + f(-\sqrt{y})] & (y>0) \\ 0 & (y\leqslant 0) \end{cases}$$

1.4 多维随机变量及其概率分布

实际问题中，有许多随机试验的结果只用一个随机变量来描述是不够的，而必须同时用两个或更多个随机变量来描述。例如，一次掷两颗骰子将会得到一对有序实数 (X,Y)，显然，这两个实数都是随机变量；又如，测量一批产品的长、宽、高，将会得到三个有序实数 (X,Y,Z)，这三个数随被测量产品的不同而不同，显然，每个都是随机变量。因此，逐个研究每个随机变量的性质是不够的，还必须将多个随机变量作为一个整体来研究。

1.4.1 二维随机变量及其分布

定义 若 X、Y 均为某样本空间上的随机变量，则称 (X,Y) 为二维随机变量或二维随机向量。

二维随机变量概率的取值规律称为二维分布。类似于一维情况，仍借助于分布函数来研究二维随机变量。

定义 设 (X,Y) 为二维随机变量，对于任意实数 x 和 y，令

$$F(x,y) = P\{X\leqslant x, Y\leqslant y\} \tag{1.4.1}$$

则称 $F(x,y)$ 为二维随机变量 (X,Y) 的联合分布函数。其中事件 $\{X\leqslant x, Y\leqslant y\}$ 是使 $X\leqslant x$ 和 $Y\leqslant y$ 同时成立的所有样本点组成的集合。

若将 (X,Y) 看成平面上的随机点的坐标，则 $F(x,y)$ 在 (x,y) 处的函数值就是随机点 (X,Y) 落在如图 1.19 所示以点 (x,y) 为顶点而位于该点左下方的无穷矩形内的概率。

随机点 (X,Y) 落在如图 1.20 所示的矩形域 $(x_1<X<x_2, y_1<Y<y_2)$ 的概率为

$$P\{x_1 < X < x_2, y_1 < Y < y_2\} = F(x_2, y_2) - F(x_1, y_2) - F(x_2, y_1) + F(x_1, y_1)$$

$$(1.4.2)$$

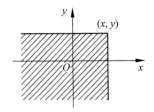

图 1.19　二维随机变量的分布函数

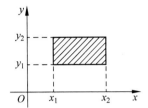

图 1.20　矩形域$(x_1 < X < x_2, y_1 < Y < y_2)$

二维分布函数 $F(x, y)$ 具有与一维分布函数 $F(x)$ 相似的性质：

(1) $0 \leqslant F(x, y) \leqslant 1$；

(2) 对于每个变元，$F(x, y)$ 单调不减。即当 $y_2 > y_1$ 时，有

$$F(x, y_1) \leqslant F(x, y_2)$$

当 $x_2 > x_1$ 时，有

$$F(x_1, y) \leqslant F(x_2, y)$$

(3) $F(-\infty, y) = \lim\limits_{x \to -\infty} F(x, y) = 0, F(x, -\infty) = \lim\limits_{y \to -\infty} F(x, y) = 0$；

(4) $F(-\infty, -\infty) = 0, F(+\infty, +\infty) = 1$。

定义　设 $F(x, y)$ 为二维随机变量 (X, Y) 的联合分布函数，若存在非负函数 $f(x, y)$，使对于任意实数 x, y，有

$$F(x, y) = \int_{-\infty}^{x} \int_{-\infty}^{y} f(u, v) \mathrm{d}u \, \mathrm{d}v \qquad (1.4.3)$$

则称函数 $f(x, y)$ 为二维随机变量 (X, Y) 的联合概率密度函数，简称 (X, Y) 的概率密度函数。

概率密度函数 $f(x, y)$ 具有如下性质：

(1) $f(x, y) \geqslant 0$；

(2) $\int_{-\infty}^{+\infty} \int_{-\infty}^{+\infty} f(x, y) \mathrm{d}x \, \mathrm{d}y = 1$；

(3) 在 $f(x, y)$ 的连续点 (x, y) 处，有

$$f(x, y) = \frac{\partial^2 F(x, y)}{\partial x \partial y}$$

(4) 设 G 是 xOy 平面上的一个区域，随机点 (X, Y) 落入该平面区域 G 的概率为

$$P\{(X, Y) \in G\} = \iint\limits_{G} f(x, y) \mathrm{d}x \, \mathrm{d}y$$

1.4.2　边缘分布

二维随机变量 (X, Y) 作为一个整体，它具有联合分布函数 $F(x, y)$，而 X 和 Y 都是

随机变量,它们也有分布函数。如何在已知二维随机变量(X,Y)分布的情况下求得随机变量 X 和 Y 的分布？边缘分布即讨论这一问题。

已知二维随机变量(X,Y)的分布函数为 $F(x,y)$,因为对于任意实数 x,有

$$\{X \leqslant x\} = \{X \leqslant x, Y < +\infty\}$$

所以,有

$$P\{X \leqslant x\} = P\{X \leqslant x, Y < +\infty\} = \lim_{y \to +\infty} F(x,y) = F(x,+\infty)$$

即

$$P\{X \leqslant x\} = F(x,+\infty)$$

同理有

$$P\{Y \leqslant y\} = F(+\infty,y)$$

定义 设 $F(x,y)$ 为二维随机变量(X,Y)的分布函数,令

$$F_X(x) = F(x,+\infty), \quad F_Y(y) = F(+\infty,y)$$

则分别称 $F_X(x)$、$F_Y(y)$ 为(X,Y)关于 X 和 Y 的边缘分布函数,分别简称为 X 和 Y 的边缘分布。

由此定义可知,$F_X(x)$ 就是 X 的分布函数,$F_Y(y)$ 就是 Y 的分布函数。

设二维随机变量(X,Y)的分布函数为 $F(x,y)$,概率密度函数为 $f(x,y)$,则有

$$F_X(x) = F(x,+\infty) = \int_{-\infty}^{x}\int_{-\infty}^{+\infty} f(u,y)\,\mathrm{d}u\,\mathrm{d}y$$

$$F_Y(y) = F(+\infty,y) = \int_{-\infty}^{+\infty}\int_{-\infty}^{y} f(x,v)\,\mathrm{d}x\,\mathrm{d}v$$

令

$$f_X(x) = \int_{-\infty}^{+\infty} f(x,y)\,\mathrm{d}y \tag{1.4.4}$$

$$f_Y(x) = \int_{-\infty}^{+\infty} f(x,y)\,\mathrm{d}x \tag{1.4.5}$$

则分别称 $f_X(x)$ 和 $f_Y(y)$ 为 X 和 Y 的边缘概率密度函数。因此,有

$$F_X(x) = F(x,+\infty) = \int_{-\infty}^{x} f_X(u)\,\mathrm{d}u \tag{1.4.6}$$

$$F_Y(y) = F(+\infty,y) = \int_{-\infty}^{y} f_Y(v)\,\mathrm{d}v \tag{1.4.7}$$

因为 $F_X(x)$、$F_Y(y)$ 分别是 X、Y 的分布函数,所以,$f_X(x)$、$f_Y(y)$ 分别是 X 和 Y 的概率密度函数。

由上面的讨论我们看到,二维随机变量 X 和 Y 的边缘分布可以由它们的联合分布确定,但要注意的是,由关于 X 和 Y 的边缘分布一般不能确定它们的联合分布,这在下面的讨论中可以看到。

1.4.3 随机变量的独立性

由随机事件相互独立的概念可以引入随机变量相互独立的概念。两个随机变量相

互独立的概念是十分重要的。

定义 设 X、Y 为两个随机变量，若对任意实数 x 和 y，事件 $\{X \leqslant x\}$ 和事件 $\{Y \leqslant y\}$ 均相互独立，即

$$P\{X \leqslant x, Y \leqslant y\} = P\{X \leqslant x\}P\{Y \leqslant y\} \tag{1.4.8}$$

则称随机变量 X 和 Y 相互独立。

设 X、Y 为两个相互独立的随机变量，且 $F(x, y)$、$F_X(x)$、$F_Y(y)$ 分别为 (X, Y)、X、Y 的分布函数，则由式(1.4.8)得

$$F(x, y) = P\{X \leqslant x, Y \leqslant y\} = P\{X \leqslant x\}P\{Y \leqslant y\} = F_X(x)F_Y(y)$$

也就是说，随机变量 X、Y 相互独立的充要条件是

$$F(x, y) = F_X(x)F_Y(y) \tag{1.4.9}$$

这等价于

$$f(x, y) = f_X(x)f_Y(y) \tag{1.4.10}$$

1.4.4 二维随机变量函数的分布

设二维随机变量 (X_1, X_2) 和 (Y_1, Y_2)，当二维随机变量 (X_1, X_2) 取值为 (x_1, x_2) 时，二维随机变量 (Y_1, Y_2) 取值为 $[g_1(x_1, x_2), g_2(x_1, x_2)]$，则称二维随机变量 (Y_1, Y_2) 是二维随机变量 (X_1, X_2) 的函数。记为

$$\begin{cases} Y_1 = g_1(X_1, X_2) \\ Y_2 = g_2(X_1, X_2) \end{cases} \tag{1.4.11}$$

若二维随机变量 (X_1, X_2) 的概率密度函数为 $f(x_1, x_2)$，现在要寻找二维随机变量 (Y_1, Y_2) 的概率密度函数 $\varphi(y_1, y_2)$。$g_1(x_1, x_2)$、$g_2(x_1, x_2)$ 可以是单值变换，也可以是多值变换。这里我们仅讨论单值变换的情况。

当式(1.4.11)为单值变换时，则可以唯一解出 X_1、X_2。

$$\begin{cases} X_1 = h_1(Y_1, Y_2) \\ X_2 = h_2(Y_1, Y_2) \end{cases} \tag{1.4.12}$$

二维随机变量的单值变换如图 1.21 所示，即在 X 域内的一个任意闭域 $\mathrm{d}S_{x_1 x_2}$ 唯一地映射到 Y 域的闭域 $\mathrm{d}S_{y_1 y_2}$ 中，于是随机点 (X_1, X_2) 落入 $\mathrm{d}S_{x_1 x_2}$ 内的概率必然等于随机点 (Y_1, Y_2) 落入 $\mathrm{d}S_{y_1 y_2}$ 内的概率，即

$$f(x_1, x_2) \mid \mathrm{d}S_{x_1 x_2} \mid = \varphi(y_1, y_2) \mid \mathrm{d}S_{y_1 y_2} \mid$$

所以，二维随机变量 (Y_1, Y_2) 的概率密度函数为

$$\varphi(y_1, y_2) = f(x_1, x_2) \left| \frac{\mathrm{d}S_{x_1 x_2}}{\mathrm{d}S_{y_1 y_2}} \right| \tag{1.4.13}$$

在坐标变换中，$\mathrm{d}S_{y_1 y_2}$ 和 $\mathrm{d}S_{x_1 x_2}$ 间的变换，称为雅可比变换，有如下关系存在：

$$\mathrm{d}S_{x_1 x_2} = J \, \mathrm{d}S_{y_1 y_2} \tag{1.4.14}$$

式中，J 为雅可比因子。

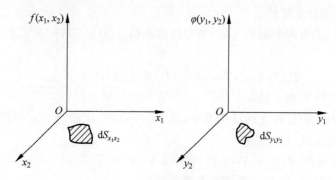

图 1.21　二维随机变量的单值变换

$$J = \frac{\mathrm{d}S_{x_1 x_2}}{\mathrm{d}S_{y_1 y_2}} = \begin{vmatrix} \dfrac{\partial h_1}{\partial y_1} & \dfrac{\partial h_2}{\partial y_1} \\ \dfrac{\partial h_1}{\partial y_2} & \dfrac{\partial h_2}{\partial y_2} \end{vmatrix} \quad (1.4.15)$$

因此

$$\varphi(y_1, y_2) = |J| f(x_1, x_2) = |J| f[h_1(y_1, y_2), h_2(y_1, y_2)] \quad (1.4.16)$$

式中,$(y_1 \in \{\min(g_1(x_1, x_2)), \max(g_1(x_1, x_2))\}, y_2 \in \{\min(g_2(x_1, x_2)), \max(g_2(x_1, x_2))\})$。

1.4.5　n 维随机变量及其概率分布

上述二维随机变量的概念,可以直接推广到 $n(n > 2)$ 维随机变量的情况中。

定义　n 维随机变量 $(X_1, X_2, \cdots, X_n)$ 的 n 维(联合)分布函数为

$$F(x_1, x_2, \cdots, x_n) = P\{X_1 \leqslant x_1, X_2 \leqslant x_2, \cdots, X_n \leqslant x_n\} \quad (1.4.17)$$

式(1.4.17)表示 $X_1 \leqslant x_1, X_2 \leqslant x_2, \cdots, X_n \leqslant x_n$ 诸事件同时出现的概率。显然,它具有以下性质:

(1) $0 \leqslant F(x_1, x_2, \cdots, x_n) \leqslant 1$;

(2) $F(x_1, x_2, \cdots, x_{i-1}, -\infty, x_{i+1}, \cdots, x_n) = 0$;

(3) $F(+\infty, +\infty, \cdots, +\infty) = 1$。

定义　设 $F(x_1, x_2, \cdots, x_n)$ 为 n 维随机变量 $(X_1, X_2, \cdots, X_n)$ 的 n 维(联合)分布函数,若存在非负函数 $f(x_1, x_2, \cdots, x_n)$,使对任意实数 $x_1, x_2, \cdots, x_n$,有

$$F(x_1, x_2, \cdots, x_n) = \int_{-\infty}^{x_1} \int_{-\infty}^{x_2} \cdots \int_{-\infty}^{x_n} f(u_1, u_2, \cdots, u_n) \mathrm{d}u_1 \mathrm{d}u_2 \cdots \mathrm{d}u_n \quad (1.4.18)$$

则称函数 $f(x_1, x_2, \cdots, x_n)$ 为 n 维随机变量 $(X_1, X_2, \cdots, X_n)$ 的 n 维(联合)概率密度函数。

同样,随机变量的独立性,也可以推广到 n 维随机变量的情况。

定义　设 $F(x_1, x_2, \cdots, x_n)$ 为 n 维随机变量 $(X_1, X_2, \cdots, X_n)$ 的 n 维(联合)分布函

数，$F_{X_i}(x_i)$ 为随机变量 $X_i(i=1,2,\cdots,n)$ 的分布函数（即随机变量 X_i 的边缘分布函数），若对于任意实数 $x_1,x_2,\cdots,x_n$，有

$$F(x_1,x_2,\cdots,x_n)=F_{X_1}(x_1)F_{X_2}(x_2)\cdots F_{X_n}(x_n) \qquad (1.4.19)$$

则称随机变量 $X_1,X_2,\cdots,X_n$ 是相互独立的随机变量。

类似地，若随机变量 $X_1,X_2,\cdots,X_n$ 相互独立。则有

$$f(x_1,x_2,\cdots,x_n)=f_{X_1}(x_1)f_{X_2}(x_2)\cdots f_{X_n}(x_n) \qquad (1.4.20)$$

其中，$f(x_1,x_2,\cdots,x_n)$ 为 n 维随机变量 $(X_1,X_2,\cdots,X_n)$ 的 n 维（联合）概率密度函数，$f_{X_i}(x_i)$ 为随机变量 $X_i(i=1,2,\cdots,n)$ 的概率密度函数（即随机变量 X_i 的边缘概率密度函数）。

条件分布

将随机事件条件概率的概念引入概率分布问题中，可以得出条件分布函数和条件概率密度函数。

在给定事件 B 的条件下，随机变量 X 的条件分布函数为

$$F(x\mid B)=P\{X\leqslant x\mid B\}-\frac{P\{X\leqslant x,B\}}{P(B)} \qquad (1.4.21)$$

若事件 B 为随机事件 $Y\leqslant y$，则有

$$F(x\mid Y\leqslant y)=\frac{P\{X\leqslant x,Y\leqslant y\}}{P(Y\leqslant y)}=\frac{F(x,y)}{F_Y(y)} \qquad (1.4.22)$$

在事件 B 为随机事件 $Y=y$ 的情况下，对于连续型随机变量，不能像以上所述那样，直接由条件概率公式引入条件分布函数的概念，此时要用极限方法来处理。

设 ε 为任意正数，若极限

$$\lim_{\varepsilon\to0}P\{X\leqslant x\mid y-\varepsilon\leqslant Y\leqslant y+\varepsilon\}=\lim_{\varepsilon\to0}\frac{P\{X\leqslant x,y-\varepsilon\leqslant Y\leqslant y+\varepsilon\}}{P(y-\varepsilon\leqslant Y\leqslant y+\varepsilon)}$$

$$(1.4.23)$$

存在，则称此极限为条件 $Y=y$ 下，X 的条件分布函数，记为 $F(x|Y=y)$ 或 $F(x|y)$。

因此，由式(1.4.23)可得

$$F(x\mid y)=\lim_{\varepsilon\to0}\frac{P\{X\leqslant x,y-\varepsilon\leqslant Y\leqslant y+\varepsilon\}}{P(y-\varepsilon\leqslant Y\leqslant y+\varepsilon)}=\lim_{\varepsilon\to0}\frac{F(x,y+\varepsilon)-F(x,y-\varepsilon)}{F_Y(y+\varepsilon)-F_Y(y-\varepsilon)}$$

$$=\frac{\displaystyle\lim_{\varepsilon\to0}\frac{F(x,y+\varepsilon)-F(x,y-\varepsilon)}{2\varepsilon}}{\displaystyle\lim_{\varepsilon\to0}\frac{F_Y(y+\varepsilon)-F_Y(y-\varepsilon)}{2\varepsilon}}=\frac{\dfrac{\partial F(x,y)}{\partial y}}{\dfrac{\mathrm{d}F_Y(y)}{\mathrm{d}y}} \qquad (1.4.24)$$

式(1.4.24)可以写成

$$F(x\mid y)=\frac{\displaystyle\int_{-\infty}^{x}f(u,y)\mathrm{d}u}{f_Y(y)} \qquad (1.4.25)$$

令

$$f(x\mid y)=\frac{f(x,y)}{f_Y(y)} \qquad (1.4.26)$$

则式(1.4.25)为

$$F(x \mid y) = \int_{-\infty}^{x} f(u \mid y) \mathrm{d}u \qquad (1.4.27)$$

称 $f(x \mid y)$ 为在条件 $Y = y$ 下 X 的条件概率密度。

若两个随机变量 X、Y 是相互独立的,则有

$$f(x, y) = f_X(x) f_Y(y)$$

于是,有

$$f(x \mid y) = \frac{f(x, y)}{f_Y(y)} = \frac{f_X(x) f_Y(y)}{f_Y(y)} = f_X(x) \qquad (1.4.28)$$

同理

$$f(y \mid x) = f_Y(y) \qquad (1.4.29)$$

这说明,若 X、Y 相互独立,则 X 在条件 $Y = y$ 下的概率密度与 X 在无条件下的概率密度相同,这正是随机变量独立性的直观解释。

条件概率分布的概念可以推广到多维随机变量的情况。n 维随机变量 $(X_1, X_2, \cdots, X_n)$ 在条件 $Y_1 = y_1, Y_2 = y_2, \cdots, Y_m = y_m$ 下的条件概率密度 $f(x_1, x_2, \cdots, x_n \mid y_1, y_2, \cdots, y_m)$ 为

$$f(x_1, x_2, \cdots, x_n \mid y_1, y_2, \cdots, y_m) = \frac{f(x_1, x_2, \cdots, x_n; y_1, y_2, \cdots, y_m)}{f_Y(y_1, y_2, \cdots, y_m)} \qquad (1.4.30)$$

1.4.6 n 维随机变量函数的分布

对于 n 维随机变量 $(X_1, X_2, \cdots, X_n)$ 和 $(Y_1, Y_2, \cdots, Y_n)$,当 n 维随机变量 $(X_1, X_2, \cdots, X_n)$ 取值为 $(x_1, x_2, \cdots, x_n)$ 时,n 维随机变量 $(Y_1, Y_2, \cdots, Y_n)$ 取值为 $[g_1(x_1, x_2, \cdots, x_n), g_2(x_1, x_2, \cdots, x_n), \cdots, g_n(x_1, x_2, \cdots, x_n)]$,则称 n 维随机变量 $(Y_1, Y_2, \cdots, Y_n)$ 是 n 维随机变量 $(X_1, X_2, \cdots, X_n)$ 的函数。记为

$$\begin{cases} Y_1 = g_1(X_1, X_2, \cdots, X_n) \\ Y_2 = g_2(X_1, X_2, \cdots, X_n) \\ \vdots \\ Y_n = g_n(X_1, X_2, \cdots, X_n) \end{cases} \qquad (1.4.31)$$

若 n 维随机变量 $(X_1, X_2, \cdots, X_n)$ 的概率密度函数为 $f(x_1, x_2, \cdots, x_n)$,现在要寻找 n 维随机变量 $(Y_1, Y_2, \cdots, Y_n)$ 的概率密度函数 $\varphi(y_1, y_2, \cdots, y_n)$。当式(1.4.31)为单值变换时,则可以唯一解出 $X_1, X_2, \cdots, X_n$。

$$\begin{cases} X_1 = h_1(Y_1, Y_2, \cdots, Y_n) \\ X_2 = h_2(Y_1, Y_2, \cdots, Y_n) \\ \vdots \\ X_n = h_n(Y_1, Y_2, \cdots, Y_n) \end{cases} \qquad (1.4.32)$$

那么,n 维随机变量 $(Y_1, Y_2, \cdots, Y_n)$ 的概率密度函数为

$$\varphi(y_1, y_2, \cdots, y_n) = |J| f(x_1, x_2, \cdots, x_n) \tag{1.4.33}$$

式中，$(y_1 \in \{\min(g_1(x_1, x_2, \cdots, x_n)), \max(g_1(x_1, x_2, \cdots, x_n))\}, \cdots, y_n \in \{\min(g_n(x_1, x_2, \cdots, x_n)), \max(g_n(x_1, x_2, \cdots, x_n))\})$，$J$ 为雅可比因子。

$$J = \begin{vmatrix} \dfrac{\partial h_1}{\partial y_1} & \dfrac{\partial h_2}{\partial y_1} & \cdots & \dfrac{\partial h_n}{\partial y_1} \\ \dfrac{\partial h_1}{\partial y_2} & \dfrac{\partial h_2}{\partial y_2} & \cdots & \dfrac{\partial h_n}{\partial y_2} \\ \vdots & \vdots & \ddots & \vdots \\ \dfrac{\partial h_1}{\partial y_n} & \dfrac{\partial h_2}{\partial y_n} & \cdots & \dfrac{\partial h_n}{\partial y_n} \end{vmatrix} \tag{1.4.34}$$

1.5 随机变量的数字特征

1.4 节讨论了随机变量的分布函数，我们看到分布函数能够完整地描述随机变量的统计特性。但在实际问题中，求随机变量的分布函数（或概率密度函数）往往是很困难的。另一方面，在一些问题中，也不要求我们去全面考察随机变量的变化情况，因此并不需要求出它的分布函数，而只需要知道随机变量的某些特征。例如，在评定某一地区粮食产量的水平时，在许多场合只要知道该地区的平均亩产量；又如检查一批棉花的质量时，既需要注意纤维的平均长度，又需要注意纤维长度与平均长度的偏离程度，平均长度越大，偏离程度越小，质量就越好。从上面的例子看出，与随机变量有关的某些数值，虽然不能完整地描述随机变量，但能描述随机变量在某些方面的重要特征。这些数字特征在理论和实践中都具有重要的意义。本节将介绍随机变量的常用数字特征：数学期望、方差和矩。

随机变量的数字特征及有关的运算，在概率论中起着重大作用，利用数字特征，可以使许多问题大为简化。

1.5.1 数学期望

1. 离散型随机变量的数学期望

定义 设离散型随机变量 X 的分布律为

$$P\{X = x_k\} = P_k \quad (k = 1, 2, 3, \cdots)$$

若级数 $\sum\limits_{k=1}^{\infty} x_k P_k$ 绝对收敛，则称它为离散型随机变量 X 的数学期望，记为 $E(X)$，即

$$E(X) = \sum_{k=1}^{\infty} x_k P_k \tag{1.5.1}$$

求数学期望，实际上是对随机变量的所有可能取值加权求和，而权重是各个值出现

的相应概率,即数学期望就是以概率为权的加权平均。

由此定义,当 X 服从二项分布时,即

$$P\{X=k\}=C_n^k p^k q^{n-k} \quad (k=0,1,2,\cdots,n)$$

则其数学期望为

$$E(X)=\sum_{k=0}^{n} k P\{X=k\}=\sum_{k=1}^{n} k C_n^k p^k q^{n-k}=\sum_{k=0}^{n} k \frac{n!}{k!(n-k)!} p^k q^{n-k}$$

$$=np\sum_{k=0}^{n} \frac{n!}{(k-1)!(n-k)!} p^{k-1} q^{n-k}$$

令 $m=k-1$,则

$$E(X)=np\sum_{m=0}^{n-1} \frac{(n-1)!}{m!(n-1-m)!} p^m q^{n-1-m}=np(p+q)^{n-1}=np$$

特别地,当 $n=1$ 时,即 X 服从 0-1 分布,其数学期望为

$$E(X)=p$$

当 X 服从泊松分布时,即

$$P\{X=k\}=\frac{\lambda^k}{k!}e^{-\lambda} \quad (k=0,1,2,\cdots; \lambda>0)$$

则其数学期望为

$$E(X)=\sum_{k=0}^{\infty} k \frac{\lambda^k}{k!}e^{-\lambda}=e^{-\lambda}\sum_{k=1}^{\infty} \frac{\lambda^{k-1}}{(k-1)!}\lambda=\lambda e^{-\lambda} e^{\lambda}=\lambda$$

2. 连续型随机变量的数学期望

定义 设连续型随机变量 X 的概率密度为 $f(x)$,若积分

$$\int_{-\infty}^{+\infty} x f(x)\mathrm{d}x$$

绝对收敛,则称它为连续型随机变量 X 的数学期望,记为 $E(X)$,即

$$E(X)=\int_{-\infty}^{+\infty} x f(x)\mathrm{d}x \tag{1.5.2}$$

例 1.22 设连续型随机变量 X 在 $[a,b]$ 区间上服从均匀分布,求 X 的数学期望。

解:X 的概率密度函数 $f(x)$ 为

$$f(x)=\begin{cases} \dfrac{1}{b-a} & (a\leqslant x\leqslant b) \\ 0 & (\text{其他}) \end{cases}$$

$$E(X)=\int_{-\infty}^{+\infty} x f(x)\mathrm{d}x=\int_{a}^{b} \frac{x}{b-a}\mathrm{d}x=\frac{a+b}{2}$$

例 1.23 设随机变量 $X\sim N(\mu,\sigma^2)$,求 X 的数学期望。

解:X 的概率密度函数 $f(x)$ 为

$$f(x)=\frac{1}{\sqrt{2\pi}\sigma}e^{-\frac{(x-\mu)^2}{2\sigma^2}} \quad (-\infty<x<+\infty)$$

则
$$E(X) = \int_{-\infty}^{+\infty} x f(x)\,\mathrm{d}x = \int_{-\infty}^{+\infty} \frac{x}{\sqrt{2\pi}\,\sigma}\,\mathrm{e}^{-\frac{(x-\mu)^2}{2\sigma^2}}\,\mathrm{d}x$$

令 $t = \dfrac{x-\mu}{\sigma}$，得

$$E(X) = \frac{1}{\sqrt{2\pi}} \int_{-\infty}^{+\infty} (\sigma t + \mu)\,\mathrm{e}^{-\frac{t^2}{2}}\,\mathrm{d}t = \frac{\sigma}{\sqrt{2\pi}} \int_{-\infty}^{+\infty} t\,\mathrm{e}^{-\frac{t^2}{2}}\,\mathrm{d}t + \mu \int_{-\infty}^{+\infty} \frac{1}{\sqrt{2\pi}}\,\mathrm{e}^{-\frac{t^2}{2}}\,\mathrm{d}t$$

$$= \mu \int_{-\infty}^{+\infty} \frac{1}{\sqrt{2\pi}}\,\mathrm{e}^{-\frac{t^2}{2}}\,\mathrm{d}t = \mu$$

从例 1.23 中看到，正态分布的数学期望是 μ，也就是它的对称中心。

例 1.24 设随机变量 X 服从瑞利分布，求 X 的数学期望。

解：X 的概率密度函数 $f(x)$ 为

$$f(x) = \begin{cases} \dfrac{x}{\sigma^2}\,\mathrm{e}^{-\frac{x^2}{2\sigma^2}} & (x \geqslant 0) \\[3mm] 0 & (x < 0) \end{cases}$$

则
$$E(X) = \int_{-\infty}^{+\infty} x f(x)\,\mathrm{d}x = \int_{0}^{+\infty} \frac{x^2}{\sigma^2}\,\mathrm{e}^{-\frac{x^2}{2\sigma^2}}\,\mathrm{d}x$$

令 $t = \dfrac{x^2}{2\sigma^2}$，有 $\mathrm{d}x = \dfrac{\sqrt{2\sigma^2}}{2}\,t^{-\frac{1}{2}}\,\mathrm{d}t$

$$E(X) = \int_{0}^{+\infty} \frac{2\sigma^2 t}{\sigma^2}\,\mathrm{e}^{-t}\,\frac{\sqrt{2\sigma^2}}{2}\,t^{-\frac{1}{2}}\,\mathrm{d}t = \sqrt{2\sigma^2} \int_{0}^{+\infty} t^{\frac{1}{2}}\,\mathrm{e}^{-t}\,\mathrm{d}t$$

式中的积分为 Γ 函数，其定义为

$$\Gamma(x) = \int_{0}^{+\infty} t^{x-1}\,\mathrm{e}^{-t}\,\mathrm{d}t$$

Γ 函数具有如下递推关系：

$$\Gamma(x+1) = x\,\Gamma(x)$$

且 $\Gamma(1) = 1$，$\Gamma\left(\dfrac{1}{2}\right) = \sqrt{\pi}$

利用 Γ 函数的递推公式，可得

$$E(X) = \sqrt{2\sigma^2}\,\Gamma\left(\frac{3}{2}\right) = \sqrt{2\sigma^2} \times \frac{1}{2}\,\Gamma\left(\frac{1}{2}\right) = \frac{\sqrt{2\pi}}{2}\,\sigma$$

3. 随机变量函数的数学期望

定理 设随机变量 Y 是随机变量 X 的函数
$$Y = g(X) \quad (g \text{ 是连续实函数})$$
若 X 是连续型随机变量，它的概率密度为 $f(x)$，若积分
$$\int_{-\infty}^{+\infty} g(x) f(x)\,\mathrm{d}x$$

绝对收敛,则随机变量 Y 的数学期望为

$$E(Y)=E[g(X)]=\int_{-\infty}^{+\infty}g(x)f(x)\mathrm{d}x \qquad (1.5.3)$$

定理的重要意义在于求随机变量 Y 的数学期望时,不必知道随机变量 Y 的分布,而只需知道随机变量 X 的分布就可以了。

上述定理还可以推广到两个或两个以上随机变量的函数的情况。

例如,设 Z 是随机变量 X 和 Y 的函数

$$Z=g(X,Y) \quad （g \text{ 是连续实函数})$$

则 Z 也是一个随机变量。若二维随机变量 (X,Y) 的概率密度为 $f(x,y)$,则随机变量 Z 的数学期望为

$$E(Z)=E[g(X,Y)]=\int_{-\infty}^{+\infty}\int_{-\infty}^{+\infty}g(x,y)f(x,y)\mathrm{d}x\mathrm{d}y \qquad (1.5.4)$$

这里设上面式子右边的积分绝对收敛。

4. 数学期望的性质

设下述性质中的数学期望都存在。

(1) 若 C 为常数,则有

$$E(C)=C \qquad (1.5.5)$$

(2) 若 X 是随机变量,C 为常数,则有

$$E(CX)=CE(X) \qquad (1.5.6)$$

(3) 若 X 和 Y 是任意两个随机变量,则有

$$E(X+Y)=E(X)+E(Y) \qquad (1.5.7)$$

证明:设二维随机变量 (X,Y) 的概率密度为 $f(x,y)$。其边缘概率密度分别为 $f_X(x)$ 和 $f_Y(y)$,由式 $(1.5.4)$ 得

$$E(X+Y)=\int_{-\infty}^{+\infty}\int_{-\infty}^{+\infty}(x+y)f(x,y)\mathrm{d}x\mathrm{d}y$$

$$=\int_{-\infty}^{+\infty}\int_{-\infty}^{+\infty}xf(x,y)\mathrm{d}x\mathrm{d}y+\int_{-\infty}^{+\infty}\int_{-\infty}^{+\infty}yf(x,y)\mathrm{d}x\mathrm{d}y$$

$$=\int_{-\infty}^{+\infty}xf_X(x)\mathrm{d}x+\int_{-\infty}^{+\infty}yf_Y(y)\mathrm{d}y=E(X)+E(Y)$$

这一性质可以推广到任意有限个随机变量之和的情况。

(4) 若 X 和 Y 是二个相互独立的随机变量,则有

$$E(XY)=E(X)E(Y) \qquad (1.5.8)$$

证明:根据 X 和 Y 的相互独立性,(X,Y) 的概率密度与边缘密度之间存在如下关系:

$$f(x,y)=f_X(x)f_Y(y)$$

代入式 $(1.5.4)$ 得

$$E(XY)=\int_{-\infty}^{+\infty}\int_{-\infty}^{+\infty}xyf(x,y)\mathrm{d}x\mathrm{d}y=\int_{-\infty}^{+\infty}\int_{-\infty}^{+\infty}xyf_x(x)f_y(y)\mathrm{d}x\mathrm{d}y$$

$$=\int_{-\infty}^{+\infty}xf_x(x)\mathrm{d}x\int_{-\infty}^{+\infty}yf_y(y)\mathrm{d}y=E(X)E(Y)$$

这一性质也可以推广到任意有限个相互独立的随机变量之积的情况。

1.5.2 方差

1. 方差的概念及计算

前面提到,在检验棉花的质量时,光知道纤维的平均长度是不够的,还需要进一步注意纤维长度与平均长度的偏离程度。由此可见,研究随机变量与其均值的偏离程度是十分重要的,那么,如何度量这个偏离程度呢? 容易看到

$$E\{\mid X - E(X) \mid\}$$

能够度量随机变量 X 与其均值 $E(X)$ 的偏离程度,但由于上式带有绝对值,在运算上不方便,通常是用

$$E\{[X - E(X)]^2\}$$

来度量随机变量与其数学期望的偏离程度的。

定义 设 X 为随机变量,若 $E\{[X - E(X)]^2\}$ 存在,则称它为随机变量 X 的方差,记为 $D(X)$,即

$$D(X) = E\{[X - E(X)]^2\} \tag{1.5.9}$$

并称 $\sqrt{D(X)}$ 为 X 的标准差。

由方差的定义,对于离散型随机变量 X,有

$$D(X) = \sum_{k=1}^{\infty} [x_k - E(X)]^2 P_k \tag{1.5.10}$$

对于连续型随机变量 X,有

$$D(X) = \int_{-\infty}^{+\infty} [x - E(X)]^2 f(x) \mathrm{d}x \tag{1.5.11}$$

由数学期望的性质,并注意到 $E(X)$ 为一常数,得

$$D(X) = E\{[X - E(X)]^2\} = E[X^2 - 2E(X)X + E(X)E(X)]$$
$$= E(X^2) - 2E(X)E(X) + E(X)E(X) = E(X^2) - [E(X)]^2$$

即

$$D(X) = E(X^2) - E^2(X) \tag{1.5.12}$$

在求随机变量的方差时,经常要用到式(1.5.12)。$E(X^2)$ 称为随机变量 X 的均方值。

现在来计算几个常见的随机变量的方差。

例 1.25 设随机变量 X 服从二项分布,求 X 的方差。

解:二项分布的分布律为:

$$P\{X = k\} = C_n^k p^k q^{n-k} \quad (k = 0, 1, 2, \cdots, n)$$

因为 $E(X) = np$,且

$$E(X^2) = \sum_{k=0}^{n} k^2 \times P\{X = k\} = \sum_{k=1}^{n} k^2 C_n^k p^k q^{n-k}$$

$$= \sum_{k=1}^{n} [k(k-1)+k] \frac{n!}{k!(n-k)!} p^k q^{n-k}$$

$$= \sum_{k=1}^{n} [(k-1)+1] \frac{n!}{(k-1)!(n-k)!} p^k q^{n-k}$$

$$= \sum_{k=2}^{n} (k-1) \frac{n!}{(k-1)!(n-k)!} p^k q^{n-k} + \sum_{k=1}^{n} \frac{n!}{(k-1)!(n-k)!} p^k q^{n-k}$$

$$= \sum_{k=2}^{n} (k-1) \frac{n(n-1)(n-2)!}{(k-1)!(n-k)!} p^2 p^{k-2} q^{(n-2)-(k-2)} + \sum_{k=1}^{n} \frac{n!}{(k-1)!(n-k)!} p^k q^{n-k}$$

令 $m=k-1$，则

$$E(X^2) = n(n-1) p^2 \sum_{m=0}^{n-2} \frac{(n-2)!}{m!(n-2-m)!} p^m q^{n-2-m} + E(X) = n(n-1) p^2 + np$$

所以

$$D(X) = E(X^2) - E^2(X) = n(n-1)p^2 + np - n^2 p^2 = npq$$

例 1.26 设随机变量 X 服从泊松分布，求 X 的方差。

解：泊松分布的分布律为：

$$P\{X=k\} = \frac{\lambda^k}{k!} e^{-\lambda} \quad (k=0,1,2,\cdots; \lambda > 0)$$

因为 $E(X) = \lambda$，且

$$E(X^2) = \sum_{k=0}^{+\infty} k^2 \frac{\lambda^k}{k!} e^{-\lambda} = \sum_{k=1}^{+\infty} [k(k-1)+k] \frac{\lambda^k}{k!} e^{-\lambda}$$

$$= \sum_{k=1}^{+\infty} k(k-1) \frac{\lambda^k}{k!} e^{-\lambda} + \sum_{k=1}^{+\infty} k \frac{\lambda^k}{k!} e^{-\lambda} = e^{-\lambda} \sum_{k=2}^{+\infty} \frac{\lambda^{k-2} \lambda^2}{(k-2)!} + E(X)$$

令 $m=k-2$，则

$$E(X^2) = \lambda^2 e^{-\lambda} \sum_{m=0}^{+\infty} \frac{\lambda^m}{m!} e^{-\lambda} + \lambda = \lambda^2 e^{-\lambda} e^{\lambda} + \lambda = \lambda^2 + \lambda$$

所以

$$D(X) = E(X^2) - E^2(X) = \lambda^2 + \lambda - \lambda^2 = \lambda$$

例 1.27 设随机变量 X 服从 $[a,b]$ 上的均匀分布，求随机变量 X 的方差。

解：随机变量 X 的概率密度函数为

$$f(x) = \begin{cases} \dfrac{1}{b-a} & (a \leqslant x \leqslant b) \\ 0 & (其他) \end{cases}$$

因为 $E(X) = \dfrac{a+b}{2}$，且

$$E(X^2) = \int_{-\infty}^{+\infty} x^2 f(x) \mathrm{d}x = \int_a^b \frac{x^2}{b-a} \mathrm{d}x = \frac{1}{3}(a^2 + ab + b^2)$$

所以

$$D(X) = E(X^2) - E^2(X) = \frac{1}{3}(a^2 + ab + b^2) - \frac{1}{4}(a+b)^2 = \frac{1}{12}(b-a)^2$$

例 1.28 设随机变量 $X \sim N(\mu, \sigma^2)$，求 X 的方差。

解：随机变量 X 的概率密度函数 $f(x)$ 为

$$f(x) = \frac{1}{\sqrt{2\pi}\sigma} e^{-\frac{(x-\mu)^2}{2\sigma^2}} \quad (-\infty < x < +\infty)$$

且 $E(X) = \mu$，则

$$D(X) = \int_{-\infty}^{+\infty} [x - E(X)]^2 f(x) dx = \int_{-\infty}^{+\infty} (x-\mu)^2 \frac{1}{\sqrt{2\pi}\sigma} e^{-\frac{(x-\mu)^2}{2\sigma^2}} dx$$

令 $t = \dfrac{x-\mu}{\sigma}$，得

$$D(X) = \int_{-\infty}^{+\infty} \sigma^2 t^2 \frac{1}{\sqrt{2\pi}} e^{-\frac{t^2}{2}} dt = \frac{\sigma^2}{\sqrt{2\pi}} \int_{-\infty}^{+\infty} t^2 e^{-\frac{t^2}{2}} dt$$

$$= \frac{\sigma^2}{\sqrt{2\pi}} \int_{-\infty}^{+\infty} t \, d(-e^{-\frac{t^2}{2}}) = \frac{\sigma^2}{\sqrt{2\pi}} \left[(-t e^{-\frac{t^2}{2}}) \Big|_{-\infty}^{+\infty} + \int_{-\infty}^{+\infty} e^{-\frac{t^2}{2}} dt \right]$$

$$= \sigma^2 \int_{-\infty}^{+\infty} \frac{1}{\sqrt{2\pi}} e^{-\frac{t^2}{2}} dt = \sigma^2$$

从此例看出，正态随机变量概率密度函数中的常数 σ^2 就是它的方差。这就是说，正态随机变量概率密度函数中的参数 μ 和 σ^2 分别是随机变量的数学期望和方差，因而正态随机变量的概率分布完全可由它的数学期望和方差唯一地确定。

例 1.29 设随机变量 X 服从瑞利分布，求 X 的方差。

解：X 的概率密度函数 $f(x)$ 为

$$f(x) = \begin{cases} \dfrac{x}{\sigma^2} e^{-\frac{x^2}{2\sigma^2}} & (x \geqslant 0) \\ 0 & (x < 0) \end{cases}$$

因为 $E(X) = \dfrac{\sqrt{2\pi}}{2}\sigma$，且

$$E(X^2) = \int_{-\infty}^{+\infty} x^2 f(x) dx = \int_0^{+\infty} \frac{x^3}{\sigma^2} e^{-\frac{x^2}{2\sigma^2}} dx$$

令 $t = \dfrac{x^2}{2\sigma^2}$，有

$$E(X^2) = 2\sigma^2 \int_0^{+\infty} t e^{-t} dt = 2\sigma^2 \Gamma(2) = 2\sigma^2$$

所以

$$D(X) = E(X^2) - E^2(X) = 2\sigma^2 - \frac{\pi}{2}\sigma^2 = \left(2 - \frac{\pi}{2}\right)\sigma^2$$

2. 方差的性质

设下述性质中的数学期望和方差都存在。

（1）若 C 为常数，则

$$D(C) = 0 \qquad (1.5.13)$$

（2）若 X 是一随机变量、C 是常数，则有

$$D(CX) = C^2 D(X) \qquad (1.5.14)$$

（3）若 X、Y 是两个相互独立的随机变量，则有

$$D(X \pm Y) = D(X) + D(Y) \qquad (1.5.15)$$

证明：
$$
\begin{aligned}
D(X+Y) &= E\{[(X+Y) - E(X+Y)]^2\} = E\{[(X-E(X)) + (Y-E(Y))]^2\} \\
&= E\{[X-E(X)]^2\} + 2E\{[X-E(X)][Y-E(Y)]\} + E\{[Y-E(Y)]^2\} \\
&= D(X) + 2E(X)E(Y) - 2E(X)E(Y) + 2E(X)E(Y) - 2E(X)E(Y) + D(Y) \\
&= D(X) + D(Y)
\end{aligned}
$$

同理可证 $D(X-Y) = D(X) + D(Y)$

1.5.3　协方差与矩

数学期望和方差是随机变量的两个最基本的数字特征，除此以外，下面还要讨论随机变量的另一些数字特征。随机变量的数字特征统称为矩。矩的定义如下：

定义　设 X 和 Y 是随机变量，k、n 均为正整数，若 $E(X^k)$ 存在，则称它为随机变量 X 的 k 阶原点矩；若 $E\{[X-E(X)]^k\}$ 存在，则称它为随机变量 X 的 k 阶中心矩；若 $E(X^k Y^n)$ 存在，则称它为随机变量 X 和 Y 的 $k+n$ 阶混合矩；若 $E\{[X-E(X)]^k[Y-E(Y)]^n\}$ 存在，则称它为随机变量 X 和 Y 的 $k+n$ 阶中心混合矩。

显然，随机变量 X 的数学期望是它的一阶原点矩，方差是它的二阶中心矩，而均方值则是它的二阶原点矩。

矩有一个非常重要的性质：设 k、n 均为正整数，且 $k \leqslant n$，若 $E(X^n)$ 存在，则 $E(X^k)$ 也存在。即随机变量的高阶矩存在，则它的低阶矩一定存在。

对于二维随机变量 (X,Y)，除了讨论 X 和 Y 的常用数字特征数学期望和方差外，还需要讨论描述 X 和 Y 之间相互关系的数字特征，下面讨论有关这方面的两个常用数字特征。

定义　设 (X,Y) 为二维随机变量，若 X 和 Y 的二阶中心混合矩存在，则称其为 X 与 Y 之间的协方差，记为 $\text{Cov}(X,Y)$，即

$$\text{Cov}(X,Y) = E\{[X-E(X)][Y-E(Y)]\} \qquad (1.5.16)$$

若 $D(X)$ 和 $D(Y)$ 均存在，且 $D(X) > 0$，$D(Y) > 0$，则称

$$\rho_{XY} = \frac{\text{Cov}(X,Y)}{\sqrt{D(X)}\,\sqrt{D(Y)}} \qquad (1.5.17)$$

为 X 与 Y 之间的相关系数。若 $\rho_{XY} = 0$，则称 X 与 Y 不（线性）相关；若 $\rho_{XY} \neq 0$，则称 X

与 Y 相关。

协方差和相关系数具有下列性质：

(1) $\mathrm{Cov}(X,Y)=\mathrm{Cov}(Y,X)$ (1.5.18)

(2) $\mathrm{Cov}(aX,bY)=ab\mathrm{Cov}(Y,X)$，其中 a、b 为常数   (1.5.19)

(3) $\mathrm{Cov}(X_1+X_2,Y)=\mathrm{Cov}(X_1,Y)+\mathrm{Cov}(X_2,Y)$ (1.5.20)

(4) $\mathrm{Cov}(X,Y)=E(XY)-E(X)E(Y)$ (1.5.21)

即 $$E(XY)=E(X)E(Y)+\mathrm{Cov}(X,Y)$$

(5) $D(X\pm Y)=D(X)+D(Y)\pm 2\mathrm{Cov}(X,Y)$ (1.5.22)

(6) $\rho_{XY}\leqslant 1$ (1.5.23)

由相关系数的定义知道，若两个随机变量彼此独立，则它们必定是不相关的。但是必须着重指出，两个不相关的随机变量却不一定是相互独立的，这从下面的例题可以看出。

例 1.30 设二维随机变量 (X,Y) 的概率密度函数为

$$f(x,y)=\begin{cases} \dfrac{1}{\pi} & (x^2+y^2\leqslant 1) \\ 0 & (\text{其他}) \end{cases}$$

试证 X 和 Y 既不独立，也不相关。

证明：$f_X(x)=\displaystyle\int_{-\infty}^{+\infty}f(x,y)\mathrm{d}y=\int_{-\sqrt{1-x^2}}^{\sqrt{1-x^2}}\frac{1}{\pi}\mathrm{d}y=\frac{2}{\pi}\sqrt{1-x^2}$ $(-1\leqslant x\leqslant 1)$

即 $$f_X(x)=\begin{cases} \dfrac{2}{\pi}\sqrt{1-x^2} & (-1\leqslant x\leqslant 1) \\ 0 & (\text{其他}) \end{cases}$$

同理

$$f_Y(y)=\begin{cases} \dfrac{2}{\pi}\sqrt{1-y^2} & (-1\leqslant y\leqslant 1) \\ 0 & (\text{其他}) \end{cases}$$

因为 $$f(x,y)\neq f_X(x)f_Y(y)$$

故 X 和 Y 不独立。

由于 $f_X(x)$ 和 $f_Y(y)$ 都是偶函数

则 $$E(X)=E(Y)=0$$

$$E(XY)=\iint\limits_{x^2+y^2\leqslant 1}xyf(x,y)\mathrm{d}x\mathrm{d}y=\frac{1}{\pi}\int_{-1}^{1}\mathrm{d}x\int_{-\sqrt{1-x^2}}^{\sqrt{1-x^2}}xy\mathrm{d}y=\frac{1}{\pi}\int_{-1}^{1}x\mathrm{d}x\int_{-\sqrt{1-x^2}}^{\sqrt{1-x^2}}y\mathrm{d}y=0$$

所以

$$\mathrm{Cov}(X,Y)=E(XY)-E(X)E(Y)=0$$

即 $\rho_{XY}=0$，X 与 Y 是不相关的。

1.6 随机变量的特征函数

除了一些特殊的分布（如二项分布、泊松分布、高斯分布等）由其数学期望和方差唯

一决定外,在一般情况下,上述数字特征只能粗略地反映分布函数的某些性质,能完全刻画分布函数的是它的特征函数,特征函数有时比分布函数更便于应用。例如,矩的计算对概率密度函数是积分而特征函数则是微分,在研究独立随机变量之和的分布时,用概率密度函数是求卷积,而用特征函数则化为简单的乘法。

1.6.1　特征函数的定义

定义　设随机变量 X 的概率密度函数为 $f(x)$,称 e^{juX} 的数学期望 $E[e^{juX}]$ 为随机变量 X 的特征函数,记为 $M_X(u)$,即

$$M_X(u) = E[e^{juX}] \quad (-\infty < u < +\infty) \tag{1.6.1}$$

当 X 为离散型随机变量时,其特征函数为

$$M_X(u) = E[e^{juX}] = \sum_k e^{jux_k} P\{X = x_k\} \tag{1.6.2}$$

当 X 为连续型随机变量时,其特征函数为

$$M_X(u) = E[e^{juX}] = \int_{-\infty}^{+\infty} f(x) e^{jux} \, dx \tag{1.6.3}$$

从傅里叶积分的定义可知,连续型随机变量 X 的特征函数就是概率密度函数的傅里叶变换,因此,当我们已知特征函数时,可利用傅里叶反变换求得概率密度函数

$$f(x) = \frac{1}{2\pi} \int_{-\infty}^{+\infty} M_X(u) e^{-jux} \, du \tag{1.6.4}$$

由此看来,一个随机变量的概率密度函数和它的特征函数是一个傅里叶变换对,因此,它们之间存在一一对应关系,即特征函数同样可以完整地描述一个随机变量。

实际上,有时先决定特征函数,再通过傅里叶反变换求概率密度往往比直接求概率密度要容易得多。

例 1.31　设随机变量 $X \sim N(0,1)$。求 X 的特征函数。

解：$M_X(u) = \int_{-\infty}^{+\infty} f(x) e^{jux} \, dx = \int_{-\infty}^{+\infty} \frac{1}{\sqrt{2\pi}} e^{-\frac{x^2}{2}} e^{jux} \, dx = \frac{2}{\sqrt{2\pi}} \int_0^{+\infty} e^{-\frac{x^2}{2}} \cos ux \, dx$

$M_X'(u) = \frac{2}{\sqrt{2\pi}} \int_0^{+\infty} e^{-\frac{x^2}{2}} \sin ux (-x) \, dx = \frac{2}{\sqrt{2\pi}} \int_0^{+\infty} \sin ux \, d(e^{-\frac{x^2}{2}})$

$\qquad = \frac{2}{\sqrt{2\pi}} \left[\sin ux \, e^{-\frac{x^2}{2}} \Big|_0^{+\infty} - u \int_0^{+\infty} e^{-\frac{x^2}{2}} \cos ux \, dx \right]$

$\qquad = \frac{-2u}{\sqrt{2\pi}} \int_0^{+\infty} e^{-\frac{x^2}{2}} \cos ux \, dx = -u M_X(u)$

即

$$M_X'(u) + u M_X(u) = 0$$

该微分方程的通解为

$$M_X(u) = C e^{-\frac{u^2}{2}}$$

令 $u=0$，则

$$C=M_X(0)=\int_{-\infty}^{+\infty}f(x)\mathrm{d}x=1$$

所以

$$M_X(u)=\mathrm{e}^{-\frac{u^2}{2}}$$

同理，我们定义二维随机变量 (X,Y) 的联合特征函数为

$$M_{X,Y}(u,v)=E[\mathrm{e}^{\mathrm{j}uX+\mathrm{j}vY}] \tag{1.6.5}$$

对于连续型二维随机变量而言，其特征函数为

$$M_{X,Y}(u,v)=\int_{-\infty}^{+\infty}f(x,y)\mathrm{e}^{\mathrm{j}(ux+vy)}\mathrm{d}x\mathrm{d}y \tag{1.6.6}$$

它是二维随机变量的联合概率密度函数 $f(x,y)$ 的二维傅里叶变换。因此，特征函数 $M_{X,Y}(u,v)$ 的逆变换即是二维随机变量的联合概率密度函数 $f(x,y)$。

$$f(x,y)=\frac{1}{4\pi^2}\int_{-\infty}^{+\infty}M_{X,Y}(u,v)\mathrm{e}^{-\mathrm{j}(ux+vy)}\mathrm{d}u\mathrm{d}v \tag{1.6.7}$$

1.6.2 特征函数的性质

（1）随机变量 X 的特征函数 $M_X(u)$ 满足

$$|M_X(u)|\leqslant M_X(0)=1 \tag{1.6.8}$$

证明：令 $u=0$，则

$$M_X(0)=E[\mathrm{e}^{\mathrm{j}u0}]=\int_{-\infty}^{+\infty}f(x)\mathrm{d}x=1$$

因为 $|\mathrm{e}^{\mathrm{j}ux}|=1$，且 $f(x)>0$，所以有

$$|M_X(u)|=\left|\int_{-\infty}^{+\infty}f(x)\mathrm{e}^{\mathrm{j}ux}\mathrm{d}x\right|\leqslant\int_{-\infty}^{+\infty}|f(x)\mathrm{e}^{\mathrm{j}ux}|\mathrm{d}x=1$$

所以

$$|M_X(u)|\leqslant M_X(0)=1$$

（2）随机变量 X 的特征函数为 $M_X(u)$，则 $Y=aX+b$（a,b 为常数）的特征函数 $M_Y(u)$ 为

$$M_Y(u)=\mathrm{e}^{\mathrm{j}ub}M_X(au) \tag{1.6.9}$$

证明：$M_Y(u)=E[\mathrm{e}^{\mathrm{j}uY}]=E[\mathrm{e}^{\mathrm{j}u(aX+b)}]=E[\mathrm{e}^{\mathrm{j}(au)X}\mathrm{e}^{\mathrm{j}ub}]=\mathrm{e}^{\mathrm{j}ub}M_X(au)$

（3）设相互独立的随机变量 $X_1,X_2,\cdots,X_n$ 的特征函数分别为 $M_{X_1}(u),M_{X_2}(u),\cdots,M_{X_n}(u)$，则 $Y=\sum_{i=1}^{n}X_i$ 的特征函数为

$$M_Y(u)=\prod_{i=1}^{n}M_{X_i}(u) \tag{1.6.10}$$

证明：$M_Y(u)=E[\mathrm{e}^{\mathrm{j}uY}]=E[\mathrm{e}^{\mathrm{j}u\sum_{i=1}^{n}X_i}]=E\left[\prod_{i=1}^{n}\mathrm{e}^{\mathrm{j}uX_i}\right]=\prod_{i=1}^{n}M_{X_i}(u)$

1.6.3 特征函数与矩的关系

设随机变量 X 的特征函数为

$$M_X(u) = \int_{-\infty}^{+\infty} f(x) e^{jux} \, dx$$

将上式两端对 u 微分,得

$$\frac{dM_X(u)}{du} = \int_{-\infty}^{+\infty} jx f(x) e^{jux} \, dx$$

令 $u = 0$,得

$$\frac{dM_X(u)}{du}\bigg|_{u=0} = j\int_{-\infty}^{+\infty} x f(x) \, dx = jE[X]$$

同理可得

$$\frac{d^n M_X(u)}{du^n}\bigg|_{u=0} = j^n \int_{-\infty}^{+\infty} x^n f(x) \, dx = j^n E[X^n]$$

所以

$$E[X^n] = (-j)^n \frac{d^n M_X(u)}{du^n}\bigg|_{u=0} \tag{1.6.11}$$

因此,求随机变量 X 的各阶矩,可以通过对特征函数求导数的办法来得到,而无须作非常繁杂的积分运算。

例 1.32 设随机变量 $X \sim N(0,1)$。用特征函数求 X 的 n 阶矩。

解:由例 1.31 知,X 的特征函数为

$$M_X(u) = e^{-\frac{u^2}{2}}$$

所以

$$\frac{dM_X(u)}{du} = -u e^{-\frac{u^2}{2}}, \frac{dM_X(u)}{du}\bigg|_{u=0} = 0$$

$$\frac{d^2 M_X(u)}{du^2} = -e^{-\frac{u^2}{2}} + u^2 e^{-\frac{u^2}{2}}, \frac{d^2 M_X(u)}{du^2}\bigg|_{u=0} = -1$$

$$\frac{d^3 M_X(u)}{du^3} = -u e^{-\frac{u^2}{2}} + 2u e^{-\frac{u^2}{2}} - u^3 e^{-\frac{u^2}{2}}, \frac{d^3 M_X(u)}{du^3}\bigg|_{u=0} = 0$$

同理可得

$$\frac{d^4 M_X(u)}{du^4}\bigg|_{u=0} = -3$$

$$\frac{d^5 M_X(u)}{du^5}\bigg|_{u=0} = 0$$

$$\left. \frac{d^6 M_X(u)}{du^6} \right|_{u=0} = -15$$

...

所以

$$\left. \frac{d^n M_X(u)}{du^n} \right|_{u=0} = \begin{cases} 0 & (n \text{ 为奇数}) \\ (-1) \times 1 \times 3 \times 5 \times \cdots \times (n-1) & (n \text{ 为偶数}, n \geqslant 2) \end{cases}$$

随机变量 X 的 n 阶矩为

$$E[X^n] = (-j)^n \left. \frac{d^n M_X(u)}{du^n} \right|_{u=0}$$

$$= \begin{cases} 0 & (n \text{ 为奇数}) \\ (-j)^n \times (-1) \times 1 \times 3 \times 5 \times \cdots \times (n-1) & (n \text{ 为偶数}, n \geqslant 2) \end{cases}$$

如果将特征函数展开成泰勒级数,则

$$M_X(u) = \sum_{n=0}^{\infty} \frac{u^n}{n!} \left. \frac{d^n M_X(u)}{du^n} \right|_{u=0}$$

由式(1.6.11)可得

$$M_X(u) = \sum_{n=0}^{\infty} \frac{(ju)^n}{n!} E[X^n] \tag{1.6.12}$$

因此,随机变量的各阶矩能唯一地确定特征函数。

1.7 极限定理

极限定理是概率论的重要基本理论,其内容极其丰富。这里仅介绍简单情况下的大数定理和中心极限定理。大数定律是讨论在什么条件下,随机变量序列的前 n 项的算术平均(在某种收敛意义下)收敛于其均值的算术平均;而中心极限定理则是确定在什么条件下,大量随机变量之和的分布函数收敛于正态分布函数。

1.7.1 大数定律

前面提到过事件发生的频率具有稳定性,即随着试验次数的增多,事件发生的频率逐渐稳定于某个常数。在实践中人们还认识到大量测量值的算术平均值也具有稳定性,这种稳定性就是本节所要讨论的大数定律的客观背景。

大数定律包括一系列定理,下面介绍两个最常见的定理,它们分别反映了算术平均值及频率的稳定性,它们是大数定律的最简单的形式。

1. 切比雪夫定理

定理 设 $X_1, X_2, \cdots, X_n$ 为相互独立的随机变量序列,每个 X_k 的方差存在,且存在常数 C,使得对一切正整数 k,有 $D(X_k) \leqslant C$,则对于任意正数 ε,有

$$\lim_{n \to \infty} P\left\{\left|\frac{1}{n}\sum_{k=1}^{n}[X_k - E(X_k)]\right| \leqslant \varepsilon\right\} = 1 \qquad (1.7.1)$$

特别地,当随机变量序列 $X_1, X_2, \cdots, X_n$ 相互独立且具有相同的有限期望和方差时,记为 $E(X_k) = \mu, D(X_k) = \sigma^2(k = 1, 2, \cdots, n)$,则对于任意正数 ε,有

$$\lim_{n \to \infty} P\left\{\left|\frac{1}{n}\sum_{k=1}^{n}X_k - \mu\right| \leqslant \varepsilon\right\} = 1 \qquad (1.7.2)$$

现在来解释它的意义。

$\left\{\left|\frac{1}{n}\sum_{k=1}^{n}X_k - \mu\right| \leqslant \varepsilon\right\}$ 是一个随机事件,式(1.7.2)表明,当 $N \to \infty$ 时,这个事件的概率趋于 1,即对于任意正数 ε,当 N 充分大时,不等式 $\left\{\left|\frac{1}{n}\sum_{k=1}^{n}X_k - \mu\right| \leqslant \varepsilon\right\}$ 几乎都是成立的。即在上述条件下,n 个随机变量的算术平均 $\frac{1}{n}\sum_{k=1}^{n}X_k$,当 n 无限增大时,"依概率 1"收敛于它们的期望 μ。

依概率收敛的概念定义如下:设 $Y_1, Y_2, \cdots, Y_n$ 是一个随机变量序列,a 是一个常数,若对于任意正数 ε,有

$$\lim_{n \to \infty} P\{|Y_n - a| \leqslant \varepsilon\} = 1 \qquad (1.7.3)$$

则称随机变量序列 $Y_1, Y_2, \cdots, Y_n$ 依概率 1 收敛于 a。

切比雪夫定理表明,当 n 很大时,随机变量 $X_1, X_2, \cdots, X_n$ 的算术平均值 $\frac{1}{n}\sum_{k=1}^{n}X_k$ 接近于数学期望 $E(X_k) = \mu$,这种接近是概率意义的接近,通俗地说,在定理的条件下,n 个随机变量的算术平均,当 n 无限增加时几乎变成一个常数了。

切比雪夫定理使我们关于算术平均值的法则有了理论根据。假论要测量某一物理量 α,在不变的条件下重复测得 n 次,得到的结果 $x_1, x_2, \cdots, x_n$ 是不完全相同的,这些结果可以看作 n 个独立随机变量 $X_1, X_2, \cdots, X_n$(显然,它们相互独立,且有相同的数学期望和方差)的试验数值。于是,由切比雪夫定理可知,当 n 充分大时,取 n 次测量结果 $x_1, x_2, \cdots, x_n$ 的算术平均值作为 α 的近似值

$$\alpha \approx \frac{x_1 + x_2 + \cdots + x_n}{n}$$

所发生的误差是很小的。

2. 贝努利定理

定理 设 n_A 是 n 次贝努利试验中事件 A 发生的次数,P 是事件 A 在每次试验中发生的概率,则对于任意正数 ε,有

$$\lim_{n \to \infty} P\left\{\left|\frac{n_A}{n} - P\right| \leqslant \varepsilon\right\} = 1 \qquad (1.7.4)$$

该定理表明事件发生的频率 $\frac{n_A}{n}$ "依概率 1"收敛于事件的概率 P。这个定理的严格

的数学形式表达了频率的稳定性,就是说,当 n 很大时,事件发生的频率与概率有较大的偏差的可能性很小。在实际应用中,当试验次数很大时,便可以用事件发生的频率来代替事件的概率。

1.7.2 中心极限定理

在随机变量的一切可能的分布律中,正态分布占有特殊重要的地位。实践中经常遇到的大量的随机变量都是服从正态分布的,自然就提出这样的问题:为什么正态分布如此广泛地存在,从而在概率论中占有如此重要的地位? 应该如何解释大量随机现象中的这一客观规律性呢?

李雅普诺夫证明了,在某些非常一般的充分条件下,独立随机变量的和的分布,当随机变量的个数无限增加时是趋于正态分布的。此后,林德伯尔格又成功地找到了独立随机变量的和的分布,当随机变量的个数无限增加时趋于正态分布的更一般的充分条件。概率论中有关论证随机变量和的极限分布是正态分布的一般定理通常称为中心极限定理。

中心极限定理的形式很多,我们就不一一介绍,只作解释。

中心极限定理是研究大量随机变量和的分布的一组定理。中心极限定理指出:若有大量相互独立的随机变量的和

$$Y = \sum_{k=1}^{n} X_k$$

其中每个随机变量 X_k 对总和的随机变量 Y 的影响足够小,则在一定条件下,当 $n \to \infty$ 时,随机变量 Y 是服从正态分布的,而与每个随机变量 X_k 的分布无关。

中心极限定理必然导致这样的结论,任何物理过程(如无线电系统中的噪声),若为许多独立作用之和,则这个过程就趋于高斯分布。而在很多问题中,所考虑的随机变量,都可以表示为很多相互独立的随机变量之和。因此,中心极限定理在自然科学技术中,特别是在电子技术领域中有着十分重要的意义。例如,接收机的内部噪声,它是由电子器件的散弹噪声以及电阻的热噪声造成的。这些噪声电压(或电流)本质上都是带电粒子随机运动所产生的随机发生的短促脉冲叠加的结果,而各个带电粒子随机运动产生的短促脉冲是相互独立的,每个短促脉冲对噪声电压(或电流)的影响很小。因此,根据中心极限定理可知,这些噪声电压(或电流)瞬时值的分布是服从正态分布的。此外,一个城市在任一指定时刻的耗电量,是大量用户耗电量的总和;一个物理实验的测量误差是由许多观察不到的可加的微小误差所叠加而成的。它们往往都近似服从正态分布。中心极限定理为解决这类随机现象提供了理论基础。

中心极限定理要求当 $n \to \infty$ 时,独立随机变量之和的分布才趋于正态分布。实际工程中,要求 $n \to \infty$ 是不可能的,通常只要 $n \geqslant 50$ 就可以了。

1.8 多维正态分布

正态分布是科学技术领域中最常用的分布,具有特殊的地位和作用。前面已经讨论了一维正态随机变量的分布,本节给出多维正态随机变量的分布及特点。

1.8.1 二维正态随机变量及其分布

设 X 是均值为 μ_X、方差为 σ_X^2 的正态随机变量，Y 是均值为 μ_Y、方差为 σ_Y^2 的正态随机变量，且 X、Y 的相关系数为 ρ_{XY}，则二维随机变量 (X,Y) 为一个二维正态随机变量，其联合概率密度函数为

$$f(x,y) = \frac{1}{2\pi\sigma_X\sigma_Y\sqrt{1-\rho_{XY}^2}} e^{-\frac{\sigma_Y^2(x-\mu_X)^2 - 2\rho_{XY}\sigma_X\sigma_Y(x-\mu_X)(y-\sigma_Y) + \sigma_X^2(y-\mu_Y)^2}{2\sigma_X^2\sigma_Y^2(1-\rho_{XY}^2)}} \tag{1.8.1}$$

由此可见，二维正态分布完全由它的五个参数决定，即均值 μ_X、μ_Y，方差 σ_X^2、σ_Y^2 和相关系数 ρ_{XY}。

若 X、Y 是两个互不相关的正态随机变量，也就是说 $\rho_{XY} = 0$，则有

$$f(x,y) = \frac{1}{2\pi\sigma_X\sigma_Y} e^{-\frac{\sigma_Y^2(x-\mu_X)^2 + \sigma_X^2(y-\mu_Y)^2}{2\sigma_X^2\sigma_Y^2}}$$

$$= \frac{1}{\sqrt{2\pi}\sigma_X} e^{-\frac{(x-\mu_X)^2}{2\sigma_X^2}} \frac{1}{\sqrt{2\pi}\sigma_Y} e^{-\frac{(y-\mu_Y)^2}{2\sigma_Y^2}} = f_X(x)f_Y(y) \tag{1.8.2}$$

可见，当正态分布的两个随机变量互不相关时，其联合概率密度函数等于单个随机变量概率密度函数的乘积。也就是说，随机变量 X、Y 是相互独立的。换言之，若两个正态随机变量是互不相关的，则它们也是相互独立的。

应用矩阵表示法，可以将式(1.8.1)的二维正态随机变量的概率密度函数表示式表示为十分简洁的形式，从而使得有些运算能够简化。

设矩阵

$$\boldsymbol{C} = \begin{bmatrix} E[(X-\mu_X)^2] & E[(X-\mu_X)(Y-\mu_Y)] \\ E[(Y-\mu_Y)(X-\mu_X)] & E[(Y-\mu_Y)^2] \end{bmatrix}$$

$$= \begin{bmatrix} \sigma_X^2 & \rho_{XY}\sigma_X\sigma_Y \\ \rho_{XY}\sigma_X\sigma_Y & \sigma_Y^2 \end{bmatrix} \tag{1.8.3}$$

矩阵 $\boldsymbol{C}$ 称为二维随机变量 (X,Y) 的协方差阵。矩阵 $\boldsymbol{C}$ 的逆阵为

$$\boldsymbol{C}^{-1} = \frac{1}{(1-\rho_{XY}^2)\sigma_X^2\sigma_Y^2} \begin{bmatrix} \sigma_Y^2 & -\rho_{XY}\sigma_X\sigma_Y \\ -\rho_{XY}\sigma_X\sigma_Y & \sigma_X^2 \end{bmatrix} \tag{1.8.4}$$

令

$$\boldsymbol{m} = \begin{bmatrix} \mu_X \\ \mu_Y \end{bmatrix}, \quad \boldsymbol{x} = \begin{bmatrix} x \\ y \end{bmatrix}$$

则式(1.8.1)的矩阵表示式为

$$f(x,y) = \frac{1}{2\pi \mid \mathbf{C} \mid^{1/2}} \mathrm{e}^{-\frac{(\mathbf{x}-\mathbf{m})^{\mathrm{T}} \mathbf{C}^{-1}(\mathbf{x}-\mathbf{m})}{2}} \tag{1.8.5}$$

二维正态随机变量的特征函数为

$$M_{X,Y}(u,v) = \mathrm{e}^{\mathrm{j}(\mu_X u + \mu_Y v) - \frac{1}{2}(\sigma_X^2 u^2 + \sigma_Y^2 v^2 + 2\rho_{XY}\sigma_X\sigma_Y uv)} \tag{1.8.6}$$

1.8.2　n 维正态随机变量及其分布

由二维正态随机变量概率密度函数的矩阵表示式,可以很容易推广到 n 维正态随机变量的情况。

设 X_i 是均值为 μ_{X_i}、方差为 $\sigma_{X_i}^2$ 的正态随机变量($i=1,2,\cdots,n$),则($X_1,X_2,\cdots,X_n$)是一个 n 维正态随机变量,它的 n 维联合概率密度函数为

$$f(x_1,x_2,\cdots,x_n) = \frac{1}{(2\pi)^{n/2} \mid \mathbf{C} \mid^{1/2}} \mathrm{e}^{-\frac{(\mathbf{x}-\mathbf{m})^{\mathrm{T}} \mathbf{C}^{-1}(\mathbf{x}-\mathbf{m})}{2}} \tag{1.8.7}$$

式中

$$\mathbf{m} = \begin{bmatrix} \mu_{X_1} \\ \mu_{X_2} \\ \vdots \\ \mu_{X_n} \end{bmatrix}, \quad \mathbf{x} = \begin{bmatrix} x_1 \\ x_2 \\ \vdots \\ x_n \end{bmatrix}$$

矩阵

$$\mathbf{C} = \begin{bmatrix} E[(X_1-\mu_{X_1})^2] & \cdots & E[(X_1-\mu_{X_1})(X_n-\mu_{X_n})] \\ E[(X_2-\mu_{X_2})(X_1-\mu_{X_1})] & \cdots & E[(X_2-\mu_{X_2})(X_n-\mu_{X_n})] \\ \cdots & \ddots & \cdots \\ E[(X_n-\mu_{X_n})(X_1-\mu_{X_1})] & \cdots & E[(X_n-\mu_{X_n})^2] \end{bmatrix}$$

称为 n 维正态随机变量的协方差阵。

由式(1.8.7)可知,n 维正态随机变量的统计特性,也是完全由它的一阶矩和二阶矩决定的,即由它的均值和协方差阵决定的。

同样,当 n 个正态随机变量互不相关时,即

$$E[(X_i-\mu_{X_i})(X_j-\mu_{Xj})] = 0 \quad (i,j=1,2,\cdots,n,i \neq j)$$

于是,协方差阵变为对角阵

$$\mathbf{C} = \begin{bmatrix} \sigma_{X_1}^2 & 0 & \cdots & 0 \\ 0 & \sigma_{X_2}^2 & \cdots & 0 \\ \vdots & \vdots & \ddots & \vdots \\ 0 & 0 & \cdots & \sigma_{X_n}^2 \end{bmatrix}$$

则

$$|C|^{1/2} = \prod_{i=1}^{n} \sigma_{X_i}$$

因此，n 维正态随机变量的联合概率密度函数为

$$f(x_1, x_2, \cdots, x_n) = \prod_{i=1}^{n} \frac{1}{(2\pi)^{1/2}\sigma_{X_i}} e^{-\frac{(x_i - \mu_{X_i})^2}{2\sigma_{X_i}^2}} = \prod_{i=1}^{n} f_{X_i}(x_i) \tag{1.8.8}$$

可见，当 n 维正态随机变量的各变量互不相关时，其联合概率密度函数也等于单个随机变量概率密度函数的乘积。因此，若 n 个正态随机变量是互不相关的，则它们也是相互独立的。

习题

1.1　设一个工人加工了 4 个零件，A_i 表示第 i 个零件是合格品。试用 A_1、A_2、A_3、A_4 的事件分别表示下列各事件：

(1) 没有一个零件是废品；

(2) 至少有一个零件是废品；

(3) 恰好有一个零件是废品；

(4) 至少有三个零件不是废品；

(5) 全部零件是废品；

(6) 仅第一个零件是废品。

1.2　盒内共装有 100 只晶体管，其中 5 只是次品，现从中任取 50 只。求：(1)有次品的概率是多少？(2)其中恰好有 2 只次品的概率是多少？

1.3　口袋里有 4 个白球和 3 个黑球，从中任取一球，不放回去，再任取一球。求：(1)第二次取到白球的概率是多少？(2)第一次取到黑球、第二次取到白球的概率是多少？

1.4　在房间里有 4 人，问至少有两个人的生日是在同一个月的概率是多少？

1.5　三人独立地破译一个密码，他们能译出的概率分别为 1/5、1/3 和 1/4。问能将此密码译出的概率是多少？

1.6　某人有 5 把钥匙，其中有 2 把房门钥匙，但忘记了是哪两把，只好逐把试开。问此人在三次内打开房门的概率是多少？

1.7　事件 A、B、C 发生的概率都是 0.25，且 A、B 不能同时发生，A、C 也不能同时发生，B、C 同时发生的概率为 0.125。求 A、B、C 中至少有一个发生的概率是多少？

1.8　设某型号的高射炮，每一门炮（发射一发）击中飞机的概率为 0.6。现若干门炮同时发射（每炮发射一发），问欲以 99% 的把握击中来犯的一架敌机，至少需配备多少门高射炮？

1.9　设有 10 个数字 0,1,2,3,4,5,6,7,8,9，从中任取两个数字，求其和大于 10 的概率。

1.10 发报台分别以概率 0.6 和 0.4 发出信号"·"和"－",由于通信系统受到干扰。当发出信号为"·"时,收报台分别以概率 0.8 和 0.2 收到信号"·"和"－";当发出信号为"－"时,收报台分别以概率 0.9 和 0.1 收到信号"－"和"·"。求当收报台收到信号"·"时,发报台确实发出信号"·"的概率。

1.11 有三个口袋,第一个口袋中有 2 个白球、4 个黑球,第二个口袋中有 4 个白球、2 个黑球,第三个口袋中有 3 个白球、3 个黑球,现从中任取一球。假设从三个口袋中取球的机会都相同,求取出白球的概率是多少? 如果已取到白球,求它是从第一个口袋中取出的概率是多少?

1.12 从一批含有 13 只正品,2 只次品的产品中,不放回地抽取 3 次,每次抽取 1只,求抽得次品数 X 的分布律和分布函数。

1.13 随机变量 X 的概率密度为 $f(x) = Ce^{-|x|}$,$-\infty < x < +\infty$。求:(1)常数 C;(2)随机变量 X 落在区间 $(0,1)$ 内的概率;(3)随机变量 X 的分布函数。

1.14 设随机变量 X 的概率密度为

$$f(x) = \begin{cases} x & (0 \leq x < 1) \\ 2 - x & (1 \leq x < 2) \\ 0 & (其他) \end{cases}$$

求 X 的分布函数 $F(x)$,并作出 $f(x)$ 和 $F(x)$ 的图形。

1.15 设 $X \sim N(3, 2^2)$,(1)求 $P\{2 < X \leq 5\}$;(2)决定 C 使得 $P\{X > C\} = P\{X \leq C\}$。

1.16 设 $X \sim N(10, 2^2)$,求 C,使得 $P\{|X - 10| < C\} = 0.9$。

1.17 设随机变量 X 的分布律为

$$P\{X = k\} = C \frac{\lambda^k}{k!} \quad (k = 1, 2, \cdots; \lambda \text{ 为常数且 } \lambda > 0)$$

求常数 C。

1.18 设 X 的分布律为

X	1	2	$\cdots$	k	$\cdots$
P	$\frac{1}{2}$	$\frac{1}{2^2}$	$\cdots$	$\frac{1}{2^k}$	$\cdots$

求 $Y = \sin\left(\frac{\pi}{2} X\right)$ 的分布律。

1.19 设 $X \sim N(0, 1)$,求 $Y = 2X^2 + 1$ 的概率密度。

1.20 设 X 的概率密度函数为

$$f(x) = \begin{cases} \dfrac{2x}{\pi^2} & (0 < x < \pi) \\ 0 & (其他) \end{cases}$$

求 $Y = \sin X$ 的概率密度函数。

1.21 设随机变量 (X, Y) 的概率密度为

$$f(x,y)=\begin{cases} x^2+\dfrac{xy}{3} & (0 \leqslant x \leqslant 1, 0 \leqslant y \leqslant 2) \\ 0 & (其他) \end{cases}$$

求：(1)$P\{X+Y \geqslant 1\}$；(2)X 和 Y 的边缘概率密度；(3)X 和 Y 是否独立。

1.22 设随机变量 X 的分布律为

X	-2	0	2
P	0.3	0.4	0.3

求 $E(X),E(X^2),E(3X^2+5)$。

1.23 设随机变量 X 的分布律为

$$P\{X=k\}=\frac{1}{2^k} \quad (k=1,2,3,\cdots)$$

求 $E(X)$ 和 $E(X-2)^2$。

1.24 设随机变量 X 的概率密度为

$$f(x)=\begin{cases} x & (0 \leqslant x < 1) \\ 2-x & (1 \leqslant x < 2) \\ 0 & (其他) \end{cases}$$

求 $E(X)$ 和 $E(X^2+2X)$。

1.25 设随机变量 X 服从拉普拉斯分布，其概率密度为

$$f(x)=\frac{1}{2}\mathrm{e}^{-|x|} \quad (-\infty < x < +\infty)$$

求 $E(X)$ 和 $D(X)$。

1.26 设随机变量 X 的概率密度函数为

$$f(x,y)=\begin{cases} 2x\mathrm{e}^{-x^2} & (x>0) \\ 0 & (x \leqslant 0) \end{cases}$$

$Y=X^2$，用两种方法求 $E(Y)$：(1)先求 Y 的概率密度函数，然后求 $E(Y)$；(2)不求 Y 的概率密度函数而直接求 $E(Y)$。

1.27 设随机变量 (X,Y) 的概率密度为

$$f(x,y)=\begin{cases} \dfrac{1}{8}(x+y) & (0 \leqslant x \leqslant 2, 0 \leqslant y \leqslant 2) \\ 0 & (其他) \end{cases}$$

求 $E(X),E(Y),D(X),D(Y),\mathrm{Cov}(X,Y),\rho_{XY}$。

1.28 设随机变量 (X,Y) 的概率密度为

$$f(x,y)=\begin{cases} 6xy^2 & (0 < x < 1, 0 < y < 1) \\ 0 & (其他) \end{cases}$$

求 $E(XY)$ 和 ρ_{XY}。

1.29 已知 $D(X)=25, D(Y)=36, \rho_{XY}=0.4$，求 $D(X+Y)$ 和 $D(X-Y)$。

1.30 设随机变量 X 的概率密度为

$$f(x) = \frac{\alpha}{2} e^{-\alpha|x|} \quad (\alpha > 0)$$

求 X 的特征函数。

1.31 设随机变量 X 的概率密度为

$$f(x) = \begin{cases} \dfrac{2-|x|}{4} & (|x| \leqslant 2) \\ 0 & (|x| > 2) \end{cases}$$

求 X 的特征函数。

1.32 设 X 为标准正态分布的随机变量，$Y=aX+b$。求随机变量 Y 的特征函数。

第

2

章

随机过程

2.1 随机过程的概念

2.1.1 随机过程的定义

在第 1 章中,研究的对象是随机变量。随机变量的特点是:在每次试验的结果中,以一定的概率取某个事先未知、但已确定的数值。在通信和电子信息技术中,常常涉及在试验过程中随着时间而改变的随机变量。例如,接收机的噪声电压就是随时间而随机变化的。当然,自然界中的万事万物都在发生变化,而变化总有个过程,这个变化的过程可以分成两大类——确定过程和随机过程。

若每次试验所观测到的变化过程具有确定的形式,或者说有必然的变化规律,则这样的过程就是确定过程。用数学语言来说,就是事物的变化过程可以用一个(或几个)时间 t 的确定的函数来描述。例如,以加速度 a 作加速运动的物体,假定物体以初速 v_0 开始,则对物体的速度可以建立如下的函数关系式:

$$v(t) = v_0 + at \quad (t > 0)$$

这个函数关系式确定了物体在任意时刻 $t(t>0)$ 的精确速度 $v(t)$。因此,加速运动的物体速度的变化过程是确定性的。

反之,若每次试验所观测到的变化过程没有确定的变化形式,观测前不能预知会出现什么结果,没有必然的变化规律,则这样的过程就是随机过程。用数学语言来说,就是事物变化的过程不能用一个(或几个)时间 t 的确定的函数来加以描述。或者说,对事物变化的全过程进行一次观测得到的结果是一个时间 t 的函数,但对同一事物的变化过程独立地重复进行多次观测所得的结果是不相同的。现在来看一个具体例子。

设有 n 台性能完全相同的接收机,它们工作的条件也都相同,现用 n 台记录仪分别接至输出端,同时记录各接收机的输出噪声电压,得到 n 条噪声电压-时间函数,即电压关于时间 t 的函数 $x_1(t), x_2(t), \cdots, x_n(t)$,如图 2.1 所示。结果发现,这 n 个记录图形并不因为具有相同的条件而输出相同的波形。相反,即使 n 足够大,也找不到两个完全相同的波形。这就是说,接收机输出的噪声电压随时间的变化是不可预知的,即不能做出准确的预测,只有通过测量才能得到。如此,也可以把对噪声电压变化过程的记录看作一个随机试验,只是在这里每次试验需在某个时间范围内持续进行,而相应的试验结果则是一个时间 t 的函数。

第 1 章提到,随机试验可以用其所有可能的试验结果所构成的样本空间来描述,同样,在这里也可以用噪声电压所产生的一簇电压-时间的

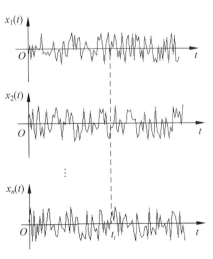

图 2.1 接收机输出的噪声电压波形

函数来描述噪声电压的变化过程。也就是说,可以用观测到的噪声电压的结果 $x_1(t)$, $x_2(t)$, $x_3(t)$, …来描述噪声电压的变化过程。

综上所述,给出随机过程的定义。

定义 1 设随机试验 E 的样本空间为 $S=\{x\}$,若对于每一个样本 $x\in S$,总可以依某种规则确定一时间 t 的函数

$$x(t) \quad t \in T(T \text{ 是时间 } t \text{ 的变化范围})$$

与之对应。于是,对于所有的 $x\in S$ 来说,就得到一簇时间 t 的函数,称此簇时间 t 的函数为随机过程。而簇中的每一个函数称为该过程的样本函数。

从上述定义可知,随机过程是一簇样本函数的集合。在一次试验结果中,随机过程必取一个样本函数,但究竟取哪一个样本函数则带有随机性。这就是说,在试验前不能确知取哪一个样本函数,但在大量的观察中是具有统计规律性的。

因此,接收机输出的噪声电压的变化过程是一个随机过程,它是一簇电压-时间函数的集合,是由许许多多的样本函数构成的。针对某台的接收机测试的噪声电压随时间变化的函数是该随机过程的一个样本函数。

通常,用大写字母表示随机过程,如 $X(t)$、$Y(t)$,而用小写字母表示随机过程的样本,如 $x(t)$、$y(t)$。

从定义 1 可以看出,随机过程 $X(t)$ 在不同情况下具有如下意义:

(1) 对于一个特定的试验结果 $x_k\in S$,$X(t)$ 是一个确定的样本函数 $x_k(t)$,它通常称为随机过程的一次物理实现。

(2) 对于某一固定的时刻 $t=t_i\in T$,$X(t_i)$ 是一个随机变量,如图 2.1 所示。工程上有时把 $X(t_i)$ 称作随机过程 $X(t)$ 在 $t=t_i$ 时刻的状态。根据这一点,也可把随机过程看成依赖于时间 t 的一簇随机变量。

因此,也可以将随机过程按如下定义。

定义 2 若对于每一固定的时刻 $t_i\in T$,$X(t_i)$ 都是随机变量,则称 $X(t)$ 是随机过程。

定义 2 是把随机过程看作一簇随时间变化的随机变量。因此,从这个意义上说,随机过程可看成 n 维随机变量的推广。

这两个定义在本质上是一致的。在对随机过程作实际观测时常用定义 1,观测次数越多,所得到的样本数目也越多,越能掌握随机过程的统计规律性;对随机过程作理论分析时常用定义 2,这样,把随机过程看作是 n 维随机变量的推广,若时间间隔取得越小,所得随机变量的维数 n 越大,则越能掌握该随机过程的统计规律性。因此,有关多维随机变量的概念是分析随机过程的重要理论基础。

根据以上讨论可知,随机过程 $X(t)$ 具有以下四种含义:

(1) 若 t 和 x 都是变量,则随机过程是一簇时间函数。

(2) 若 t 是变量,而 x 是固定值,则随机过程是一个确知的时间函数。

(3) 若 t 是固定值,而 x 是变量,则随机过程是一个随机变量。

(4) 若 t 和 x 都是固定值,则随机过程是一个确定值。

说明：本书所讨论的随机过程仅限于实随机过程，以后各章提到随机过程都是指实随机过程。

2.1.2 随机过程的分类

随机过程类型很多，分类方法也有多种，这里给出常用的几种分类方法。

（1）按照时间和状态是连续还是离散来分类，可以分为四类：连续型随机过程、连续随机序列、离散型随机过程和离散随机序列。

① 连续型随机过程。若随机过程 $X(t)$ 的时间和状态都是连续的，则称此随机过程为连续型随机过程。也就是说，对于任意时刻 $t_i \in T$，连续型随机过程的状态 $X(t_i)$ 是连续型随机变量。例如前面提到过的接收机输出的噪声电压就属于这类连续型随机过程，它在任意时刻的状态都是一个连续型随机变量，各个样本函数都是时间 t 的连续函数。

② 连续随机序列。若随机过程 $X(t)$ 的时间是离散的，而状态是连续的，则称此随机过程为连续随机序列。连续随机序列可以通过对连续型随机过程进行等时间间隔取样得到。也就是说，随机过程 $X(t)$ 只能在离散时刻取值，且在任意离散时刻的状态是连续型随机变量。

③ 离散型随机过程。若随机过程 $X(t)$ 的时间是连续的，而状态是离散的，则称此随机过程为离散型随机过程。即对于任意时刻 $t_i \in T$，离散型随机过程的状态 $X(t_i)$ 是离散型随机变量。例如，如图 2.2 所示的脉冲宽度随机变化的一簇脉冲信号，由于它在任意时刻只能取 0 或 1 两个固定的离散值，在任意时刻的状态是一个离散型随机变量，而各个样本函数也都是时间 t 的连续函数。所以该过程是一个离散型随机过程。

④ 离散随机序列。若随机过程 $X(t)$ 的时间和状态都是离散的，则称此随机过程为离散随机序列。即离散随机序列 $X(t)$ 只能在离散时刻取值，且在任意离散时刻的状态是离散型随机变量。离散随机序列即是随机数字信号，它对应于时间和状态都是离散的情况。为了适应数字技术的需要，对连续型随机过程进行等时间间隔取样，并将取样值进行量化，即得到离散随机序列。

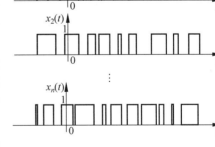

图 2.2 离散型随机过程的一簇样本函数

（2）按照样本函数的形式不同，可分为确定的随机过程和不确定的随机过程两类。

① 确定的随机过程。若随机过程的任意一个样本函数的未来值，可以由过去的观测值确定，则这个随机过程为确定的随机过程。例如，由下式定义的随机过程：

$$X(t) = A\cos(\omega t + \varphi)$$

式中，A、ω 和 φ 至少有一个是随机变量。对于该过程的任一个样本函数，这些随机变量都取一个具体值，则该样本函数具有明确的函数关系。因此，只要观测该样本函数过去的取值,就可以确定样本函数的未来值。

② 不确定的随机过程。若随机过程的任意一个样本函数的未来值,不能由过去的观测值确定,称这个随机过程为不确定的随机过程。例如,前面提到过的接收机输出的噪声电压,对于该过程的任一个样本函数,虽然该样本函数过去的取值已知,但仍然不能确定样本函数的未来值。

(3) 按照随机过程的分布特性进行分类。

在工程技术中,根据随机过程的分布特性,按照随机过程有无平稳性分为平稳随机过程和非平稳随机过程;按照随机过程有无各态历经性分为各态历经过程和非各态历经过程。此外,随机过程还可按照其功率谱特性,分为白色过程和有色过程、宽带过程和窄带过程等。这些概念将在后续章节中详细介绍。

2.2　随机过程的统计特性

与随机变量类似,随机过程也存在着某种规律性,这种规律性是从大量的样本经统计后表现出来的,这就是随机过程的统计规律(或称为统计特性)。随机过程的统计规律仍然用概率分布或数字特征来描述。

2.2.1　随机过程的概率分布

由于随机过程 $X(t)$ 在任意时刻 t_i 的状态 $X(t_i)$ 是一个随机变量,随机过程可视为一簇随时间变化的随机变量。因此,可以利用随机变量的统计描述方法来描述随机过程的统计特性。

1. 一维分布函数和概率密度函数

对于某一个固定时刻 $t \in T$,随机过程在 t 时刻的状态 $X(t)$ 是一个随机变量,随机事件 $\{X(t) \leqslant x\}$ 的概率为

$$P\{X(t) \leqslant x\}$$

它是 t 和 x 的二元函数,记为

$$F_1(x; t) = P\{X(t) \leqslant x\} \tag{2.2.1}$$

称 $F_1(x; t)$ 为随机过程 $X(t)$ 的一维分布函数。

显然,随机过程 $X(t)$ 的一维分布函数是时间的函数,也就是说,对于不同的时刻,随机过程的状态是不同的随机变量。

与随机变量一样,若存在非负二元函数 $f_1(x; t)$,使

$$F_1(x; t) = \int_{-\infty}^{x} f_1(u; t) \mathrm{d}u \tag{2.2.2}$$

成立,则称 $f_1(x; t)$ 为随机过程 $X(t)$ 的一维概率密度函数。显然,$f_1(x; t)$ 也是 t 和 x 的二元函数,且

$$f_1(x;t) = \frac{\partial F_1(x;t)}{\partial x} \tag{2.2.3}$$

显然，随机过程的一维分布函数和概率密度函数具有普通随机变量的分布函数和概率密度函数的各种性质，其差别在于随机过程的一维分布函数和概率密度函数还是时间 t 的函数。

例 2.1　设随机过程

$$X(t) = A\cos\omega_0 t$$

式中，ω_0 为常数，A 为在 $[0,1]$ 区间均匀分布的随机变量。求随机过程 $X(t)$ 的一维概率密度函数。

解：由于对于任意固定时刻 t，$X(t)$ 是一个随机变量，且 $X(t) = A\cos\omega_0 t$ 是随机变量 A 的单调函数。其函数关系为

$$x = a\cos\omega_0 t$$

所以，若 $\cos\omega_0 t \neq 0$，有

$$\frac{\mathrm{d}a}{\mathrm{d}x} = \frac{1}{\cos\omega_0 t}$$

随机变量 A 的概率密度函数为

$$\psi(a) = \begin{cases} 1 & (0 \leqslant a \leqslant 1) \\ 0 & (其他) \end{cases}$$

则

$$f_1(x;t) = \psi(a)\left|\frac{\mathrm{d}a}{\mathrm{d}x}\right|\Big|_{a=\frac{x}{\cos\omega_0 t}} = \begin{cases} \dfrac{1}{|\cos\omega_0 t|} & (\min\{0,\cos\omega_0 t\} \leqslant x \leqslant \max\{0,\cos\omega_0 t\}) \\ 0 & (其他) \end{cases}$$

即，当 $\cos\omega_0 t > 0$ 时

$$f_1(x;t) = \begin{cases} \dfrac{1}{|\cos\omega_0 t|} & (0 \leqslant x \leqslant \cos\omega_0 t) \\ 0 & (其他) \end{cases}$$

当 $\cos\omega_0 t < 0$ 时

$$f_1(x;t) = \begin{cases} \dfrac{1}{|\cos\omega_0 t|} & (\cos\omega_0 t \leqslant x \leqslant 0) \\ 0 & (其他) \end{cases}$$

当 $\cos\omega_0 t = 0$，即 $t = \left(k+\dfrac{1}{2}\right)\dfrac{\pi}{\omega_0}$（$k$ 为整数）时，有 $X(t) = 0$，则

$$P\{X(t) = 0\} = 1$$

即当 $t = \left(k+\dfrac{1}{2}\right)\dfrac{\pi}{\omega_0}$（$k$ 为整数）时，$X(t)$ 的分布函数为

$$F_1(x;t) = P\{X(t) \leqslant x\} = \begin{cases} 1 & (x \geqslant 0) \\ 0 & (x < 0) \end{cases}$$

所以

$$f_1(x; t) = \delta(t)$$

随机过程的一维分布函数和一维概率密度仅给出了随机过程最简单的概率分布特性,它们只能描述随机过程在各个孤立时刻的统计特性,而不能反映随机过程在不同时刻的状态之间的联系。

2. 二维分布函数和概率密度函数

为了描述随机过程 $X(t)$ 在任意两个时刻 t_1 和 t_2 的状态之间的内在联系,可以引入二维随机变量 $[X(t_1), X(t_2)]$ 的分布函数 $F_2(x_1, x_2; t_1, t_2)$,它是二个随机事件 $\{X(t_1) \leqslant x_1\}$ 和 $\{X(t_2) \leqslant x_2\}$ 同时出现的概率,即

$$F_2(x_1, x_2; t_1, t_2) = P\{X(t_1) \leqslant x_2, X(t_2) \leqslant x_2\} \tag{2.2.4}$$

称 $F_2(x_1, x_2; t_1, t_2)$ 为随机过程 $X(t)$ 的二维分布函数。

同样,若存在非负函数 $f_2(x_1, x_2; t_1, t_2)$,使

$$F_2(x_1, x_2; t_1, t_2) = \int_{-\infty}^{x_1} \int_{-\infty}^{x_2} f_2(u_1, u_2; t_1, t_2) \mathrm{d}u_1 \mathrm{d}u_2 \tag{2.2.5}$$

成立,则称 $f_2(x_1, x_2; t_1, t_2)$ 为随机过程 $X(t)$ 的二维概率密度函数。且

$$f_2(x_1, x_2; t_1, t_2) = \frac{\partial^2 F_2(x_1, x_2; t_1, t_2)}{\partial x_1 \partial x_2} \tag{2.2.6}$$

随机过程的二维概率分布虽然比一维概率分布包含了更多的信息,但它仍不能反映随机过程在两个以上时刻的状态之间的联系,不能完整地反映出随机过程的全部统计特性。

3. n 维分布函数和概率密度函数

用同样的方法,可以引入随机过程的 n 维分布函数和 n 维概率密度函数。

随机过程 $X(t)$ 在任意 n 个时刻 $t_1, t_2, \cdots, t_n$ 的状态 $X(t_1), X(t_2), \cdots, X(t_n)$ 构成 n 维随机变量 $[X(t_1), X(t_2), \cdots, X(t_n)]$,则随机过程 $X(t)$ 的 n 维分布函数为

$$F_2(x_1, x_2, \cdots, x_n; t_1, t_2, \cdots, t_n) = P\{X(t_1) \leqslant x_2, X(t_2) \leqslant x_2, \cdots, X(t_n) \leqslant x_n\}$$

$$\tag{2.2.7}$$

若存在非负函数 $f_n(x_1, x_2, \cdots, x_n; t_1, t_2, \cdots, t_n)$,使

$$F_n(x_1, x_2, \cdots, x_n; t_1, t_2, \cdots, t_n) = \int_{-\infty}^{x_1} \int_{-\infty}^{x_2} \cdots \int_{-\infty}^{x_n} f_n(u_1, u_2, \cdots, u_n; t_1, t_2, \cdots, t_n) \mathrm{d}u_1 \mathrm{d}u_2 \cdots \mathrm{d}u_n$$

$$\tag{2.2.8}$$

成立,则称 $f_n(x_1, x_2, \cdots, x_n; t_1, t_2, \cdots, t_n)$ 为随机过程 $X(t)$ 的 n 维概率密度函数。且

$$f_n(x_1, x_2, \cdots, x_n; t_1, t_2, \cdots, t_n) = \frac{\partial^n F_n(x_1, x_2, \cdots, x_n; t_1, t_2, \cdots, t_n)}{\partial x_1 \partial x_2 \cdots \partial x_n} \tag{2.2.9}$$

随机过程的 n 维分布函数或 n 维概率密度函数描述了随机过程在任意 n 个时刻的状态之间的联系,能够近似地描述随机过程 $X(t)$ 的统计特性。显然,n 取得越大描述越完善。从理论上来说,为了完整地描述随机过程 $X(t)$ 的统计特性,需要 n 趋于无穷大

(即无限地减小时间间隔)；但由于 n 越大，问题越复杂，甚至于不可能求解。是否可以用许许多多的二维分布函数代替 $n(n > 2)$ 维分布函数来描述 $X(t)$ 的统计特性呢，实践证明，这是可以的。

以随机过程在某一时间点 t_1 为参考基准，分别用无限多个二维分布函数来描述 t_1 和 t_2，t_1 和 t_3，$\cdots$，t_1 和 t_n 之间的统计特性，然后又把这个参考基准放置到 t_2 点上，即描述 t_2 和 t_3，t_2 和 t_4，$\cdots$，t_2 和 t_n 的统计特性，再把这个参考基准往后移到 t_3，t_4，$\cdots$ 上，这样，就达到了用许许多多的二维分布函数来代替 n 维分布函数的目的。因此，在工程应用中，通常只考虑随机过程的二维概率分布就够了。

2.2.2　随机过程的数字特征

虽然随机过程的 n 维分布函数能够比较全面地描述整个随机过程的统计特性，但它们的获得实际上很困难，甚至是不可能的。因而，类似概率论中引入随机变量的数字特征，有必要引入随机过程的基本数字特征，它们应该既能刻画随机过程的重要特征，又要便于运算和实际测量。随机过程的数字特征是由随机变量的数字特征推广而来的，所不同的是，随机过程的数字特征一般不再是确定的常数，而是时间 t 的函数。因此，也常把随机过程的数字特征称为矩函数。下面介绍随机过程的一些基本数字特征。

1. 数学期望

随机过程 $X(t)$ 在任意时刻 t 的取值是一个随机变量 $X(t)$，该随机变量 $X(t)$ 的数学期望就是该时刻随机过程的数学期望。因此，对于不同时刻，称 $X(t)$ 的一阶原点矩为随机过程的数学期望(或称为均值)，它一个确定的时间函数，记为 $E[X(t)]$ 或 $\overline{X(t)}$。即

$$E[X(t)] = \int_{-\infty}^{+\infty} x f_1(x; t) \mathrm{d}x \qquad (2.2.10)$$

式中，$f_1(x; t)$ 是随机过程 $X(t)$ 的一维概率密度函数。

从式(2.2.10)看出，随机过程 $X(t)$ 的数学期望 $E[X(t)]$ 在一般情况下依赖于时间 t，是时间 t 的函数，它表示该随机过程在各个时刻的摆动中心。因此，随机过程的数学期望 $E[X(t)]$ 是某一个平均函数，随机过程的诸样本在它的附近起伏变化，如图 2.3 所示。图中细线表示随机过程的各个样本函数，粗线表示其数学期望，它反映了随机过程的样本函数在统计意义下的平均变化规律。

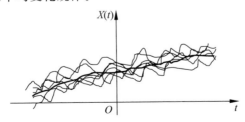

图 2.3　随机过程的数学期望

另需指出,随机过程的数学期望 $\overline{X(t)}$ 是随机过程 $X(t)$ 的所有样本在任意时刻 t 的函数值的统计平均,因此,$\overline{X(t)}$ 又称为集合平均。

2. 均方值

类似地,随机过程 $X(t)$ 在任意时刻 t 的取值是一个随机变量 $X(t)$,该随机变量 $X(t)$ 的均方值就是该时刻随机过程的均方值。因此,定义 $X(t)$ 的二阶原点矩为随机过程的均方值,记为 $E[X^2(t)]$ 或 $\overline{X^2(t)}$。即

$$E[X^2(t)] = \int_{-\infty}^{+\infty} x^2 f_1(x; t) \mathrm{d}x \tag{2.2.11}$$

同样,随机过程的均方值 $E[X^2(t)]$ 在一般情况下也是时间 t 的函数。

3. 方差

随机过程 $X(t)$ 在任意时刻 t 的取值是一个随机变量 $X(t)$,该随机变量 $X(t)$ 的方差就是该时刻随机过程的方差。因此,定义 $X(t)$ 的二阶中心矩为随机过程的方差,记为 $D[X(t)]$,即

$$D[X(t)] = E\{[X(t) - \overline{X(t)}]^2\} \tag{2.2.12}$$

方差 $D[X(t)]$ 描述了随机过程 $X(t)$ 的样本函数对其均值的偏离程度。

同样,$\sqrt{D[X(t)]}$ 称为随机过程 $X(t)$ 的标准差。

第 1 章关于随机变量的均值和方差的性质同样适用于随机过程,如

$$D[X(t)] = \overline{X^2(t)} - \overline{X(t)}^2 \tag{2.2.13}$$

从上述讨论中可以看出,均值、均方值和方差都只与随机过程的一维概率分布相关,随机过程的这类数字特征常称为一维数字特征,它们只能描述随机过程孤立的时间点上的统计特性。为了描述随机过程两个不同时刻状态之间的内在联系,需利用随机过程的二维概率分布引入新的数字特征。

4. 自相关函数

设 $X(t_1)$ 和 $X(t_2)$ 是随机过程 $X(t)$ 在两个任意时刻 t_1 和 t_2 的状态,称 $X(t_1)$ 和 $X(t_2)$ 的二阶原点混合矩为 $X(t)$ 的自相关函数,简称相关函数。一般而言,它是时间 t_1 和 t_2 的函数,记为 $B_X(t_1, t_2)$,有

$$B_X(t_1, t_2) = E[X(t_1)X(t_2)]$$
$$= \int_{-\infty}^{+\infty} \int_{-\infty}^{+\infty} x_1 x_2 f_2(x_1, x_2; t_1, t_2) \mathrm{d}x_1 \mathrm{d}x_2 \tag{2.2.14}$$

式中,$f_2(x_1, x_2; t_1, t_2)$ 是随机过程的二维概率密度函数。

自相关函数反映了随机过程 $X(t)$ 在两个不同时刻的状态之间的相关程度,其绝对值越大,表示随机过程的相关性越强。

5. 自协方差函数

设 $X(t_1)$ 和 $X(t_2)$ 是随机过程 $X(t)$ 在两个任意时刻 t_1 和 t_2 的状态,称 $X(t_1)$ 和

$X(t_2)$ 的二阶中心混合矩为随机过程 $X(t)$ 的自协方差函数,记为 $\mathrm{Cov}_X(t_1,t_2)$,即

$$\mathrm{Cov}_X(t_1,t_2) = E\{[X(t_1)-\overline{X(t_1)}][X(t_2)-\overline{X(t_2)}]\} \qquad (2.2.15)$$

自协方差函数和自相关函数一样,也是时间 t_1 和 t_2 的函数,反映了自身在两个不同时刻的状态之间的相关程度。

可以证明,式(2.2.15)也可写为

$$\mathrm{Cov}_X(t_1,t_2) = B_X(t_1,t_2) - \overline{X(t_1)}\;\overline{X(t_2)} \qquad (2.2.16)$$

例 2.2 若随机过程 $X(t)$ 为

$$X(t) = A\cos t$$

式中,A 为在 $[0,1]$ 区间均匀分布的随机变量。求 $X(t)$ 的均值和自相关函数。

解:已知 A 的概率密度为

$$f_A(a) = \begin{cases} 1 & (0 \leqslant a \leqslant 1) \\ 0 & (\text{其他}) \end{cases}$$

$$E[X(t)] = E[A\cos t] = \cos t E[A] = \cos t \int_{-\infty}^{+\infty} a f_A(a)\mathrm{d}a = \cos t \int_0^1 a\,\mathrm{d}a = \frac{\cos t}{2}$$

$$B_X(t_1,t_2) = E[X(t_1)X(t_2)] = E[A^2\cos t_1 \cos t_2]$$

$$= \cos t_1 \cos t_2 E[A^2] = \cos t_1 \cos t_2 \int_0^1 a^2 \mathrm{d}a = \frac{1}{3}\cos t_1 \cos t_2$$

例 2.3 求随机相位正弦波

$$X(t) = \sin(\omega_0 t + \theta)$$

的数学期望、方差及自相关函数。式中,ω_0 为常数,θ 是在 $[0,2\pi]$ 区间均匀分布的随机变量。

解:根据题意,已知

$$f(\theta) = \begin{cases} \dfrac{1}{2\pi} & (0 \leqslant \theta \leqslant 2\pi) \\ 0 & (\text{其他}) \end{cases}$$

$$E[X(t)] = E[\sin(\omega_0 t + \theta)] = E[\sin\omega_0 t\cos\theta + \cos\omega_0 t\sin\theta]$$

$$= E[\sin\omega_0 t\cos\theta] + E[\cos\omega_0 t\sin\theta]$$

$$= \sin\omega_0 t E[\cos\theta] + \cos\omega_0 t E[\sin\theta]$$

$$E[\cos\theta] = \int_0^{2\pi}\cos\theta f(\theta)\mathrm{d}\theta = \frac{1}{2\pi}\int_0^{2\pi}\cos\theta\mathrm{d}\theta = 0$$

同理,$E[\sin\theta] = 0$

所以有

$$E[X(t)] = 0$$

$$E[X^2(t)] = E[\sin^2(\omega_0 t + \theta)] = E\left\{\frac{1}{2}[1-\cos(2\omega_0 t + 2\theta)]\right\}$$

$$= \frac{1}{2}\{E[1-(\cos 2\omega_0 t\cos 2\theta - \sin 2\omega_0 t\sin 2\theta)]\}$$

$$= \frac{1}{2} \left[1 - \cos 2\omega_0 t E(\cos 2\theta) - \sin 2\omega_0 t E(\sin 2\theta) \right] = \frac{1}{2}$$

则

$$D[X(t)] = E[X^2(t)] - E^2[X(t)] = \frac{1}{2}$$

$$B_X(t_1, t_2) = E[X(t_1)X(t_2)] = E[\sin(\omega_0 t_1 + \theta)\sin(\omega_0 t_2 + \theta)]$$

$$= E\left\{ -\frac{1}{2} \left[\cos(\omega_0 t_1 + \omega_0 t_2 + 2\theta) - \cos(\omega_0 t_2 - \omega_0 t_1) \right] \right\}$$

$$= \frac{1}{2} \cos(\omega_0 t_2 - \omega_0 t_1) = \frac{1}{2} \cos \omega_0 (t_2 - t_1)$$

2.2.3 随机过程的特征函数

由第 1 章可知,随机变量的概率密度函数和特征函数是一对傅里叶变换,且随机变量的矩唯一地被特征函数所确定。所以,可以利用特征函数来简化求随机变量的概率密度函数和数字特征的运算。

随机过程的多维特征函数与多维概率分布一样,也能比较全面地描述随机过程的统计特性。同样,也可以利用特征函数来简化求随机过程的概率密度函数和矩函数的运算。

1. 一维特征函数

对于某一固定时刻 t,随机变量 $X(t)$ 的特征函数为

$$M_X(u; t) = E[e^{juX(t)}] = \int_{-\infty}^{+\infty} e^{jux} f_1(x; t) \mathrm{d}x \tag{2.2.17}$$

$M_X(u; t)$ 称为随机过程 $X(t)$ 的一维特征函数,它是 u 和 t 的函数。$f_1(x; t)$ 为随机过程 $X(t)$ 的一维概率密度函数,它与 $M_X(u; t)$ 构成一对傅里叶变换,有

$$f_1(x; t) = \frac{1}{2\pi} \int_{-\infty}^{+\infty} M_X(u; t) e^{-jux} \mathrm{d}u \tag{2.2.18}$$

将式(2.2.17)的两端对变量 u 求 n 阶偏导数,得

$$\frac{\partial^n M_X(u; t)}{\partial u^n} = j^n \int_{-\infty}^{+\infty} x^n e^{jux} f_1(x; t) \mathrm{d}x \tag{2.2.19}$$

所以,随机过程 $X(t)$ 的 n 阶原点矩

$$E[X^n(t)] = \int_{-\infty}^{+\infty} x^n f_1(x; t) \mathrm{d}x = (-j)^n \left. \frac{\partial^n M_X(u; t)}{\partial u^n} \right|_{u=0} \tag{2.2.20}$$

因此,利用式(2.2.20)可以方便地求得随机过程的数学期望和均方值。

2. 二维特征函数

随机过程在任意两个时刻 t_1 和 t_2 的取值构成一个二维随机变量 $[X(t_1), X(t_2)]$,其特征函数为

$$M_X(u_1,u_2;t_1,t_2) = E\left[e^{ju_1 X(t_1)+ju_2 X(t_2)}\right]$$

$$= \int_{-\infty}^{+\infty}\int_{-\infty}^{+\infty} e^{ju_1 x_1+ju_2 x_2} f_2(x_1,x_2;t_1,t_2)\mathrm{d}x_1\mathrm{d}x_2 \quad (2.2.21)$$

$M_X(u_1,u_2;t_1,t_2)$ 称为随机过程 $X(t)$ 的二维特征函数,它是 u_1、u_2 和 t_1、t_2 的函数。$f_2(x_1,x_2;t_1,t_2)$ 为随机过程 $X(t)$ 的二维概率密度函数,它与 $M_X(u_1,u_2;t_1,t_2)$ 构成一对傅里叶变换,有

$$f_2(x_1,x_2;t_1,t_2) = \frac{1}{(2\pi)^2}\int_{-\infty}^{+\infty}\int_{-\infty}^{+\infty} M_X(u_1,u_2;t_1,t_2)e^{-j(u_1 x_1+u_2 x_2)}\mathrm{d}u_1\mathrm{d}u_2$$

$$(2.2.22)$$

将式(2.2.21)的两端对变量 u_1、u_2 各求一次偏导数,得

$$\frac{\partial^2 M_X(u_1,u_2;t_1,t_2)}{\partial u_1 \partial u_2} = j^2\int_{-\infty}^{+\infty}\int_{-\infty}^{+\infty} x_1 x_2 e^{ju_1 x_1+ju_2 x_2} f_2(x_1,x_2;t_1,t_2)\mathrm{d}x_1\mathrm{d}x_2$$

$$(2.2.23)$$

所以,随机过程 $X(t)$ 的自相关函数为

$$B_X(t_1,t_2) = \int_{-\infty}^{+\infty}\int_{-\infty}^{+\infty} x_1 x_2 f_2(x_1,x_2;t_1,t_2)\mathrm{d}x_1\mathrm{d}x_2$$

$$= -\left.\frac{\partial^2 M_X(u_1,u_2;t_1,t_2)}{\partial u_1 \partial u_2}\right|_{u=0} \quad (2.2.24)$$

3. n 维特征函数

同理,可得随机过程 $X(t)$ 的 n 维特征函数为

$$M_X(u_1,u_2,\cdots,u_n;t_1,t_2,\cdots,t_n) = E\left[e^{ju_1 X(t_1)+ju_2 X(t_2)+\cdots+ju_n X(t_n)}\right]$$

$$= \int_{-\infty}^{+\infty}\int_{-\infty}^{+\infty}\cdots\int_{-\infty}^{+\infty} e^{ju_1 x_1+ju_2 x_2+\cdots+ju_n x_n} f_n(x_1,x_2,\cdots,x_n;t_1,t_2,\cdots,t_n)\mathrm{d}x_1\mathrm{d}x_2\cdots\mathrm{d}x_n$$

$$(2.2.25)$$

同样,由随机过程 $X(t)$ 的 n 维特征函数可以求得其 n 维概率密度函数为

$$f_n(x_1,x_2,\cdots,x_n;t_1,t_2,\cdots,t_n)$$

$$= \frac{1}{(2\pi)^n}\int_{-\infty}^{+\infty}\int_{-\infty}^{+\infty}\cdots\int_{-\infty}^{+\infty} M_X(u_1,u_2,\cdots,u_n;t_1,t_2,\cdots,t_n)e^{-j(u_1 x_1+u_2 x_2+\cdots+u_n x_n)}\mathrm{d}u_1\mathrm{d}u_2\cdots\mathrm{d}u_n$$

$$(2.2.26)$$

2.3 平稳随机过程

2.3.1 严平稳随机过程

定义 若对于任意 n 个时刻 $t_1,t_2,\cdots,t_n$ 和任意实数 ε,随机过程 $X(t)$ 的 n 维分布函数(或概率密度函数)满足关系

$$F_n(x_1,x_2,\cdots,x_n\,;\,t_1,t_2,\cdots,t_n) = F_n(x_1,x_2,\cdots,x_n\,;\,t_1+\varepsilon,t_2+\varepsilon,\cdots,t_n+\varepsilon)$$

$$(2.3.1)$$

或

$$f_n(x_1,x_2,\cdots,x_n\,;\,t_1,t_2,\cdots,t_n) = f_n(x_1,x_2,\cdots,x_n\,;\,t_1+\varepsilon,t_2+\varepsilon,\cdots,t_n+\varepsilon)$$

$$(2.3.2)$$

则称随机过程 $X(t)$ 为严平稳过程,或称窄平稳过程或狭义平稳过程。也就是说,若随机过程的 n 维分布函数(或 n 维概率密度函数)不随时间起点选择不同而改变,则称这种随机过程为严平稳随机过程。

从上面的定义看出,严平稳随机过程的统计特性与所选取的时间起点无关,或者说不随时间的平移而变化。这意味着对于任何实数 ε,随机过程 $X(t)$ 和 $X(t+\varepsilon)$ 具有相同的统计特性。

严平稳过程的 n 维概率密度不随时间平移而变化的特性,反映在其一、二维概率密度及数字特征上具有以下性质。

(1) 严平稳随机过程的一维概率密度函数与时间无关。

由式(2.3.2),有

$$f_1(x\,;\,t) = f_1(x\,;\,t+\varepsilon)$$

令 $\varepsilon=-t$,则

$$f_1(x\,;\,t) = f_1(x) \tag{2.3.3}$$

由此可知,严平稳随机过程 $X(t)$ 的一维数字特征是与时间无关的常数。常将严平稳随机过程 $X(t)$ 均值、均方值和方差分别记为 m_X、ψ_X^2、σ_X^2,可表示为

$$E[X(t)] = \int_{-\infty}^{+\infty} x f_1(x)\mathrm{d}x = m_X \tag{2.3.4}$$

$$E[X^2(t)] = \int_{-\infty}^{+\infty} x^2 f_1(x) = \psi_X^2 \tag{2.3.5}$$

$$D[X(t)] = \int_{-\infty}^{+\infty} (x-m_X)^2 f_1(x)\mathrm{d}x = \sigma_X^2 \tag{2.3.6}$$

因此,严平稳随机过程的所有样本曲线都在同一水平直线周围随机地波动。

(2) 严平稳随机过程的二维概率密度函数只与 t_1,t_2 的时间间隔有关,而与时间起点无关。

由式(2.3.2),有

$$f_2(x_1,x_2\,;\,t_1,t_2) = f_2(x_1,x_2\,;\,t_1+\varepsilon,t_2+\varepsilon)$$

令 $\varepsilon=-t_1$,则

$$\begin{aligned} f_2(x_1,x_2\,;\,t_1,t_2) &= f_2(x_1,x_2\,;\,0,t_2-t_1) \\ &= f_2(x_1,x_2\,;\,\tau) \end{aligned} \tag{2.3.7}$$

式中,$\tau=t_2-t_1$。

即严平稳随机过程的二维概率密度函数仅依赖于时间间隔 τ,而与时刻 t_1、t_2 无关。因此,严平稳随机过程 $X(t)$ 的二维数字特征仅是单变量 τ 的函数。显然,严平稳随机过程的自相关函数仅是单变量 τ 的函数,即

$$B_X(t_1,t_2)=\int_{-\infty}^{+\infty}\int_{-\infty}^{+\infty}x_1x_2f_2(x_1,x_2;\tau)\mathrm{d}x_1\mathrm{d}x_2=B_X(\tau) \qquad (2.3.8)$$

其自协方差函数也是单变量 τ 的函数,即

$$\mathrm{Cov}_X(t_1,t_2)=\mathrm{Cov}_X(\tau)=B_X(\tau)-m_X^2 \qquad (2.3.9)$$

2.3.2 宽平稳随机过程

要确定一个随机过程的任意维的概率分布,并且判定随机过程的任意维的分布函数或概率密度函数都满足式(2.3.1)或式(2.3.2),这是十分困难的。而工程上根据实际需要往往只在相关理论的范围内考虑平稳过程问题。所谓相关理论是指只限于研究随机过程一阶、二阶矩的理论。换言之,主要研究随机过程的数学期望、自相关函数以及后面要讨论的功率谱密度等。

随机过程一阶、二阶矩函数虽然不能像多维概率分布那样全面地描述随机过程的统计特性,但它们在一定程度上相当有效地描述了随机过程的一些重要特性。例如,对于随机的噪声电压(或电流),那么一阶、二阶矩函数,实际可以给出噪声平均功率的直流分量、交流分量、功率的频率分布、总平均功率等重要参数。对很多实际工程技术而言,往往获得这些参数,就能解决问题。此外,工程技术中经常遇到重要的随机过程是正态过程,对这类随机过程,只要给定数学期望和相关函数,它的多维概率密度就完全确定了。

下面就给出只在相关理论范围内考虑的平稳随机过程定义。

定义 若随机过程 $X(t)$ 满足如下条件:

$$E[X(t)]=m_X(\text{常数}) \qquad (2.3.10)$$

$$E[X^2(t)]<+\infty \qquad (2.3.11)$$

$$B_X(t_1,t_2)=B_X(\tau) \qquad (2.3.12)$$

则称 $X(t)$ 为宽平稳过程或广义平稳过程。

由于宽平稳随机过程的定义只涉及与一维、二维概率密度有关的数字特征,所以,一个严平稳过程只要均方值有界,它必定是宽平稳的,反之则不然。不过有个重要的例外,这就是正态过程,因为它的概率密度函数可由均值和自相关函数完全确定,所以若均值和自相关函数不随时间平移变化,则概率密度函数也不随时间的平移而变化。于是,一个宽平稳的正态过程也必定是严平稳的。在 2.8 节中将进一步详细讨论正态过程的平稳性。

一般来说,若产生随机过程的主要物理条件在时间进程中不变化,则此过程就可以认为是平稳的。在电子信息技术的实际应用中所遇到的随机过程,差不多都可以认为是平稳随机过程。例如,一个工作在稳定状态下的接收机,其输出噪声就可以认为是平稳的。但当刚接上电源,该接收机还工作在过渡过程状态下时,此时的输出噪声是非平稳的。另外,有些非平稳过程,在一定的时间范围内可以作为平稳过程来处理。实际上,在很多问题的研究中往往也并不需要在所有时间内都平稳,只要在观测的有限时间内过程平稳就行了。

将随机过程划分为平稳和非平稳有着重要的实际意义。因为随机过程属于平稳的,可使问题的分析大为简化。

顺便指出,在本书后面的讨论中,凡是提到"平稳过程"一词时,除特别声明外,均指宽平稳的随机过程。

例 2.4 已知随机过程

$$X(t) = A\cos\omega_0 t + B\sin\omega_0 t$$

式中,ω_0 为常数,A 和 B 是两个相互独立的随机变量,且它们的均值皆为 0,方差皆为 σ^2,试问 $X(t)$ 是否是平稳随机过程?

解:由题知

$$E[A] = E[B] = 0$$
$$D[A] = D[B] = \sigma^2$$

则
$$E[A^2] = E[B^2] = \sigma^2$$

$$E[X(t)] = E[A\cos\omega_0 t + B\sin\omega_0 t] = E[A]\cos\omega_0 t + E[B]\sin\omega_0 t = 0$$

$$\begin{aligned}
B_X(t, t+\tau) &= E[X(t)X(t+\tau)] \\
&= E\{(A\cos\omega_0 t + B\sin\omega_0 t)[A\cos\omega_0(t+\tau) + B\sin\omega_0(t+\tau)]\} \\
&= E\{A^2\cos\omega_0 t\cos\omega_0(t+\tau) + AB\sin\omega_0 t\cos\omega_0(t+\tau) + \\
&\quad AB\cos\omega_0 t\sin\omega_0(t+\tau) + B^2\sin\omega_0 t\sin\omega_0(t+\tau)\} \\
&= E[A^2]\cos\omega_0 t\cos(\omega_0 t + \omega_0\tau) + E[B^2]\sin\omega_0 t\sin(\omega_0 t + \omega_0\tau) \\
&= \sigma^2\cos\omega_0\tau = B_X(\tau)
\end{aligned}$$

$$E[X^2(t)] = B_X(0) = \sigma^2 < +\infty$$

所以,随机过程 $X(t)$ 是宽平稳随机过程。

2.4 随机过程的各态历经性

2.4.1 严各态历经性

对平稳随机过程的研究,仍然涉及对大量的样本函数的观测。也就是说,要得到平稳随机过程的统计特性,就需要观察大量的样本函数。例如,数学期望、方差、相关函数等,都是对大量样本函数在特定时刻的取值利用统计方法求平均而得到的数字特征,这种平均称为集合平均。例如,若观测得到 N 个样本函数 $x_1(t), x_2(t), \cdots, x_n(t)$,则集合平均意义下的数学期望和自相关函数分别为

$$E[X(t)] \approx \frac{1}{N}\sum_{i=1}^{N} x_i(t) \tag{2.4.1}$$

$$B_X(t_1, t_2) \approx \frac{1}{N}\sum_{i=1}^{N} x_i(t_1)x_i(t_2) \tag{2.4.2}$$

显然,N 取得越大误差就越小,使得试验工作量太大,况且计算也太复杂。这就使人

们联想到平稳随机过程的特性。根据平稳随机过程统计特性与时间原点的选取无关这个特点,能否找到更简单的方法代替上述的方法呢?辛钦证明:在具备一定的补充条件下,对平稳随机过程的一个样本函数取时间均值,在观察时间足够长时,从概率意义上趋近于该随机过程的集合均值。对于这样的随机过程,称它具有各态历经性或遍历性。

平稳随机过程的各态历经性,可以理解为平稳随机过程的各样本函数都同样地经历了随机过程的各种可能状态,因而从中任选一个样本函数都可以得到该随机过程的全部统计信息,任何一个样本函数的特性都可以充分地代表整个随机过程的特性。例如,在2.1 节所举的例子中,任选一台接收机,在较长时间 T 内观察它的噪声电压,在足够多的观测时刻点处测量其噪声电压值,这些噪声电压的算术平均值近似等于噪声电压的时间平均值,由于工作状态是稳定的,找不出什么物理上的原因,会使得在一台接收机机上所得到的噪声电压的时间平均值,大于或小于所有接收机在某一时刻所得到的噪声电压的集合平均值。也就是说,从概率意义上看,噪声电压关于时间的平均值与噪声电压的集合平均值应该相等,这就是随机过程的各态历经性。

随机过程的一条样本曲线 $x(t)$ 是很容易获得的,且它是确定的时间函数,对 $x(t)$ 求时间平均只需进行积分运算就能完成。所以,问题被大大地简化了。

按照严格的意义,若一个平稳随机过程 $X(t)$ 的各种时间平均时间足够长,依概率 1 收敛于相应的集合平均,则称该随机过程具有严各态历经性或狭义各态历经性,并称该随机过程为严各态历经过程或狭义各态历经过程。

2.4.2　宽各态历经性

正如在前面讨论随机过程的平稳性时曾指出过的同样理由,工程上通常只是在相关理论的范围内考虑各态历经过程,称为宽各态历经过程或广义各态历经过程。下面首先引入随机过程的时间平均的概念,然后给出宽各态历经过程的定义。

设 $x(t)$ 是随机过程 $X(t)$ 的任意一条样本函数,$x(t)$ 沿整个时间轴的时间平均运算

$$\widetilde{x(t)}=\lim_{T\to\infty}\frac{1}{2T}\int_{-T}^{T}x(t)\mathrm{d}t \tag{2.4.3}$$

称为随机过程 $X(t)$ 的时间均值。$x(t)x(t+\tau)$ 沿整个时间轴的时间平均运算

$$\widetilde{x(t)x(t+\tau)}=\lim_{T\to\infty}\frac{1}{2T}\int_{-T}^{T}x(t)x(t+\tau)\mathrm{d}t \tag{2.4.4}$$

称为随机过程 $X(t)$ 时间自相关函数。

用类似的方法,可以定义随机过程 $X(t)$ 的许多其他时间平均。

定义　设 $X(t)$ 是一个平稳随机过程,若

$$\widetilde{x(t)}=\overline{X(t)}=常数 \tag{2.4.5}$$

依概率 1 成立,则称随机过程 $X(t)$ 的均值具有各态历经性;若

$$\widetilde{x(t)x(t+\tau)}=\overline{X(t)X(t+\tau)}=B_X(\tau) \tag{2.4.6}$$

依概率 1 成立,则称随机过程 $X(t)$ 的自相关函数具有各态历经性。

定义 若平稳随机过程 $X(t)$ 的均值和自相关函数均具有各态历经性,则称该随机过程是宽各态历经过程或广义各态历经过程。

在以后的章节中,除特别说明外,所提到的各态历经过程均是指宽各态历经过程。

随机过程的各态历经性具有重要的实际意义。对于各态历经过程来说,由于式(2.4.5)和式(2.4.6)成立。所以,可以直接用随机过程的任一样本函数的时间平均来代替对整个随机过程集合平均的研究。例如

$$E[X(t)] = \widetilde{x(t)} = \lim_{T \to \infty} \frac{1}{2T} \int_{-T}^{T} x(t) \mathrm{d}t \tag{2.4.7}$$

$$E[X(t)X(t+\tau)] = \widetilde{x(t)x(t+\tau)} = \lim_{T \to \infty} \frac{1}{2T} \int_{-T}^{T} x(t)x(t+\tau) \mathrm{d}t \tag{2.4.8}$$

$$E[X^2(t)] = \widetilde{x^2(t)} = \lim_{T \to \infty} \frac{1}{2T} \int_{-T}^{T} x^2(t) \mathrm{d}t \tag{2.4.9}$$

随机过程的各态历经性给许多实际问题的分析带来了极大的方便。例如,观测接收机的输出噪声,用一般的方法,需用很多台相同的接收机,在相同条件下同时对输出噪声进行观测和记录,再利用统计方法计算出所需的均值、自相关函数等数字特征;而利用噪声过程的各态历经性,则可以只用一台接收机,在不变的条件下,对其输出噪声作长时间的观测和记录,然后用求时间平均的方法,即可求得均值、自相关函数等数字特征,这就使工作大大简化。当然,在实际工作中,由于对随机过程的观测时间总是有限的,因而在求时间平均时,只能用有限的时间代替无限长的时间,这会给结果带来一定的误差,然而,当观察时间 T 取得足够长时,认为结果能够满足实际要求。此时

$$E[X(t)] \approx \frac{1}{T} \int_{0}^{T} x(t) \mathrm{d}t \tag{2.4.10}$$

$$E[X(t)X(t+\tau)] \approx \frac{1}{T} \int_{0}^{T} x(t)x(t+\tau) \mathrm{d}t \tag{2.4.11}$$

$$E[X^2(t)] \approx \frac{1}{T} \int_{0}^{T} x^2(t) \mathrm{d}t \tag{2.4.12}$$

此外,各态历经过程的一阶、二阶矩函数具有明确的物理意义。例如,若各态历经过程 $X(t)$ 是电压或电流,则由式(2.4.7)可知,电压或电流的数学期望实际上就是它的直流分量,由式(2.4.6),并令 $\tau = 0$,则有

$$B_X(0) = E[X^2(t)] \approx \lim_{T \to \infty} \frac{1}{2T} \int_{-T}^{T} x^2(t) \mathrm{d}t \tag{2.4.13}$$

由式(2.4.13)可知,均方值代表电压或电流消耗在单位电阻(1Ω)上的总平均功率;该过程的方差为

$$D[X(t)] \approx \lim_{T \to \infty} \frac{1}{2T} \int_{-T}^{T} [x(t) - \overline{X(t)}]^2 \mathrm{d}t \tag{2.4.14}$$

由此可知,方差代表电压或电流消耗在单位电阻(1Ω)上的交流平均功率。这些量都是很容易通过实验测定的。

例 2.5 讨论例 2.3 所给出的随机过程

$$X(t) = \sin(\omega_0 t + \theta)$$

是否为各态历经过程。

解：

$$\widetilde{x(t)} = \lim_{T \to \infty} \frac{1}{2T} \int_{-T}^{T} x(t) \mathrm{d}t = \lim_{T \to \infty} \frac{1}{2T} \int_{-T}^{T} \sin(\omega_0 t + \theta) \mathrm{d}t = 0$$

$$\widetilde{x(t)x(t+\tau)} = \lim_{T \to \infty} \frac{1}{2T} \int_{-T}^{T} x(t)x(t+\tau) \mathrm{d}t$$

$$= \lim_{T \to \infty} \frac{1}{2T} \int_{-T}^{T} \sin(\omega_0 t + \theta) \sin(\omega_0 t + \omega_0 \tau + \theta) \mathrm{d}t$$

$$= \frac{1}{2} \cos \omega_0 \tau$$

对照前面的结果可得

$$\widetilde{x(t)} = \overline{X(t)} = 0$$

$$E[X(t)X(t+\tau)] = \widetilde{x(t)x(t+\tau)} = \frac{1}{2} \cos \omega_0 \tau$$

所以 $X(t)$ 是各态历经过程。

例 2.6 讨论随机过程 $X(t) = Y$ 的各态历经性,式中 Y 是方差不为零的随机变量。

解：首先检验 $X(t)$ 的平稳性。

因为

$$E[X(t)] = E[Y] = 常数$$

$$B_X(t, t+\tau) = E[X(t)X(t+\tau)] = E[Y^2] = 常数$$

$$E[X^2(t)] = E[Y^2] = 常数 < +\infty$$

所以 $X(t)$ 是平稳随机过程。

然后检验 $X(t)$ 的各态历经性。

$$\widetilde{x(t)} = \lim_{T \to \infty} \frac{1}{2T} \int_{-T}^{T} Y \mathrm{d}t = Y$$

即时间平均 $\widetilde{x(t)}$ 是一个随机变量,时间均值随 Y 的取值不同而变化,所以

$$\widetilde{x(t)} \neq \overline{X(t)}$$

故 $X(t)$ 不是各态历经过程。

可见,并非所有的平稳随机过程都是各态历经过程。

那么,到底怎样的随机过程才是各态历经的呢? 首先,各态历经过程一定是平稳随机过程,其次还需满足一些宽松的条件,例如,均值满足各态历经性和自相关函数满足各态历经性等,只不过以上所述的种种条件,对许多的实际平稳过程而言都是满足的,特别是在电子信息领域中遇到的各种平稳的信号和噪声,都是各态历经过程。但是,若要想从理论上确切地证明一个实际过程是否满足这些条件,却往往很困难。因此,经常都是凭经验把各态历经性作为一种假设,然后根据实验来检验这个假设是否合理。在以后的章节中,除特别表明外,所涉及的随机过程都是宽平稳的和宽各态历经的。

2.5 平稳随机过程自相关函数的性质

前面已经指出,随机过程的基本数字特征是数学期望和自相关函数。对平稳随机过程而言,由于它的数学期望是常数,所以基本特征实际就是自相关函数。此外,自相关函

数不仅可以提供随机过程各状态间关联程度的信息,而且也是求取随机过程的功率谱以及从噪声中提取有用信息的工具。

(1) 平稳随机过程的自相关函数是偶函数,即满足

$$B_X(\tau) = B_X(-\tau) \qquad (2.5.1)$$

这是因为自相关函数具有对称性

$$B_X(\tau) = E[X(t)X(t+\tau)] = E[X(t+\tau)X(t)]$$

令 $t' = t + \tau$,则

$$B_X(\tau) = E[X(t')X(t'-\tau)] = B_X(-\tau)$$

根据此性质,在实际问题中,只需计算或测量 $B_X(\tau)$ 在 $\tau \geqslant 0$ 时的值即可。

同理,平稳随机过程的自协方差函数也是偶函数,即

$$\mathrm{Cov}_X(\tau) = \mathrm{Cov}_X(-\tau) \qquad (2.5.2)$$

(2) 平稳随机过程的自相关函数在零点处的值为随机过程的均方值,且为非负值。即

$$B_X(0) = E[X^2(t)] \geqslant 0 \qquad (2.5.3)$$

在第 3 章中将会看到 $B_X(0)$ 代表了平稳随机过程的平均功率。若 $X(t)$ 是电压或电流,则 $B_X(0)$ 表示该电压或电流在单位电阻(1Ω)上消耗的总的平均功率。

(3) 平稳随机过程的自相关函数在 $\tau = 0$ 时有极大值,即

$$B_X(0) \geqslant |B_X(\tau)| \qquad (2.5.4)$$

证明:由于任何正函数的数学期望恒为非负值,因此有

$$E\{[X(t) \pm X(t+\tau)]^2\} \geqslant 0$$

$$E[X^2(t) \pm 2X(t)X(t+\tau) + X^2(t+\tau)] \geqslant 0$$

$$E[X^2(t)] \pm 2E[X(t)X(t+\tau)] + E[X^2(t+\tau)] \geqslant 0$$

$$B_X(0) \pm 2B_X(\tau) + B_X(0) \geqslant 0$$

即

$$-B_X(0) \leqslant B_X(\tau) \leqslant B_X(0)$$

所以

$$B_X(0) \geqslant |B_X(\tau)|$$

注意,平稳随机过程的自相关函数在 $\tau \neq 0$ 时,也有可能出现 $\tau = 0$ 时同样的极大值。

(4) 若平稳随机过程 $X(t)$ 满足条件 $X(t) = X(t+T)$,则称它为周期平稳随机过程,其中 T 为随机过程的周期。周期平稳随机过程的自相关函数必为周期函数,且它的周期与随机过程的周期相同。即

$$B_X(\tau) = B_X(\tau + T) \qquad (2.5.5)$$

证明:$B_X(\tau + T) = E[X(t)X(t+\tau+T)] = E[X(t)X(t+\tau)] = B_X(\tau)$

因此,对于各态历经的周期性随机过程,求时间平均可在一个周期内进行时间平均运算。例如,周期性各态历经过程的自相关函数为

$$B_X(\tau) = \frac{1}{T}\int_0^T x(t)x(t+\tau)\mathrm{d}t \qquad (2.5.6)$$

（5）对于随机过程 $X(t)$，当 $\overline{X(t)} \neq 0$ 时，称随机过程 $X(t)$ 含有直流分量 $\overline{X(t)}$。当随机过程 $X(t)$ 含有直流分量 $\overline{X(t)}$ 时，它的自相关函数 $B_X(\tau)$ 也会有一常数项 $\overline{X(t)}^2$，它是所包含直流分量的平均功率。

证明：设 $X(t) = X_0(t) + \overline{X(t)}$，有 $\overline{X_0(t)} = 0$

$$
\begin{aligned}
B_X(\tau) &= E[X(t)X(t+\tau)] = E\{[X_0(t) + \overline{X(t)}][X_0(t+\tau) + \overline{X(t+\tau)}]\} \\
&= E[X_0(t)X_0(t+\tau)] + E[X_0(t)\overline{X(t+\tau)}] + \\
&\quad E[\overline{X(t)}X_0(t+\tau)] + E[\overline{X(t)}\ \overline{X(t+\tau)}] \\
&= B_{X_0}(\tau) + \overline{X(t)}^2
\end{aligned}
$$

$$(2.5.7)$$

若令 $\tau = 0$，则有

$$
B_X(0) = B_{X_0}(0) + \overline{X(t)}^2 \tag{2.5.8}
$$

显然，$B_{X_0}(0)$ 就是交流成分所含的平均功率。

特别注意，根据随机过程协方差函数的定义，有

$$
\begin{aligned}
\text{Cov}_X(\tau) &= E\{[X(t) - \overline{X(t)}][X(t+\tau) - \overline{X(t+\tau)}]\} \\
&= E[X_0(t)X_0(t+\tau)] = B_{X_0}(\tau)
\end{aligned}
$$

即随机过程协方差是随机过程交流分量的自相关函数。

（6）若平稳随机过程 $X(t)$ 含有一个周期分量，则 $B_X(\tau)$ 也含有一个同周期的周期分量。

举一个例子来说明。若随机过程 $X(t) = A\cos(\omega_0 t + \varphi) + N(t)$，式中，$A$ 和 ω_0 都为常数，φ 为 $(0, 2\pi)$ 区间均匀分布的随机变量，$N(t)$ 为平稳随机过程，且 φ 和 $N(t)$ 统计独立。显然，$X(t)$ 含有一个周期分量 $A\cos(\omega_0 t + \varphi)$。可求得 $X(t)$ 的自相关函数为

$$
B_X(\tau) = \frac{A^2}{2}\cos\omega_0\tau + B_N(\tau)
$$

可见，自相关函数 $B_X(\tau)$ 包含与随机过程 $X(t)$ 的周期分量 $A\cos(\omega_0 t + \varphi)$ 相同周期的周期分量 $\dfrac{A^2}{2}\cos\omega_0\tau$。

（7）对任何不含周期分量的非周期平稳随机过程，有

$$
B_X(\infty) = \overline{X(t)}^2 \tag{2.5.9}
$$

证明：由于 $X(t)$ 与 $X(t+\tau)$ 当 $\tau \to \infty$ 时相互独立，则有

$$
B_X(\infty) = E[X(t)X(t+\infty)] = E[X(t)]E[X(t+\infty)] = E^2[X(t)]
$$

（8）平稳随机过程的自相关函数的傅里叶变换是非负函数。即

$$
\int_{-\infty}^{+\infty} B_X(\tau)\mathrm{e}^{-\mathrm{j}\omega\tau}\,\mathrm{d}\tau \geqslant 0 \tag{2.5.10}
$$

此条件限制了自相关函数曲线图形不能有任意的形状，不能出现平顶、垂直边在幅度上的任何不连续。

从上面的讨论看出，对于一个平稳随机过程，自相关函数是其最重要的数字特征，有

了它,其余的几个常用数字特征可以由它得到。如

数学期望可由式(2.5.9)得到

$$\overline{X(t)} = \pm\sqrt{B_X(\infty)} \quad (X(t)\text{ 不含周期分量}) \tag{2.5.11}$$

均方值可由式(2.5.3)得到

$$\overline{X^2(t)} = B_X(0) \tag{2.5.12}$$

方差为

$$D[X(t)] = B_X(0) - B_X(\infty) \tag{2.5.13}$$

协方差为

$$\mathrm{Cov}_X(\tau) = B_X(\tau) - B_X(\infty) \tag{2.5.14}$$

在实际中,一般给不出随机过程 $X(t)$ 的表达式,但可以采用模拟的方法,用如图2.4所示的自相关仪来实现具有各态历经的随机过程自相关函数的测量。

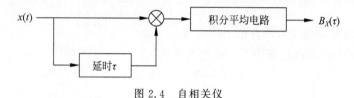

图 2.4　自相关仪

例 2.7　设平稳随机过程 $X(t)$ 的自相关函数为

$$B_X(\tau) = 36 + \frac{16}{1 + 9\tau^2}$$

求随机过程 $X(t)$ 的均值、均方值、方差及自协方差函数。

解:
$$\overline{X(t)} = \pm\sqrt{B_X(\infty)} = \pm 6$$
$$\overline{X^2(t)} = B_X(0) = 52$$
$$D[X(t)] = B_X(0) - B_X(\infty) = 14$$
$$\mathrm{Cov}_X(\tau) = B_X(\tau) - B_X(\infty) = \frac{16}{1 + 9\tau^2}$$

2.6　随机过程的联合概率分布和互相关函数

到目前为止,仅讨论了单个随机过程的统计特性。在实际工作中,常常需要同时研究两个或两个以上随机过程的统计特性。例如,通信中一个重要的问题是要在混有随机噪声的信号中提取有用信号,这里出现的噪声和信号都是随机的。在讨论多个随机过程时,除了要研究它们各自的统计特性外,还必须考虑它们之间的关系。下面讨论两个随机过程的情况。

2.6.1　两个随机过程的联合概率分布

若两个随机过程 $X(t)$ 和 $Y(t)$ 的概率密度函数分别为 $f_n(x_1, x_2, \cdots, x_n; t_1, t_2, \cdots, t_n)$

和 $f_m(y_1,y_2,\cdots,y_m;t'_1,t'_2,\cdots,t'_m)$，定义这两个随机过程的 $n+m$ 维联合分布函数为

$$F_{n+m}(x_1,x_2,\cdots,x_n;y_1,y_2,\cdots,y_m;t_1,t_2,\cdots,t_n;t'_1,t'_2,\cdots,t'_m)$$

$$=P\{X(t_1)\leqslant x_1,X(t_2)\leqslant x_2,\cdots,X(t_n)\leqslant x_n;Y(t'_1)\leqslant y_1,Y(t'_2)\leqslant$$

$$y_2,\cdots,Y(t'_m)\leqslant y_m\} \tag{2.6.1}$$

若存在非负函数 $f_{n+m}(x_1,x_2,\cdots,x_n;y_1,y_2,\cdots,y_m;t_1,t_2,\cdots,t_n;t'_1,t'_2,\cdots,t'_m)$，使

$$F_{n+m}(x_1,x_2,\cdots,x_n;y_1,y_2,\cdots,y_m;t_1,t_2,\cdots,t_n;t'_1,t'_2,\cdots,t'_m)$$

$$=\int_{-\infty}^{x_1}\cdots\int_{-\infty}^{x_n}\int_{-\infty}^{y_1}\cdots\int_{-\infty}^{y_m}f_{n+m}(u_1,u_2,\cdots,u_n;v_1,v_2,\cdots,v_m;$$

$$t_1,t_2,\cdots,t_n;t'_1,t'_2,\cdots,t'_m)\mathrm{d}u_1\mathrm{d}u_2\cdots\mathrm{d}u_n\mathrm{d}v_1\mathrm{d}v_2\cdots\mathrm{d}v_m \tag{2.6.2}$$

则称 $f_{n+m}(x_1,x_2,\cdots,x_n;y_1,y_2,\cdots,y_m;t_1,t_2,\cdots,t_n;t'_1,t'_2,\cdots,t'_m)$ 为此两个随机过程的 $n+m$ 维联合概率密度函数。且

$$f_{n+m}(x_1,x_2,\cdots,x_n;y_1,y_2,\cdots,y_m;t_1,t_2,\cdots,t_n;t'_1,t'_2,\cdots,t'_m)$$

$$=\frac{\partial^{n+m}F_{n+m}(x_1,x_2,\cdots,x_n;y_1,y_2,\cdots,y_m;t_1,t_2,\cdots,t_n;t'_1,t'_2,\cdots,t'_m)}{\partial x_1\partial x_2\cdots\partial x_n\partial y_1\partial y_2\cdots\partial y_m} \tag{2.6.3}$$

若有

$$F_{n+m}(x_1,x_2,\cdots,x_n;y_1,y_2,\cdots,y_m;t_1,t_2,\cdots,t_n;t'_1,t'_2,\cdots,t'_m)$$

$$=F_n(x_1,x_2,\cdots,x_n;t_1,t_2,\cdots,t_n)F_m(y_1,y_2,\cdots,y_m;t'_1,t'_2,\cdots,t'_m) \tag{2.6.4}$$

或

$$f_{n+m}(x_1,x_2,\cdots,x_n;y_1,y_2,\cdots,y_m;t_1,t_2,\cdots,t_n;t'_1,t'_2,\cdots,t'_m)$$

$$=f_n(x_1,x_2,\cdots,x_n;t_1,t_2,\cdots,t_n)f_m(y_1,y_2,\cdots,y_m;t'_1,t'_2,\cdots,t'_m) \tag{2.6.5}$$

成立,则称两个随机过程 $X(t)$ 和 $Y(t)$ 相互独立。

显然,若两个随机过程的 $n+m$ 维概率分布给定,则两个随机过程的全部统计特性也就确定了。

类似地,若两个随机过程的 $n+m$ 维联合概率分布不依赖于时间的起点,即

$$F_{n+m}(x_1,x_2,\cdots,x_n;y_1,y_2,\cdots,y_m;t_1,t_2,\cdots,t_n;t'_1,t'_2,\cdots,t'_m)$$

$$=F_{n+m}(x_1,x_2,\cdots,x_n;y_1,y_2,\cdots,y_m;t_1+\varepsilon,t_2+\varepsilon,\cdots,t_n+\varepsilon;t'_1+\varepsilon,t'_2+\varepsilon,\cdots,t'_m+\varepsilon)$$

$$\tag{2.6.6}$$

或

$$f_{n+m}(x_1,x_2,\cdots,x_n;y_1,y_2,\cdots,y_m;t_1,t_2,\cdots,t_n;t'_1,t'_2,\cdots,t'_m)$$

$$=f_{n+m}(x_1,x_2,\cdots,x_n;y_1,y_2,\cdots,y_m;t_1+\varepsilon,t_2+\varepsilon,\cdots,t_n+\varepsilon;t'_1+\varepsilon,t'_2+\varepsilon,\cdots,t'_m+\varepsilon)$$

$$\tag{2.6.7}$$

则称这两个随机过程是联合严平稳的。也就是说,联合严平稳随机过程的联合概率分布不随时间平移而改变。

2.6.2 互相关函数及其性质

在研究多个随机过程的问题中,最常用、最重要的矩函数是互相关函数。两个随机

过程的互相关函数是描述这两个过程之间关联特性的数字特征。

设有两个随机过程 $X(t)$ 和 $Y(t)$，它们在任意两个时刻 t_1、t_2 的状态分别为 $X(t_1)$ 和 $Y(t_2)$，则随机过程 $X(t)$ 和 $Y(t)$ 的互相关函数定义为

$$B_{XY}(t_1,t_2)=E[X(t_1)Y(t_2)]=\int_{-\infty}^{+\infty}\int_{-\infty}^{+\infty}xyf_2(x,y;t_1,t_2)\mathrm{d}x\mathrm{d}y \quad (2.6.8)$$

式中，$f_2(x,y;t_1,t_2)$ 是随机过程 $X(t)$ 和 $Y(t)$ 的二维联合概率密度函数。

若 $B_{XY}(t_1,t_2)=0$，则称随机过程 $X(t)$ 和 $Y(t)$ 是相互正交的。

若 $B_{XY}(t_1,t_2)=E[X(t_1)Y(t_2)]=E[X(t_1)]E[Y(t_2)]$，则称随机过程 $X(t)$ 和 $Y(t)$ 互不相关。因此，若两个随机过程是相互独立的，则它们必定互不相关，反之，则不一定成立。

类似地，定义两个随机过程的互协方差函数为

$$\mathrm{Cov}_{XY}(t_1,t_2)=E\{[X(t_1)-\overline{X(t_1)}][Y(t_2)-\overline{Y(t_2)}]\}$$
$$=\int_{-\infty}^{+\infty}\int_{-\infty}^{+\infty}[x-\overline{X(t_1)}][y-\overline{Y(t_2)}]f_2(x,y;t_1,t_2)\mathrm{d}x\mathrm{d}y$$

$$(2.6.9)$$

互相关函数和互协方差函数的关系为

$$\mathrm{Cov}_{XY}(t_1,t_2)=B_{XY}(t_1,t_2)-\overline{X(t_1)}\ \overline{Y(t_2)} \quad (2.6.10)$$

若两个随机过程 $X(t)$ 和 $Y(t)$ 都是宽平稳随机过程，且它们的互相关函数是单变量 $\tau=t_2-t_1$ 的函数，即

$$B_{XY}(t_1,t_2)=B_{XY}(\tau) \quad (2.6.11)$$

则称随机过程 $X(t)$ 和 $Y(t)$ 为联合宽平稳的。

联合宽平稳随机过程的互相关函数具有如下的性质：

(1) $B_{XY}(\tau)=B_{YX}(-\tau)$ \qquad\qquad\qquad\qquad\qquad\qquad\qquad (2.6.12)

证明：$B_{XY}(\tau)=E[X(t)Y(t+\tau)]$

令 $t'=t+\tau$，则有

$$B_{XY}(\tau)=E[Y(t')X(t'-\tau)]=B_{YX}(-\tau)$$

同理，有

$$\mathrm{Cov}_{XY}(\tau)=\mathrm{Cov}_{YX}(-\tau) \quad (2.6.13)$$

可见，一般而言，两个随机过程的互相关函数和互协方差函数既不是偶函数，也不是奇函数。

(2) $|B_{XY}(\tau)|^2\leqslant B_X(0)B_Y(0)$ \qquad\qquad\qquad\qquad\qquad\qquad (2.6.14)

证明：设 λ 为任意实数，则有

$$E\{[Y(t+\tau)+\lambda X(t)]^2\}\geqslant 0$$

得

$$E[Y^2(t+\tau)]+2\lambda E[X(t)Y(t+\tau)]+\lambda E[X^2(t)]\geqslant 0$$

所以

$$B_Y(0)+2\lambda B_{XY}(\tau)+\lambda^2 B_X(0)\geqslant 0$$

由于上式对于任意实数 λ 都成立，所以有

$$4B_{XY}^2(\tau)-4B_X(0)B_Y(0)\leqslant 0$$

所以

$$|B_{XY}(\tau)|^2 \leqslant B_X(0)B_Y(0)$$

(3) $|B_{XY}(\tau)| \leqslant \dfrac{1}{2}[B_X(0)+B_Y(0)]$ (2.6.15)

证明：由性质(2)得

$$|B_{XY}(\tau)| \leqslant \sqrt{B_X(0)B_Y(0)}$$

又

$$\sqrt{B_X(0)B_Y(0)} \leqslant \frac{1}{2}[B_X(0)+B_Y(0)]$$

所以

$$|B_{XY}(\tau)| \leqslant \frac{1}{2}[B_X(0)+B_Y(0)]$$

若随机过程 $X(t)$ 和 $Y(t)$ 是联合平稳的，定义它们的时间互相关函数为

$$\widetilde{x(t)y(t+\tau)}=\lim_{T\to\infty}\frac{1}{2T}\int_{-T}^{+T}x(t)y(t+\tau)\mathrm{d}t \tag{2.6.16}$$

若 $X(t)$ 和 $Y(t)$ 的时间互相关函数依概率 1 收敛于相应的集合互相关函数，即

$$\widetilde{x(t)y(t+\tau)}=B_{XY}(\tau) \tag{2.6.17}$$

则称随机过程 $X(t)$ 和 $Y(t)$ 具有联合宽各态历经性。

例 2.8 已知平稳随机过程

$$X(t)=U\sin t+V\cos t$$
$$Y(t)=W\sin t+V\cos t$$

式中，U、V、W 都是彼此独立的随机变量，且它们的均值都为零，方差都为 6。试求 $X(t)$ 和 $Y(t)$ 是互相关函数和互协方差函数。

解： $X(t)$ 和 $Y(t)$ 的互相关函数为

$$\begin{aligned}B_{XY}(t,t+\tau)&=E[X(t)Y(t+\tau)]=E\{(U\sin t+V\cos t)[W\sin(t+\tau)+V\cos(t+\tau)]\}\\&=E[UW\sin t\sin(t+\tau)+UV\sin t\cos(t+\tau)+\\&\quad VW\cos t\sin(t+\tau)+V^2\cos t\cos(t+\tau)]\\&=E[V^2]\cos t\cos(t+\tau)=3\cos(2t+\tau)+3\cos\tau\end{aligned}$$

因为

$$E[X(t)]=E[U\sin t+V\cos t]=\sin t E[U]+\cos t E[V]=0$$
$$E[Y(t)]=E[W\sin t+V\cos t]=\sin t E[W]+\cos t E[V]=0$$

所以

$$\mathrm{Cov}_{XY}(t_1,t_2)=B_{XY}(t_1,t_2)-\overline{X(t_1)}\,\overline{Y(t_2)}=3\cos(2t+\tau)+3\cos\tau$$

2.7 随机序列

前面讨论的随机过程是连续时间随机过程。本节将讨论离散时间随机过程，即随机序列。随机序列是前面提到的连续随机序列和离散随机序列的总称。下面首先介绍随

机序列的一般概念,然后讨论随机序列的概率分布及其数字特征。

2.7.1　随机序列的定义

若对随机过程 $X(t)$ 进行时域离散化,即时间参量 t 取离散值 $t_1, t_2, \cdots, t_n, \cdots$,这样,就得到 $X(t_1), X(t_2), \cdots, X(t_n), \cdots$ 所构成的集合,称为离散时间随机过程,或随机序列。一般地,用序号 n 取代 t_n,随机序列可用 $X(n)$ 表示,也可用 $\{X_n, n = 1, 2, 3, \cdots\}$ 或 $\{X_n\}$ 表示。因此,随机序列是随 n 变化的随机变量序列。

2.7.2　随机序列的概率分布

随机序列和随机过程一样,可以用概率密度函数和概率分布函数来描述。

由于随机序列 $X(n)$ 是随 n 变化的随机变量序列,因此,可以用随机变量的概率分布来描述随机序列的概率分布。

对于随机序列中的单个随机变量 X_n,其概率分布函数为

$$F_1(x_n; n) = P\{X_n \leqslant x_n\} \tag{2.7.1}$$

式中,x_n 是随机变量 X_n 的一个可能取值。

若随机变量 X_n 取连续值,且 $F_1(x_n; n)$ 对 x_n 的偏导存在,则随机变量 X_n 的概率密度函数为

$$f_1(x_n; n) = \frac{\partial F_1(x_n; n)}{\partial x_n} \tag{2.7.2}$$

式(2.7.2)也可表示为

$$F_1(x_n; n) = \int_{-\infty}^{x_n} f_1(\lambda; n) \mathrm{d}\lambda \tag{2.7.3}$$

对于随机序列 $X(n)$ 中的两个随机变量 X_n 和 X_l,则可用如下二维概率分布函数来描述:

$$F_2(x_n, x_l; n, l) = P\{X_n \leqslant x_n, X_l \leqslant x_l\} \tag{2.7.4}$$

同样,若随机变量 X_n 和 X_l 取连续值,且 $F_2(x_n, x_l; n, l)$ 对 x_n、x_l 的二阶混合偏导存在,则随机变量 X_n 和 X_l 的二维概率密度函数为

$$f_2(x_n, x_l; n, l) = \frac{\partial^2 F_2(x_n, x_l; n, l)}{\partial x_n \partial x_l} \tag{2.7.5}$$

以此类推,对于随机序列 $X(n)$ 中的 n 个随机变量 $X_1, X_2, \cdots, X_n$,其 n 维(联合)概率分布函数为

$$F_n(x_1, x_2, \cdots, x_n; 1, 2, \cdots, n) = P\{X_1 \leqslant x_1, X_2 \leqslant x_2, \cdots, X_n \leqslant x_n\} \tag{2.7.6}$$

其 n 维(联合)概率密度函数为

$$f_n(x_1, x_2, \cdots, x_n; 1, 2, \cdots, n) = \frac{\partial^n F_n(x_1, x_2, \cdots, x_n; 1, 2, \cdots, n)}{\partial x_1 \partial x_2 \cdots \partial x_n} \tag{2.7.7}$$

对于两个随机序列 $X(n)$ 和 $Y(m)$,若它们的概率密度函数分别 $f_n(x_1,x_2,\cdots,x_n;1,2,\cdots,n)$ 和 $f_m(y_1,y_2,\cdots,y_m;1,2,\cdots,m)$,定义此两个随机序列的 $n+m$ 维联合分布函数为

$$F_{n+m}(x_1,x_2,\cdots,x_n;y_1,y_2,\cdots,y_m;1,2,\cdots,n;1,2,\cdots,m)$$
$$=P\{X_1\leqslant x_1,X_2\leqslant x_2,\cdots,X_n\leqslant x_n;Y_1\leqslant y_1,Y_2\leqslant y_2,\cdots,Y_m\leqslant y_m\}$$
$$(2.7.8)$$

若存在非负函数 $f_{n+m}(x_1,x_2,\cdots,x_n;y_1,y_2,\cdots,y_m;1,2,\cdots,n;1,2,\cdots,m)$,使

$$F_{n+m}(x_1,x_2,\cdots,x_n;y_1,y_2,\cdots,y_m;1,2,\cdots,n;1,2,\cdots,m)$$
$$=\int_{-\infty}^{x_1}\cdots\int_{-\infty}^{x_n}\int_{-\infty}^{y_1}\cdots\int_{-\infty}^{y_m}f_{n+m}(u_1,u_2,\cdots,u_n;v_1,v_2,\cdots,v_m;1,2,\cdots,n;1,2,\cdots,m)\mathrm{d}u_1\cdots\mathrm{d}u_n\mathrm{d}v_1\cdots\mathrm{d}v_m$$
$$(2.7.9)$$

则称 $f_{n+m}(x_1,x_2,\cdots,x_n;y_1,y_2,\cdots,y_m;1,2,\cdots,n;1,2,\cdots,m)$ 为此两个随机序列的 $n+m$ 维联合概率密度函数。且

$$f_{n+m}(x_1,x_2,\cdots,x_n;y_1,y_2,\cdots,y_m;1,2,\cdots,n;1,2,\cdots,m)$$
$$=\frac{\partial^{n+m}F_{n+m}(x_1,x_2,\cdots,x_n;y_1,y_2,\cdots,y_m;1,2,\cdots,n;1,2,\cdots,m)}{\partial x_1\partial x_2\cdots\partial x_n\partial y_1\partial y_2\cdots\partial y_m} \quad (2.7.10)$$

若有

$$F_{n+m}(x_1,x_2,\cdots,x_n;y_1,y_2,\cdots,y_m;1,2,\cdots,n;1,2,\cdots,m)$$
$$=F_n(x_1,x_2,\cdots,x_n;1,2,\cdots,n)F_m(y_1,y_2,\cdots,y_m;1,2,\cdots,m) \quad (2.7.11)$$

或

$$f_{n+m}(x_1,x_2,\cdots,x_n;y_1,y_2,\cdots,y_m;1,2,\cdots,n;1,2,\cdots,m)$$
$$=f_n(x_1,x_2,\cdots,x_n;1,2,\cdots,n)f_m(y_1,y_2,\cdots,y_m;1,2,\cdots,m) \quad (2.7.12)$$

成立,则称两个随机序列 $X(n)$ 和 $Y(m)$ 相互独立。

2.7.3 随机序列的数字特征

同样,虽然随机序列的概率分布函数能够完整地描述整个随机序列的统计特性,但实际中往往无法获得它们。因而,引入随机序列的数字特征,用它们来描述随机序列的重要特征,而且这些数字特征也便于运算和实际测量。下面介绍随机序列的一些基本数字特征。

1. 数学期望

随机序列 $X(n)$ 的数学期望(或均值)定义为

$$E[X(n)]=\int_{-\infty}^{+\infty}xf_1(x;n)\mathrm{d}x \quad (2.7.13)$$

式中,E 表示求统计平均值。可以看出,随机序列的数学期望是 n 的函数,也可以记为 $\overline{X(n)}$。

若 $g(x)$ 是一个单值函数，则 $Y(n)=g[X(n)]$ 构成一个新的随机序列，$Y(n)$ 的数学期望为

$$E[Y(n)]=E\{g[X(n)]\}=\int_{-\infty}^{+\infty}g(x)f_1(x;n)\mathrm{d}x \tag{2.7.14}$$

随机序列的数学期望具有如下性质：

(1) $E[X(n)+Y(m)]=E[X(n)]+E[Y(m)]$；

(2) $E[CX(n)]=CE[X(n)]$，C 为常数；

(3) 若 $E[X(n)Y(m)]=E[X(n)]E[Y(m)]$，称 X_n 和 Y_m 是线性独立的。

2. 均方值和方差

随机序列 $X(n)$ 的均方值定义为

$$E[X^2(n)]=\int_{-\infty}^{+\infty}x^2f_1(x;n)\mathrm{d}x \tag{2.7.15}$$

随机序列 $X(n)$ 的方差定义为

$$D[X(n)]=E\{[X(n)-E[X(n)]]^2\} \tag{2.7.16}$$

可以证明，式(2.7.16)可以写为

$$D[X(n)]=E[X^2(n)]-E^2[X(n)] \tag{2.7.17}$$

同样，$\sqrt{D[X(n)]}$ 称为随机序列的标准差。

随机序列的均方值和方差都是 n 的函数。若随机序列为电流或电压，则其均方值表示在 n 时刻消耗在单位电阻(1Ω)上的平均功率，方差表示在 n 时刻消耗在单位电阻(1Ω)上的交流平均功率。

3. 相关函数和协方差函数

随机序列 $X(n)$ 的自相关函数定义为

$$B_X(n_1,n_2)=E[X(n_1)X(n_2)]=\int_{-\infty}^{+\infty}\int_{-\infty}^{+\infty}x_1x_2f_2(x_1,x_2;n_1,n_2)\mathrm{d}x_1\mathrm{d}x_2$$
$$\tag{2.7.18}$$

随机序列 $X(n)$ 的自协方差函数定义为

$$\mathrm{Cov}_X(n_1,n_2)=E\{[X(n_1)-\overline{X(n_1)}][X(n_2)-\overline{X(n_2)}]\} \tag{2.7.19}$$

随机序列的自相关函数和自协方差函数都是 n_1 和 n_2 的函数，反映了自身在两个不同时刻的状态之间的相关程度。

可以证明，式(2.7.19)也可写为

$$\mathrm{Cov}_X(n_1,n_2)=B_X(n_1,n_2)-\overline{X(n_1)}\ \overline{X(n_2)} \tag{2.7.20}$$

对于零均值的随机序列，$\overline{X(n_1)}=\overline{X(n_2)}=0$，则

$$\mathrm{Cov}_X(n_1,n_2)=B_X(n_1,n_2) \tag{2.7.21}$$

即零均值随机序列的自相关函数和自协方差函数相同。

对于两个不同的随机序列 $X(n)$ 和 $Y(n)$ 之间的相关性，可用互相关函数和互协方差函数来描述。

随机序列 $X(n)$ 和 $Y(n)$ 的互相关函数定义为

$$B_{XY}(n_1,n_2) = E[X(n_1)Y(n_2)] = \int_{-\infty}^{+\infty}\int_{-\infty}^{+\infty} xy f_2(x,y; n_1,n_2) \mathrm{d}x \mathrm{d}y \quad (2.7.22)$$

式中，$f_2(x,y; n_1,n_2)$ 是随机序列 $X(n)$ 和 $Y(n)$ 的二维联合概率密度函数。

互协方差函数定义为

$$\mathrm{Cov}_{XY}(n_1,n_2) = E\{[X(n_1)-\overline{X(n_1)}][Y(n_2)-\overline{Y(n_2)}]\} \quad (2.7.23)$$

互相关函数和互协方差函数的关系为

$$\mathrm{Cov}_{XY}(n_1,n_2) = B_{XY}(n_1,n_2) - \overline{X(n_1)}\;\overline{Y(n_2)} \quad (2.7.24)$$

同样，当 $\overline{X(n_1)} = \overline{Y(n_2)} = 0$ 时，互相关函数和互协方差函数相等，即

$$\mathrm{Cov}_{XY}(n_1,n_2) = B_{XY}(n_1,n_2) \quad (2.7.25)$$

若随机序列 $X(n)$ 和 $Y(n)$ 的互相关函数

$$B_{XY}(n_1,n_2) = E[X(n_1)Y(n_2)] = 0 \quad (2.7.26)$$

则称随机序列 $X(n)$ 和 $Y(n)$ 相互正交。

若

$$B_{XY}(n_1,n_2) = E[X(n_1)]E[Y(n_2)] \quad (2.7.27)$$

或

$$\mathrm{Cov}_{XY}(n_1,n_2) = 0 \quad (2.7.28)$$

则称随机序列 $X(n)$ 和 $Y(n)$ 互不相关。

统计独立的两个随机序列必然是互不相关的，但互不相关的两个随机序列不一定是统计独立的。

2.7.4　平稳随机序列

定义　若对于任意整数 k，随机序列 $X(n)$ 的 n 维联合概率分布函数（或概率密度函数）满足关系

$$F_n(x_1,x_2,\cdots,x_n; 1+k,2+k,\cdots,n+k) = F_n(x_1,x_2,\cdots,x_n; 1,2,\cdots,n)$$
$$(2.7.29)$$

或

$$f_n(x_1,x_2,\cdots,x_n; 1+k,2+k,\cdots,n+k) = f_n(x_1,x_2,\cdots,x_n; 1,2,\cdots,n)$$
$$(2.7.30)$$

则称随机序列 $X(n)$ 为严平稳序列，或称窄平稳序列或狭义平稳序列。也就是说，若随机序列经时间平移 k 后，其概率统计特性不变，则称这种随机序列为严平稳随机序列。

从上面的定义对看出，严平稳随机序列的统计特性与所选取的时间起点无关，或者说不随时间的平移而变化。这意味着对于任何整数 k，随机序列 $X(n)$ 和 $X(n+k)$ 具有相同的统计特性。

因此，严平稳随机序列的一维概率分布函数和概率密度函数与时间无关，即

$$F_1(x_n; n) = F_1(x_n) \quad (2.7.31)$$

$$f_1(x_n;\ n) = f_1(x_n) \qquad (2.7.32)$$

由此可知,严平稳随机序列的一维数字特征是与时间无关的常数。常将严平稳随机序列 $X(n)$ 的均值、均方值和方差分别记为 m_{X_n}、$\psi^2_{X_n}$、$\sigma^2_{X_n}$,可表示为

$$m_{X_n} = E[X(n)] = \int_{-\infty}^{+\infty} x f_1(x)\mathrm{d}x \qquad (2.7.33)$$

$$\psi^2_{X_n} = E[X^2(n)] = \int_{-\infty}^{+\infty} x^2 f_1(x)\mathrm{d}x \qquad (2.7.34)$$

$$\sigma^2_{X_n} = D[X(n)] = \int_{-\infty}^{+\infty} (x - m_{X_n})^2 f_1(x)\mathrm{d}x \qquad (2.7.35)$$

同样,严平稳随机序列的二维概率分布函数和概率密度函数只与 n_1 和 n_2 的间隔 $m = n_1 - n_2$ 有关,而与时间起点无关,即

$$F_2(x_{n_1}, x_{n_2};\ n_1, n_2) = F_2(x_{n_1}, x_{n_2};\ n_2 - n_1) = F_2(x_{n_1}, x_{n_2};\ m) \quad (2.7.36)$$

$$f_2(x_{n_1}, x_{n_2};\ n_1, n_2) = f_2(x_{n_1}, x_{n_2};\ n_2 - n_1) = f_2(x_{n_1}, x_{n_2};\ m) \quad (2.7.37)$$

因此,严平稳随机序列的二维数字特征仅是单变量 m 的函数。显然,严平稳随机序列的自相关函数和自协方差函数都是单变量 m 的函数,即

$$B_X(m) = \int_{-\infty}^{+\infty}\int_{-\infty}^{+\infty} x_1 x_2 f_2(x_1, x_2;\ m)\mathrm{d}x_1\mathrm{d}x_2 \qquad (2.7.38)$$

$$\mathrm{Cov}_X(m) = B_X(m) - m^2_{X_n} \qquad (2.7.39)$$

类似地,若两个随机序列 $X(n)$ 和 $Y(m)$ 的 $n+m$ 维联合分布不依赖于时间的起点,即

$$F_{n+m}(x_1, x_2, \cdots, x_n;\ y_1, y_2, \cdots, y_m;\ 1+k, 2+k, \cdots, n+k;\ 1+k, 2+k, \cdots, m+k)$$
$$= F_{n+m}(x_1, x_2, \cdots, x_n;\ y_1, y_2, \cdots, y_m;\ 1, 2, \cdots, n;\ 1, 2, \cdots, m) \qquad (2.7.40)$$

或

$$f_{n+m}(x_1, x_2, \cdots, x_n;\ y_1, y_2, \cdots, y_m;\ 1+k, 2+k, \cdots, n+k;\ 1+k, 2+k, \cdots, m+k)$$
$$= f_{n+m}(x_1, x_2, \cdots, x_n;\ y_1, y_2, \cdots, y_m;\ 1, 2, \cdots, n;\ 1, 2, \cdots, m) \qquad (2.7.41)$$

则称这两个随机序列 $X(n)$ 和 $Y(m)$ 是联合严平稳的。也就是说,联合严平稳随机序列的联合概率分布不随时间平移而改变。

对于两个各自平稳且联合平稳的随机序列,其二维联合概率分布只与时间间隔 $m = n_1 - n_2$ 有关,即

$$F_2(x_{n_1}, y_{n_2};\ n_1, n_2) = F_2(x_{n_1}, y_{n_2};\ n_2 - n_1) = F_2(x_{n_1}, y_{n_2};\ m) \quad (2.7.42)$$

$$f_2(x_{n_1}, y_{n_2};\ n_1, n_2) = f_2(x_{n_1}, y_{n_2};\ n_2 - n_1) = f_2(x_{n_1}, y_{n_2};\ m) \quad (2.7.43)$$

因此,其互相关函数和互协方差函数都是单变量 m 的函数。

$$B_{XY}(m) = \int_{-\infty}^{+\infty}\int_{-\infty}^{+\infty} xy f_2(x, y;\ m)\mathrm{d}x\mathrm{d}y \qquad (2.7.44)$$

$$\mathrm{Cov}_{XY}(m) = B_{XY}(m) - m_{X_n}m_{Y_n} \qquad (2.7.45)$$

严平稳随机序列的条件在实际情况下往往很难满足。在实际工程中许多随机序列虽然不是严平稳随机序列,但其均值、均方值和方差却是与时间无关的常数,其自相关函数和自协方差函数仅与时间间隔有关。因此,同样可以给出宽平稳随机序列定义。

定义 若随机序列 $X(n)$ 满足如下条件:

$$E[X(n)] = m_{X_n} \text{(常数)} \tag{2.7.46}$$

$$E[X^2(n)] < +\infty \tag{2.7.47}$$

$$B_X(n_1, n_2) = B_X(m) \tag{2.7.48}$$

则称 $X(n)$ 为宽平稳随机序列或广义平稳随机序列，简称平稳随机序列。

对于平稳随机序列，其自相关函数和自协方差函数具有如下重要性质。

（1）平稳随机序列的自相关函数和自协方差函数是偶函数，即满足

$$B_X(m) = B_X(-m) \tag{2.7.49}$$

$$\text{Cov}_X(m) = \text{Cov}_X(-m) \tag{2.7.50}$$

（2）平稳随机序列的自相关函数在零点处的值为随机序列的均方值，且为非负值，即

$$B_X(0) = E[X^2(n)] \geqslant 0 \tag{2.7.51}$$

（3）平稳随机序列的自相关函数在 $k=0$ 时有极大值，即

$$B_X(0) \geqslant |B_X(m)| \tag{2.7.52}$$

（4）对任何不含周期分量的非周期平稳随机序列，有

$$\lim_{m \to \infty} B_X(m) = m_{X_n}^2, \quad \lim_{m \to \infty} B_{XY}(m) = m_{X_n} m_{Y_n} \tag{2.7.53}$$

2.7.5 平稳随机序列的各态历经性

对平稳随机序列的研究，仍然涉及对大量样本函数的观测。也就是说，要得到平稳随机序列的统计特性，就需要观察大量的样本函数。为简化分析问题，同样希望对平稳随机序列的一个样本函数取时间均值，在观察时间足够长时，从概率意义上趋近于该随机序列的集合均值。

若一个平稳随机序列的各种时间平均（时间足够长）依概率 1 收敛于相应的集合平均，则称该随机序列具有严各态历经性或狭义各态历经性，并称该随机序列为严各态历经序列或狭义各态历经序列。

随机序列 $X(n)$ 的时间平均均值定义为

$$\widetilde{x(n)} = \lim_{N \to \infty} \frac{1}{2N+1} \sum_{n=-N}^{N} x(n) \tag{2.7.54}$$

随机序列 $X(n)$ 时间自相关函数定义为

$$\widetilde{x(n)x(n+m)} = \lim_{N \to \infty} \frac{1}{2N+1} \sum_{n=-N}^{N} x(n)x(n+m) \tag{2.7.55}$$

用类似的方法，可以定义随机序列 $X(n)$ 的许多其他时间平均。

同样，可引入平稳随机序列的宽各态历经性的概念。

定义 设 $X(n)$ 是一个平稳随机序列，若

$$\widetilde{x(n)} = \overline{X(n)} = \text{常数} \tag{2.7.56}$$

依概率 1 成立，则称随机序列 $X(n)$ 的均值具有各态历经性；若

$$\widetilde{x(n)x(n+m)} = \overline{X(n)X(n+m)} = B_X(m) \tag{2.7.57}$$

依概率 1 成立，则称随机序列 $X(n)$ 的自相关函数具有各态历经性。

定义　若平稳随机序列 $X(n)$ 的均值和自相关函数均具有各态历经性,则称该随机序列具有宽各态历经性或广义各态历经性,并称该随机序列为是宽各态历经序列或广义各态历经序列。

在以后的章节中,除特别说明外,所提到的各态历经序列均是指宽各态历经序列。

随机序列的各态历经性具有重要的实际意义。对于各态历经序列来说,可以直接用随机序列的任一样本函数的时间平均来代替对整个随机序列集合平均的研究。

2.8　正态随机过程

正态分布是在实际工作中最常遇到的、最重要的分布。在电子信息技术领域中所遇到的随机信号很多都是具有正态分布的,如电路中电阻热噪声、半导体器件的散弹效应噪声等。本节将讨论在实际工作中遇到最多、最重要的随机过程——正态随机过程。

2.8.1　正态随机过程的一般概念

在第 1 章中已经讨论了多维正态随机变量,这里将把这些概念推广到随机过程中。

由随机过程的定义可知,随机过程 $X(t)$ 在 n 个不同时刻 $t_1,t_2,\cdots,t_n$ 的状态 $X(t_1),X(t_2),\cdots,X(t_n)$ 构成 n 维随机变量,简记为 $(X_1,X_2,\cdots,X_n)$。若 n 维随机变量 $(X_1,X_2,\cdots,X_n)$ 是正态分布的,则称该随机过程为正态随机过程或高斯随机过程,它的 n 维概率密度函数为

$$f(x_1,x_2,\cdots,x_n;t_1,t_2,\cdots,t_n)=\frac{1}{(2\pi)^{n/2}|\boldsymbol{C}|^{1/2}}\mathrm{e}^{-\frac{(\boldsymbol{x}-\boldsymbol{m})^{\mathrm{T}}\boldsymbol{C}^{-1}(\boldsymbol{x}-\boldsymbol{m})}{2}} \tag{2.8.1}$$

式中,$\boldsymbol{m}$、$\boldsymbol{x}$ 为 n 维向量

$$\boldsymbol{m}=\begin{bmatrix}E[X(t_1)]\\E[X(t_2)]\\\vdots\\E[X(t_n)]\end{bmatrix}=\begin{bmatrix}\overline{X_1}\\\overline{X_2}\\\vdots\\\overline{X_n}\end{bmatrix},\quad \boldsymbol{x}=\begin{bmatrix}x_1\\x_2\\\vdots\\x_n\end{bmatrix}$$

$\boldsymbol{C}$ 为 n 维矩阵

$$\boldsymbol{C}=\begin{bmatrix}E[(X_1-\overline{X_1})^2]&\cdots&E[(X_1-\overline{X_1})(X_n-\overline{X_n})]\\E[(X_2-\overline{X_2})(X_1-\overline{X_1})]&\cdots&E[(X_2-\overline{X_2})(X_n-\overline{X_n})]\\\vdots&\ddots&\vdots\\E[(X_n-\overline{X_n})(X_1-\overline{X_1})]&\cdots&E[(X_n-\overline{X_n})^2]\end{bmatrix}$$

$$=\begin{bmatrix}D[X(t_1)]&\cdots&\mathrm{Cov}_X(t_1,t_n)\\\mathrm{Cov}_X(t_2,t_1)&\cdots&\mathrm{Cov}_X(t_2,t_n)\\\vdots&\ddots&\vdots\\\mathrm{Cov}_X(t_n,t_1)&\cdots&D[X(t_n)]\end{bmatrix}$$

m 和 C 分别称为正态随机过程的均值向量和协方差矩阵。由此可见,正态随机过程的 n 维概率分布仅取决于它的一阶、二阶矩函数。

2.8.2 平稳正态随机过程

当正态随机过程满足宽平稳时,正态随机过程 $X(t)$ 的均值和方差都是与时间无关的常数,即 $E[X(t_i)]=m_X$,$D[X(t_i)]=\sigma_X^2$,而协方差函数仅与时间差 t_k-t_i 有关,其协方差矩阵为

$$
C = \begin{bmatrix}
\sigma_X^2 & \cdots & \text{Cov}_X(t_1-t_n) \\
\text{Cov}_X(t_2-t_1) & \cdots & \text{Cov}_X(t_2-t_n) \\
\vdots & \ddots & \vdots \\
\text{Cov}_X(t_n-t_1) & \cdots & \sigma_X^2
\end{bmatrix}
\tag{2.8.2}
$$

此时,当时间轴平移一个常量 ε 时,其时间轴平移后的协方差矩阵仍为 C,则正态随机过程的 n 维概率分布是不随时间轴的平移而改变的,即正态随机过程是严平稳的。这表明,由于正态随机过程被它的一、二阶矩函数所唯一地确定,因此,正态随机过程满足宽平稳条件时,它也必然是严平稳的。

对于平稳正态随机过程,常用到它的一、二维概率密度函数,其表示式分别为

$$
f_X(x) = \frac{1}{\sqrt{2\pi}\,\sigma_X} e^{-\frac{(x-m_X)^2}{2\sigma_X^2}}
\tag{2.8.3}
$$

$$
f(x_1,x_2;\tau) = \frac{1}{2\pi\sigma_X^2\sqrt{1-\rho^2(\tau)}} e^{-\frac{(x_1-m_X)^2-2\rho(\tau)(x_1-m_X)(x_2-m_X)+(x_2-m_X)^2}{2\sigma_X^2(1-\rho^2(\tau))}}
\tag{2.8.4}
$$

式中,$\rho(\tau)=\dfrac{\text{Cov}_X(\tau)}{\sigma_X^2}$。

当平稳正态随机过程 $X(t)$ 在 n 个不同时刻 $t_1,t_2,\cdots,t_n$ 的状态是两两互不相关的随机变量时,则有

$$
E[(X_i-m_X)(X_k-m_X)]=0 \quad (i\neq k)
$$

此时,式(2.8.1)成为

$$
f(x_1,x_2,\cdots,x_n;t_1,t_2,\cdots,t_n) = \frac{1}{(2\pi)^{n/2}\sigma_X^n} e^{-\frac{1}{2\sigma_X^2}\sum_{i=1}^{n}(x_i-m_X)^2}
$$

$$
= \prod_{i=1}^{n} \frac{1}{\sqrt{2\pi}\,\sigma_X} e^{-\frac{(x_i-m_X)^2}{2\sigma_X^2}} = f_X(x_1)f_X(x_2)\cdots f_X(x_n)
\tag{2.8.5}
$$

由此可以得出结论:若平稳正态随机过程在任意两个不同时刻是不相关的,则一定也是互相独立的。即对于正态随机过程而言,不相关的概念和相互独立的概念是等价的。

习题

2.1 设离散型随机过程为 $X(t)=Y$，其中 Y 为随机变量，其分布律为

Y	-2	-1	0	1	2
P	0.1	0.2	0.4	0.1	0.2

试判断随机过程 $X(t)$ 是否是确定的随机过程，并求随机过程 $X(t)$ 的一维概率密度函数。

2.2 设随机过程 $Y(t)=Xt+C$，其中 X 是标准正态分布的随机变量，C 为常数。试求 $Y(t)$ 的一维概率密度函数、均值和相关函数。

2.3 设随机过程 $X(t)$ 的均值为 $m_X(t)$，自协方差函数为 $\mathrm{Cov}_X(t_1,t_2)$，$\phi(t)$ 是一个确知函数。求随机过程 $Y(t)=X(t)+\phi(t)$ 的均值和自协方差函数。

2.4 设随机过程 $X(t)=A\cos\omega_0 t$，其中 ω_0 为常数，A 为标准正态分布的随机变量。试求 $X(t)$ 的一维概率密度函数。

2.5 设随机过程 $X(t)$ 由 5 个等概出现的样本函数组成，其样本函数分别为 $x_1(t)=0.5, x_2(t)=\sin\omega_0 t, x_3(t)=0.5\sin\omega_0 t, x_4(t)=\cos\omega_0 t, x_5(t)=0.5\cos\omega_0 t$，其中 ω_0 为常数。求随机过程 $X(t)$ 的均值和自相关函数。

2.6 设随机过程 $X(t)=A\cos\omega_0 t+B\sin\omega_0 t$，其中 ω_0 为常数，A 和 B 是两个相互独立的随机变量，且 $E(A)=E(B)=0, E(A^2)=E(B^2)=\sigma^2$，求随机过程 $X(t)$ 的均值和自相关函数。

2.7 给定一个随机过程 $X(t)$ 和常数 a，试以 $X(t)$ 的自相关函数表示另一个随机过程 $Y(t)=X(t+a)-X(t)$ 的自相关函数。

2.8 设随机过程 $X(t)=V\sin\omega_0 t$，其中 ω_0 为常数，V 是在 $[0,2]$ 区间均匀分布的随机变量。(1)试画出 $X(t)$ 的三个样本函数的图形。(2)求 $X(t)$ 的均值、方差、均方值、自相关函数和自协方差函数。

2.9 设随机过程 $X(t)=A\cos(\omega_0 t+\varphi)$，其中 ω_0 为常数，A 和 φ 是两个统计独立的均匀分布的随机变量，其概率密度分别为

$$f_A(a)=1 \quad (0<a<1)$$

$$f_\varphi(\varphi)=\frac{1}{2\pi} \quad (0<\varphi<2\pi)$$

求 $X(t)$ 的均值和自相关函数。

2.10 设随机过程 $X(t)=At+Bt^2$，其中 A 和 B 是两个统计独立的随机变量，且有：$E(A)=4, E(B)=7, D(A)=0.1, D(B)=2$。求 $X(t)$ 的均值、方差、自相关函数和自协方差函数。

2.11 设有随机过程 $Y(t)=X(t)\cos(\omega_0 t+\varphi)$，其中 $X(t)$ 为宽平稳随机过程，自相

关函数为 $B_X(\tau)$，ω_0 为常数，随机相位 φ 与 $X(t)$ 无关且在 $(-\pi,\pi)$ 区间均匀分布。(1)求 $Y(t)$ 的均值；(2)求 $Y(t)$ 的自相关函数；(3)判断 $Y(t)$ 是否具有平稳性？

2.12　设随机过程 $X(t)$ 和 $Y(t)$ 是统计独立和平稳的。试证随机过程 $Z(t)=X(t)Y(t)$ 也是平稳的。

2.13　设有三个随机过程：$X(t)=A(t)\cos t$，$Y(t)=B(t)\sin t$，$Z(t)=X(t)+Y(t)$，其中 $A(t)$ 和 $B(t)$ 为相互独立、平稳、零均值的随机过程，并有相同的自相关函数 $B_0(\tau)$。试讨论随机过程 $X(t)$、$Y(t)$ 和 $Z(t)$ 的平稳性。

2.14　随机过程为 $X(t)=A\cos(2\pi t)$，其中 A 是均值为 0、方差为 σ^2 的正态随机变量。(1)求 $X(0)$ 和 $X(1)$ 的概率密度函数；(2)判断 $X(t)$ 是否是宽平稳随机过程。

2.15　设随机过程 $X(t)=A\cos(\omega_0 t+\theta)$，其中 ω_0 为常数，A 是具有瑞利分布的随机变量，θ 是在 $[0,2\pi]$ 区间均匀分布的随机变量，且 θ 和 A 统计独立。问 $X(t)$ 是否是宽平稳过程？是否是各态历经过程？

2.16　设随机过程 $X(t)=\cos(\omega_0 t+\theta)$，其中 ω_0 为常数，θ 是在 $[0,2\pi]$ 区间均匀分布的随机变量。试说明该过程为各态历经过程。

2.17　设 $S(t)$ 是一个周期为 T 的函数，φ 是在 $(0,T)$ 区间均匀分布的随机变量。试证明随机相位周期过程 $X(t)=S(t+\varphi)$ 是宽平稳过程且是各态历经过程。

2.18　如题 2.18 图所示的周期性矩形脉冲列，定时点的抖动引起整个脉冲列相对于固定的时间原点移动。移动的大小为一个随机变量 Δ，设 Δ 均匀分布在 $0\sim T$ 范围内，求 $S(t)$ 的自相关函数。$\left(\text{设 } t_0<\dfrac{T}{2}\right)$

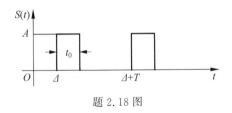

题 2.18 图

2.19　考虑随机过程 $X(t)=A\cos(\omega_0 t+\theta)$，式中 ω_0 为常数，A 可以是也可以不是随机变量，设 A 和 θ 统计独立，且 θ 是在 $[0,2\pi]$ 区间均匀分布的随机变量，问振幅 A 具备什么条件时，$X(t)$ 是宽各态历经过程？

2.20　设随机过程 $X(t)=A\cos(\Omega t+\Phi)$，式中 A、Ω 和 Φ 皆为统计独立的随机变量，且 A 的均值为 2，方差为 4；Ω 在 $(-5,5)$ 区间均匀分布；Φ 在 $(-\pi,\pi)$ 区间均匀分布。试问 $X(t)$ 是否是宽平稳过程？是否是宽各态历经过程？并求 $X(t)$ 的自相关函数。

2.21　题 2.21 图所示各种函数波形中，哪些可能是自相关函数？哪些不可能是自相关函数？为什么？

2.22　两个统计独立平稳随机过程 $X(t)$ 和 $Y(t)$ 具有如下的自相关函数：
$$B_X(\tau)=2e^{-2|\tau|}\cos\omega_0\tau;\qquad B_Y(\tau)=9+e^{-3\tau^2}$$
现有另一个随机过程 $Z(t)=AX(t)Y(t)$，其中 A 是均值为 2，方差为 9 的随机变量。求

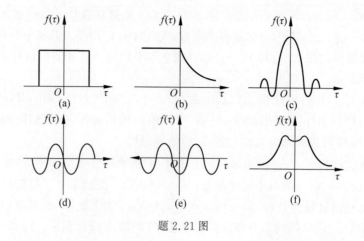

题 2.21 图

过程 $Z(t)$ 的均值、方差和自相关函数。

2.23　设随机过程 $Y(t) = X^2(t)$，$X(t)$ 为零均值正态随机过程。证明：$B_Y(\tau) = B_X^2(0) + 2B_X^2(\tau)$。

2.24　平稳随机过程具有如下自相关函数，求各随机过程的均值、方差、均方值和自协方差函数。

(1) $B_X(\tau) = 25e^{-4|\tau|}\cos\omega_0\tau + 16$；(2) $B_X(\tau) = A^2 e^{-\alpha|\tau|}\cos\beta\tau$；

(3) $B_X(\tau) = \dfrac{A^2 \sin\beta\tau}{\beta\tau}$；　　　　(4) $B_X(\tau) = \begin{cases} 20 + 30\left(1 - \dfrac{|\tau|}{10}\right) & (|\tau| \leqslant 10) \\ 20 & (|\tau| > 10) \end{cases}$

2.25　平稳随机过程的自相关函数为 $B_X(\tau) = 25 + 25e^{-10|\tau|}$，求各随机过程的均值、方差、均方值和自协方差函数。

2.26　设有两个随机过程 $X(t)$ 和 $Y(t)$ 分别为

$$X(t) = A\cos\omega_0 t + B\sin\omega_0 t; \qquad Y(t) = B\cos\omega_0 t - A\sin\omega_0 t$$

ω_0 为常数，A 和 B 是两个统计独立、平均值都为零且方差都为 σ^2 的随机变量。

(1) 证明 $X(t)$ 和 $Y(t)$ 分别为宽平稳过程。

(2) 求互相关函数 $B_{XY}(t, t+\tau)$，并证明 $X(t)$ 和 $Y(t)$ 是联合宽平稳过程。

2.27　统计独立、零均值随机过程 $X(t)$ 和 $Y(t)$ 分别具有自相关函数 $B_X(\tau) = e^{-|\tau|}$，$B_Y(\tau) = \cos(2\pi\tau)$。求：(1) $W(t) = X(t) + Y(t)$ 的自相关函数；(2) $Z(t) = X(t) - Y(t)$ 的自相关函数；(3) $W(t)$ 和 $Z(t)$ 的互相关函数。

第 3 章

随机过程的功率谱密度

在电路与信号分析理论中,傅里叶变换是一种非常有用的工具。应用傅里叶变换可以确立时域和频域的关系。由于确定信号在时域上的卷积积分在频域中是简单的乘积运算,这样,在许多情况下可以使问题的分析大大简化。那么,在研究随机过程中,傅里叶分析方法是否仍然适用呢?回答是肯定的。不过,由于随机过程的特殊性,在应用傅里叶变换时须对其做某些限制。本章将介绍平稳随机过程的傅里叶分析方法。

3.1 功率谱密度函数

首先回顾一下电路与信号分析理论中确定时间函数的频谱和能量谱密度等概念,然后引入随机过程的功率谱密度函数。

3.1.1 确知信号的频谱和能量谱密度

在电路与信号分析理论中,确知信号 $x(t)$ 的能量定义为

$$E = \int_{-\infty}^{+\infty} x^2(t)\,\mathrm{d}t \tag{3.1.1}$$

它表示信号 $x(t)$ 在单位电阻上消耗的能量。

确知信号 $x(t)$ 的功率定义为

$$P = \lim_{T \to \infty} \frac{1}{2T} \int_{-T}^{+T} x^2(t)\,\mathrm{d}t \tag{3.1.2}$$

它表示信号 $x(t)$ 在单位电阻上消耗的功率。

若一个确知信号 $x(t)$,在 $-\infty < t < +\infty$ 满足狄里赫利条件,且绝对可积,即满足

$$\int_{-\infty}^{+\infty} |x(t)|\,\mathrm{d}t < \infty \tag{3.1.3}$$

那么 $x(t)$ 的傅里叶变换存在,有

$$F_x(\mathrm{j}\omega) = \int_{-\infty}^{+\infty} x(t)\mathrm{e}^{-\mathrm{j}\omega t}\,\mathrm{d}t \tag{3.1.4}$$

$F_x(\mathrm{j}\omega)$ 也称为确知信号 $x(t)$ 的频谱。

根据帕塞瓦尔(Parseval)定理,有

$$\int_{-\infty}^{+\infty} x^2(t)\,\mathrm{d}t = \frac{1}{2\pi} \int_{-\infty}^{+\infty} |F_x(\mathrm{j}\omega)|^2\,\mathrm{d}\omega \tag{3.1.5}$$

式中,$|F_x(\mathrm{j}\omega)|^2 = F_x(\mathrm{j}\omega)F_x(-\mathrm{j}\omega)$。

式(3.1.5)左端表示信号 $x(t)$ 的总能量。因此,式(3.1.5)右端积分中的被积函数 $|F_x(\mathrm{j}\omega)|^2$ 相应地称为 $x(t)$ 的能量谱密度,它表示信号能量沿频率轴的分布情况。这种确知信号称为总能量有限的信号。

3.1.2 随机过程的功率谱密度

对于随机过程来说,由于它的持续时间为无限长,其总能量是无限的。因而随机过

程的任意一个样本函数不满足绝对可积条件,其傅里叶变换不存在。

那么,随机过程如何运用傅里叶变换呢?下面讨论这个问题。

一个随机过程的样本函数 $x(t)$,尽管它的总能量是无限的,但它的平均功率却是有限的。因此,对于这类函数,研究它的能量谱没有意义,研究其平均功率谱才有意义。

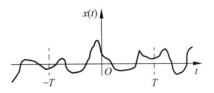

图 3.1　$X(t)$ 的样本函数 $x(t)$ 及其截短函数 $x_T(t)$

首先把随机过程的一个样本函数 $x(t)$ 任意截取一段,长度为 $2T$ 并记为 $x_T(t)$。称 $x_T(t)$ 为 $x(t)$ 的截短函数,如图 3.1 所示。于是有

$$x_T(t) = \begin{cases} x(t) & (t \leqslant |T|) \\ 0 & (t > |T|) \end{cases} \tag{3.1.6}$$

对于持续时间有限的 $x_T(t)$ 而言,傅里叶变换是存在的,为

$$F_x(\mathrm{j}\omega, T) = \int_{-\infty}^{+\infty} x_T(t) \mathrm{e}^{-\mathrm{j}\omega t} \mathrm{d}t = \int_{-T}^{+T} x(t) \mathrm{e}^{-\mathrm{j}\omega t} \mathrm{d}t \tag{3.1.7}$$

$$x_T(t) = \frac{1}{2\pi} \int_{-\infty}^{+\infty} F_x(\mathrm{j}\omega, T) \mathrm{e}^{\mathrm{j}\omega t} \mathrm{d}\omega \tag{3.1.8}$$

根据帕塞瓦尔定理,有

$$\int_{-\infty}^{+\infty} x_T^2(t) \mathrm{d}t = \int_{-T}^{+T} x^2(t) \mathrm{d}t = \frac{1}{2\pi} \int_{-\infty}^{+\infty} |F_x(\mathrm{j}\omega, T)|^2 \mathrm{d}\omega \tag{3.1.9}$$

式(3.1.9)两端除 $2T$,得

$$\frac{1}{2T} \int_{-T}^{+T} x^2(t) \mathrm{d}t = \frac{1}{2\pi} \int_{-\infty}^{+\infty} \frac{|F_x(\mathrm{j}\omega, T)|^2}{2T} \mathrm{d}\omega \tag{3.1.10}$$

式(3.1.10)的左端是样本函数 $x(t)$ 在时间区间 $(-T, T)$ 内的平均功率,在 $T \to \infty$ 时,它不能代表整个随机过程的平均功率。而且,由于 $x(t)$ 是随机过程的任意一个样本函数,它取决于试验结果,不同的样本函数在时间区间 $(-T, T)$ 内的平均功率是不同的。因此,式(3.1.10)左端的平均功率具有随机性,其右端的被积函数也具有随机性,它们都是试验结果的函数。由此可见,为了求出随机过程 $X(t)$ 的平均功率,还须将式(3.1.10)扩展为对所有样本(所有试验结果)取统计平均,得

$$E\left[\frac{1}{2T} \int_{-T}^{+T} X^2(t) \mathrm{d}t\right] = E\left[\frac{1}{2\pi} \int_{-\infty}^{+\infty} \frac{|F_X(\mathrm{j}\omega, T)|^2}{2T} \mathrm{d}\omega\right] \tag{3.1.11}$$

式(3.1.11)两端再取极限,得

$$\lim_{T \to \infty} \frac{1}{2T} \int_{-T}^{+T} E[X^2(t)] \mathrm{d}t = \frac{1}{2\pi} \int_{-\infty}^{+\infty} \lim_{T \to \infty} \frac{E[|F_X(\mathrm{j}\omega, T)|^2]}{2T} \mathrm{d}\omega \tag{3.1.12}$$

式(3.1.12)的左端即是随机过程 $X(t)$ 的平均功率。因此,式(3.1.12)右边的被积函数表示随机过程 $X(t)$ 在单位频带内在单位电阻上消耗的平均功率,即随机过程的平均功率沿频率轴的分布,称为随机过程 $X(t)$ 的功率谱密度函数,简称为功率谱密度,记为

$$S_X(\omega) = \lim_{T \to \infty} \frac{E[|F_X(\mathrm{j}\omega, T)|^2]}{2T} \tag{3.1.13}$$

功率谱密度 $S_X(\omega)$ 是从频率角度描述随机过程 $X(t)$ 的统计特性的最主要的数字特征。

因此,式(3.1.12)可以表示为

$$\lim_{T \to \infty} \frac{1}{2T} \int_{-T}^{+T} E[X^2(t)] dt = \frac{1}{2\pi} \int_{-\infty}^{+\infty} S_X(\omega) d\omega \qquad (3.1.14)$$

当随机过程 $X(t)$ 为宽平稳时,此时 $X(t)$ 的均方值为常数,则有

$$\lim_{T \to \infty} \frac{1}{2T} \int_{-T}^{+T} E[X^2(t)] dt = E[X^2(t)] = \frac{1}{2\pi} \int_{-\infty}^{+\infty} S_X(\omega) d\omega \qquad (3.1.15)$$

式(3.1.15)说明:平稳随机过程的平均功率等于该过程的均方值,它可以由随机过程的功率谱密度在全频域上的积分得到。

3.2 平稳随机过程功率谱密度的性质

功率谱密度函数是平稳随机过程的频率域的重要统计参量,它具有如下重要性质。

(1)功率谱密度为非负函数。即

$$S_X(\omega) \geqslant 0 \qquad (3.2.1)$$

根据功率谱密度的定义式(3.1.13),有

$$S_X(\omega) = \lim_{T \to \infty} \frac{E[|F_X(j\omega, T)|^2]}{2T}$$

因为 $|F_X(j\omega, T)|^2 \geqslant 0$,所以 $S_X(\omega) \geqslant 0$。

(2)功率谱密度为 ω 的实函数。

同样,根据式(3.1.13)可知,$|F_X(j\omega, T)|^2$ 是 ω 的实函数,所以 $S_X(\omega)$ 必为 ω 的实函数。

(3)功率谱密度为 ω 的偶函数。即

$$S_X(\omega) = S_X(-\omega) \qquad (3.2.2)$$

这也可由功率谱密度函数的定义式直接得出。

(4)功率谱密度为可积函数。即

$$\int_{-\infty}^{+\infty} S_X(\omega) d\omega < \infty \qquad (3.2.3)$$

由式(3.1.15),有

$$E[X^2(t)] = \frac{1}{2\pi} \int_{-\infty}^{+\infty} S_X(\omega) d\omega \qquad (3.2.4)$$

即功率谱密度函数的积分等于随机过程的均方值。由于平稳随机过程的均方值是有限的,故 $S_X(\omega)$ 可积。

3.3 功率谱密度与自相关函数之间的关系

通过上面的讨论可以看出,自相关函数是从时间角度描述随机过程统计特性的最主要的数字特征,而功率谱密度函数则是从频率角度描述随机过程的统计特性的,它们之

间是否有联系呢？维纳-辛钦定理作出了回答。

维纳-辛钦定理：平稳随机过程的自相关函数和功率谱密度函数是傅里叶变换对。即

$$S_X(\omega) = \int_{-\infty}^{+\infty} B_X(\tau) e^{-j\omega\tau} d\tau \tag{3.3.1}$$

$$B_X(\tau) = \frac{1}{2\pi} \int_{-\infty}^{+\infty} S_X(\omega) e^{j\omega\tau} d\omega \tag{3.3.2}$$

它揭示了从时间角度描述随机过程 $X(t)$ 的统计规律和从频率角度描述 $X(t)$ 的统计规律之间的联系。

证明：由功率谱密度的定义式,有

$$S_X(\omega) = \lim_{T\to\infty} \frac{E\left[|F_X(j\omega,T)|^2\right]}{2T} = \lim_{T\to\infty} \frac{E\left[F_X(-j\omega,T)F_X(j\omega,T)\right]}{2T}$$

$$= \lim_{T\to\infty} \frac{1}{2T} E\left[\int_{-T}^{T} X(t_1) e^{j\omega t_1} dt_1 \int_{-T}^{T} X(t_2) e^{-j\omega t_2} dt_2\right] \tag{3.3.3}$$

将式(3.3.3)改写为重积分,并变更积分和取统计平均的运算次序,得

$$S_X(\omega) = \lim_{T\to\infty} \frac{1}{2T} E\left[\int_{-T}^{T} dt_2 \int_{-T}^{T} X(t_1) X(t_2) e^{-j\omega(t_2-t_1)} dt_1\right]$$

$$= \lim_{T\to\infty} \frac{1}{2T} \int_{-T}^{T} dt_2 \int_{-T}^{T} E\left[X(t_1) X(t_2)\right] e^{-j\omega(t_2-t_1)} dt_1 \tag{3.3.4}$$

式(3.3.4)的被积函数中的统计平均值即为随机过程截取部分的自相关函数,它也定义在区间 $(-T,T)$ 中。即

$$\begin{cases} E\left[X(t_1) X(t_2)\right] = B_X(t_1,t_2) & (|t_1|,|t_2| < T) \\ E\left[X(t_1) X(t_2)\right] = 0 & (\text{其他 } t_1,t_2 \text{ 值}) \end{cases} \tag{3.3.5}$$

对 t_2 进行积分变量代换,令 $\tau = t_2 - t_1$,则 $dt_2 = d\tau$。代入式(3.3.4),适当改变运算次序,得

$$S_X(\omega) = \lim_{T\to\infty} \frac{1}{2T} \int_{-T-t_1}^{T+t_1} d\tau \int_{-T}^{T} E\left[X(t_1) X(t_1+\tau)\right] e^{-j\omega\tau} dt_1$$

$$= \lim_{T\to\infty} \frac{1}{2T} \int_{-T-t_1}^{T+t_1} \left\{\int_{-T}^{T} B_X(t_1,t_1+\tau) dt_1\right\} e^{-j\omega\tau} d\tau \tag{3.3.6}$$

令 $t = t_1$,式(3.3.6)又可以写成

$$S_X(\omega) = \int_{-\infty}^{+\infty} \left\{\lim_{T\to\infty} \frac{1}{2T} \int_{-T}^{T} B_X(t,t+\tau) dt\right\} e^{-j\omega\tau} d\tau$$

$$= \int_{-\infty}^{+\infty} \widetilde{B_X(t,t+\tau)} e^{-j\omega\tau} d\tau \tag{3.3.7}$$

其中,

$$\widetilde{B_X(t,t+\tau)} = \lim_{T\to\infty} \frac{1}{2T} \int_{-T}^{T} B_X(t,t+\tau) dt \tag{3.3.8}$$

表示自相关函数的时间平均。

式(3.3.7)说明,随机过程 $X(t)$ 的功率谱密度是此过程的自相关函数时间平均值的

傅里叶变换。这是一般随机过程的自相关函数和功率谱密度函数的关系,也适用于非平稳随机过程。

根据傅里叶变换的唯一性,必有

$$\widetilde{B_X(t,t+\tau)} = \frac{1}{2\pi}\int_{-\infty}^{+\infty} S_X(\omega)e^{j\omega\tau}d\omega \qquad (3.3.9)$$

因此,式(3.3.7)和式(3.3.9)说明:任意随机过程 $X(t)$ 的自相关函数的时间平均值与该随机过程的功率谱密度函数是一对傅里叶变换。

宽平稳随机过程是最常见、最重要的一类随机过程。对于宽平稳随机过程,其自相关函数不随 t 取值不同而变,仅是 τ 的函数,即

$$B_X(t,t+\tau) = B_X(\tau)$$

所以,有

$$\widetilde{B_X(t,t+\tau)} = \widetilde{B_X(\tau)} = B_X(\tau)$$

于是有

$$S_X(\omega) = \int_{-\infty}^{+\infty} B_X(\tau)e^{-j\omega\tau}d\tau \qquad (3.3.10)$$

$$B_X(\tau) = \frac{1}{2\pi}\int_{-\infty}^{+\infty} S_X(\omega)e^{j\omega\tau}d\omega \qquad (3.3.11)$$

即平稳随机过程的自相关函数与该随机过程的功率谱密度函数是一对傅里叶变换。

维纳-辛钦定理是分析随机信号的一个最重要、最基本的定理,在实际中有着重要的应用价值。

由于随机过程的自相关函数 $B_X(\tau)$ 是 τ 的偶函数,从 $S_X(\omega)$ 的定义也可看出它也是 ω 的偶函数,根据欧拉公式,式(3.3.10)可写为

$$S_X(\omega) = \int_{-\infty}^{+\infty} B_X(\tau)(\cos\omega\tau - j\sin\omega\tau)d\tau$$

$$= \int_{-\infty}^{+\infty} B_X(\tau)\cos\omega\tau d\tau - j\int_{-\infty}^{+\infty} B_X(\tau)\sin\omega\tau d\tau$$

由于 $B_X(\tau)\cos\omega\tau$ 是 τ 的偶函数,$B_X(\tau)\sin\omega\tau$ 是 τ 的奇函数,因此,有

$$S_X(\omega) = 2\int_{0}^{+\infty} B_X(\tau)\cos\omega\tau d\tau \qquad (3.3.12)$$

同理,式(3.3.11)可写为

$$B_X(\tau) = \frac{1}{\pi}\int_{0}^{+\infty} S_X(\omega)\cos\omega\tau d\omega \qquad (3.3.13)$$

式(3.3.12)和式(3.3.13)是维纳-辛钦定理的另一形式。

根据前面对确知信号的讨论,对照现在的 $S_X(\omega)$ 的定义,可知 $S_X(\omega)$ 是随机过程 $X(t)$ 的功率谱密度,它是从频率角度描述随机过程统计特性的重要的数字特征。

当 $\tau = 0$ 时,式(3.3.10)成为

$$B_X(0) = \frac{1}{2\pi}\int_{-\infty}^{+\infty} S_X(\omega)d\omega \qquad (3.3.14)$$

式(3.3.14)是随机过程 $X(t)$ 的平均功率,那么,式(3.3.14)右边的被积函数 $S_X(\omega)$ 当然

也就是功率谱密度函数了。这又从另一个角度证实了 $S_X(\omega)$ 的物理意义。

根据以上的讨论，$S_X(\omega)$ 应分布在 $-\infty \sim +\infty$ 的频率范围内，这种对正、负频率都有意义的谱密度称为双边谱密度。

这样一来，在已知随机过程 $X(t)$ 的功谱密度 $S_X(\omega)$ 后，它在任何特定频率范围 (ω_1, ω_2) 内消耗在单位电阻上的平均功率可以表示为

$$P_X(\omega_1, \omega_2) = \frac{2}{2\pi} \int_{\omega_1}^{\omega_2} S_X(\omega) \, d\omega \tag{3.3.15}$$

由于实际上负频率并不存在，在公式中采用频率区间从负到正，纯粹只有数学上的意义和为了运算方便。也可以采用只分布在 $\omega \geqslant 0$ 的频率范围内的功谱密度表示，记为 $S'_X(\omega)$，称为单边谱密度，也称为物理谱密度。单边谱密度 $S'_X(\omega)$ 与双边谱密度 $S_X(\omega)$ 如图 3.2 所示，其关系为

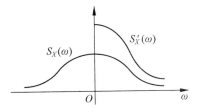

图 3.2　单边谱密度与双边谱密度

$$S'_X(\omega) = \begin{cases} 2S_X(\omega) & (\omega \geqslant 0) \\ 0 & (\omega < 0) \end{cases} \tag{3.3.16}$$

例 3.1　平稳随机过程 $X(t)$ 的自相关函数为

$$B_X(\tau) = e^{-\alpha|\tau|} \quad (\alpha > 0)$$

求该随机过程的功率谱密度函数。

解：由维纳-辛钦定理，有

$$S_X(\omega) = \int_{-\infty}^{+\infty} e^{-\alpha|\tau|} e^{-j\omega\tau} \, d\tau = \int_{-\infty}^{0} e^{\alpha\tau} e^{-j\omega\tau} \, d\tau + \int_{0}^{+\infty} e^{-\alpha\tau} e^{-j\omega\tau} \, d\tau$$

$$= \frac{e^{(\alpha-j\omega)\tau}}{\alpha-j\omega}\Big|_{-\infty}^{0} - \frac{e^{-(\alpha+j\omega)\tau}}{\alpha+j\omega}\Big|_{0}^{+\infty} = \frac{1}{\alpha-j\omega} + \frac{1}{\alpha+j\omega} = \frac{2\alpha}{\alpha^2+\omega^2}$$

例 3.2　平稳随机过程 $X(t)$ 的功率谱密度函数为

$$S_X(\omega) = \frac{\omega^2+1}{\omega^4+5\omega^2+6}$$

求该随机过程的自相关函数和平均功率。

解：因为

$$S_X(\omega) = \frac{\omega^2+1}{(\omega^2+2)(\omega^2+3)} = \frac{-1}{\omega^2+2} + \frac{2}{\omega^2+3}$$

根据例 3.1 的结果，可得随机过程的自相关函数为

$$B_X(\tau) = -\frac{1}{2\sqrt{2}} e^{-\sqrt{2}|\tau|} + \frac{1}{\sqrt{3}} e^{-\sqrt{3}|\tau|}$$

所以，随机过程的平均功率为

$$\overline{X^2(t)} = B_X(0) = \frac{1}{\sqrt{3}} - \frac{1}{2\sqrt{2}}$$

以上讨论的都是不含有直流成分或周期性成分的随机过程的功率谱密度。而随机过程的任何直流分量和周期性分量，在频域上都表现为频率轴上某点的零带宽内的有限

平均功率,都在频域的相应位置上产生离散谱线。而且在零带宽上的有限功率等效于无限的功率谱密度。于是当随机过程包含有直流成分时,其功率谱密度在零频率上应是无限的。而在其他频率上是有限的,换言之,该过程的功率谱密度在 $\omega=0$ 处存在一个 δ 函数。同理,若随机过程含有某个周期成分,则其功率谱密度函数将在相应的离散频率点上存在 δ 函数。这样,若借助于 δ 函数,维纳-辛钦定理可推广应用于含有直流或周期性分量的平稳随机过程的情况。

δ 函数的定义为

$$\begin{cases} \int_{-\infty}^{+\infty} \delta(x) \, \mathrm{d}x = 1 \\ \delta(x) = 0, x \neq 0 \end{cases} \tag{3.3.17}$$

对于 δ 函数,有如下的基本性质。

对任意连续函数 $f(x)$,有

$$\int_{-\infty}^{+\infty} \delta(x) f(x) \, \mathrm{d}x = f(0) \tag{3.3.18}$$

$$\int_{-\infty}^{+\infty} \delta(x - x_0) f(x) \, \mathrm{d}x = f(x_0) \tag{3.3.19}$$

因此,可以写出以下傅里叶变换:

$$\frac{1}{2\pi} \int_{-\infty}^{+\infty} \delta(\omega) \mathrm{e}^{\mathrm{j}\omega t} \, \mathrm{d}\omega = \frac{1}{2\pi} \tag{3.3.20}$$

即 $\dfrac{1}{2\pi}$ 的傅里叶变换为 $\delta(\omega)$,则常数 1 的傅里叶变换就是 $2\pi\delta(\omega)$。

又有

$$\int_{-\infty}^{+\infty} \delta(\tau) \mathrm{e}^{-\mathrm{j}\omega t} \, \mathrm{d}\tau = 1 \tag{3.3.21}$$

即 $\delta(\tau)$ 的傅里叶变换是常数 1,则常数 1 的傅里叶反变换就是 $\delta(\tau)$,若用 ↔ 表示傅里叶变换对,有

$$1 \leftrightarrow 2\pi\delta(\omega)$$

$$\delta(\tau) \leftrightarrow 1$$

根据式(2.5.7),当 $\overline{X(t)} \neq 0$ 时,有

$$B_X(\tau) = B_{X_0}(\tau) + \overline{X(t)}^2$$

$B_{X_0}(\tau)$ 是 $X(t)$ 与 $X(t+\tau)$ 的自协方差,有

$$B_{X_0}(\infty) = \overline{X_0(t) X_0(t+\infty)} = 0$$

它的傅里叶变换显然存在,记为 $S_{X_0}(\omega)$。但由于 $B_X(\tau)$ 中有一常数 $\overline{X(t)}^2$ 项,使得 $B_X(\tau)$ 不满足绝对可积条件,它的傅里叶变换只能借助 δ 函数,此时,

$$S_X(\omega) = \int_{-\infty}^{+\infty} B_X(\tau) \mathrm{e}^{-\mathrm{j}\omega\tau} \, \mathrm{d}\tau = \int_{-\infty}^{+\infty} B_{X_0}(\tau) \mathrm{e}^{-\mathrm{j}\omega\tau} \, \mathrm{d}\tau + \int_{-\infty}^{+\infty} \overline{X(t)}^2 \mathrm{e}^{-\mathrm{j}\omega\tau} \, \mathrm{d}\tau$$

$$= S_{X_0}(\omega) + 2\pi \overline{X(t)}^2 \delta(\omega) \tag{3.3.22}$$

当平稳随机过程含有周期分量时,该成分就在频域的相应频率上产生 δ 函数。

例 **3.3** 平稳随机过程的自相关函数为

$$B_X(\tau) = \frac{1}{4}(1 + \cos\omega_0\tau)$$

求它的功率谱密度。

解：根据欧拉公式，可得

$$B_X(\tau) = \frac{1}{4}\left(1 + \frac{e^{-j\omega_0\tau} + e^{j\omega_0\tau}}{2}\right)$$

所以，有

$$S_X(\omega) = \frac{1}{4}\left[2\pi\delta(\omega) + \frac{2\pi\delta(\omega - \omega_0) + 2\pi\delta(\omega + \omega_0)}{2}\right]$$

$$= \frac{\pi}{4}\left[2\delta(\omega) + \delta(\omega - \omega_0) + \delta(\omega + \omega_0)\right]$$

若随机过程的功率谱密度函数为常数，则其自相关函数 $B_X(\tau)$ 就是 δ 函数。如

$$S_X(\omega) = n_0 \quad (n_0 \text{ 为常数})$$
$$B_X(\tau) = n_0\delta(\tau)$$

3.4 平稳随机过程的自相关时间和等效功率谱带宽

随机过程 $X(t)$ 的自相关函数 $B_X(\tau)$ 反映了它自身在两个不同时刻的关联程度，而功率谱密度函数 $S_X(\omega)$ 则反映了它的平均功率沿频率轴的分布情况，说明 $S_X(\omega)$ 占有一定的频带。那么具体用什么参数来衡量随机过程 $X(t)$ 的自相关性的强弱和它到底占有多宽的频带呢？下面讨论这两个问题。

3.4.1 自相关时间

图 3.3 表示两个平稳随机过程 $X_1(t)$ 及 $X_2(t)$ 实现的记录，设它们具有相同的数学期望和相同的均方值，即 $\overline{X_1(t)} = \overline{X_2(t)}$，$\overline{X_1^2(t)} = \overline{X_2^2(t)}$。

图 3.3 $X_1(t)$ 和 $X_2(t)$ 的样本函数 $x_1(t)$ 和 $x_2(t)$ 的曲线

二者有一个显著的区别，那就是二者的起伏频繁程度不同，$X_1(t)$ 起伏频繁程度低，而 $X_2(t)$ 起伏较频繁。这个区别，揭示了二者的自相关性不同，也就是说，二者在后继时间上的取值受先行时间上的取值的波及关系不一样。所谓波及，就是随机过程在先行时

间点上的取值有尾迹(由于系统惯性影响),它波及后继时间点,使得后继时间点上的取值要受先行时间点上取值的影响。这种波及的大小,表现在自相关函数 $B_X(\tau)$ 上,如图 3.4 所示。

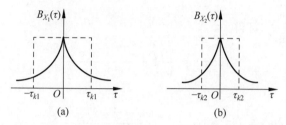

图 3.4 $X_1(t)$ 和 $X_2(t)$ 的自相关函数

从图 3.4 中看出,不管是 $B_{X_1}(\tau)$ 还是 $B_{X_2}(\tau)$,随着 $|\tau|$ 的增加(正向或负向),相应的 $X(t)$ 与 $X(t+\tau)$ 的相关性单调下降,但在相同的 τ 值,有 $B_{X_1}(\tau) > B_{X_2}(\tau)$,而在相同的自相关函数值上,$B_{X_1}(\tau)$ 的相应 $|\tau|$ 值大于 $B_{X_2}(\tau)$ 的相应 $|\tau|$ 值,这都是因为 $B_{X_1}(\tau)$ 相对于 $B_{X_2}(\tau)$ 要张得开些,即 $X_1(t)$ 的自相关性强于 $X_2(t)$ 的自相关性。

为了定量地描述随机过程自相关性的强弱,定义随机过程 $X(t)$ 的自相关时间为

$$\tau_k = \frac{\int_{-\infty}^{+\infty} B_X(\tau) \mathrm{d}\tau}{2B_X(0)} = \frac{S_X(0)}{2B_X(0)} \tag{3.4.1}$$

自相关时间的概念可用图 3.4 进行说明。图中有一虚线方框,其高为 $B_X(0)$,宽为 $2\tau_k$。定义式(3.4.1)规定这个方框的面积等于 $B_X(\tau)$ 曲线下的面积。可以理解,当 $B_X(\tau)$ 张开范围越大,或所谓自相关性越强,则 $\int_{-\infty}^{+\infty} B_X(\tau)\mathrm{d}\tau$ 也随之增大,因而 τ_k 随之正比地增大。因此,τ_k 可以用来描述一个随机过程的自相关程度。

从图 3.4 看到,$\tau_{k1} > \tau_{k2}$,因此,可以说 $X_1(t)$ 的自相关性强于 $X_2(t)$ 的自相关性。

3.4.2   等效功率谱带宽

图 3.5 表示 $X_1(t)$ 和 $X_2(t)$ 的功率谱密度函数。由于 $X_1(t)$ 和 $X_2(t)$ 有相同的平均功率,因此有

$$B_{X_1}(0) = B_{X_2}(0)$$

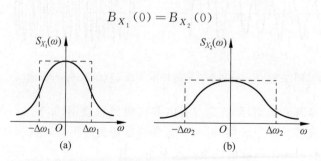

图 3.5 $X_1(t)$ 和 $X_2(t)$ 的功率谱密度函数

这使得 $S_{X_1}(\omega)$ 和 $S_{X_2}(\omega)$ 与横坐标所围成的面积相等。但是 $S_{X_1}(0) > S_{X_2}(0)$ （$S_X(0)$ 是 $B_X(\tau)$ 曲线与横坐标所围成的面积）。$S_X(0)$ 较大占带必然较窄,反之亦然。为了定量描述随机过程所占的宽窄,定义等效功率谱带宽(简称等效带宽)为

$$\Delta f = \frac{\dfrac{1}{2\pi}\displaystyle\int_{-\infty}^{+\infty} S_X(\omega)\,\mathrm{d}\omega}{2S_X(0)} = \frac{B_X(0)}{2S_X(0)} \tag{3.4.2}$$

等效功率谱带宽的概念也可用图 3.5 进行说明。图中有一虚线方框,其高为 $S_X(0)$,宽为 $2\Delta\omega(\Delta\omega = 2\pi\Delta f)$,定义式(3.4.2)规定这个方框面积等于 $S_X(\omega)$ 曲线下的面积。

定义了 Δf 后,就可以得到 $\Delta f_1 < \Delta f_2$,Δf 大的随机过程占有宽的频带。

按上述定义的 τ_k,当 $\tau > \tau_k$ 时,工程实际中就可以认为 $X(t)$ 与 $X(t+\tau)$ 实际上已经不相关了,并非要 $\tau \to \infty$ 时,它们才不相关。而按上述定义的 Δf,则说明了 $X(t)$ 中起伏最高频率的大小。若某 $X(t)$ 的 $\Delta f = 1\text{MHz}$,则认为 $X(t)$ 所含的最高频率成分即为 1MHz。

综上所述,对随机过程 $X_1(t)$ 和 $X_2(t)$,若 $X_1(t)$ 的起伏频繁程度低,变化缓慢,而 $X_1(t)$ 变化较快,这就使得 $\tau_{k1} > \tau_{k2}$,而 $\Delta f_1 < \Delta f_2$,即 $X_1(t)$ 的自相关性强于 $X_2(t)$,但 $X_1(t)$ 的低频成分多,占有频带较窄,而 $X_2(t)$ 高频成分多,占有较宽的频带。总的来说,一个随机过程的自相关性的强弱与它所占有频带是成反比关系的,这是 $B_X(\tau)$ 与 $S_X(\omega)$ 为傅里叶变换对的当然结果。这从下面的关系式也可看出。

$$\tau_k \Delta f = \frac{S_X(0)}{2B_X(0)}\,\frac{B_X(0)}{2S_X(0)} = \frac{1}{4} \tag{3.4.3}$$

从式(3.4.3)可知,无论怎样的随机过程,它的自相关时间与等效带宽的乘积恒为 $\dfrac{1}{4}$。

最后需要说明的是,当 $E[X(t)] \neq 0$ 时,$B_X(\tau)$ 中将有恒定的分量,$S_X(\omega)$ 中将有 $\delta(\omega)$ 成分,在这种情况下,τ_k 和 Δf 的定义分别依据 $B_X(\tau)$ 中的 $B_{X_0}(0)$ 部分和 $S_X(\omega)$ 中的 $S_{X_0}(\omega)$ 部分,即

$$\tau_k = \frac{S_{X_0}(0)}{2B_{X_0}(0)}$$

$$\Delta f = \frac{B_{X_0}(0)}{2S_{X_0}(0)}$$

若 $E[X(t)] \neq 0$,说明 $X(t)$ 中含有直流成分。这时如果把横轴向上移 $E[X(t)]$,$X(t)$ 的波形的形状完全不会变,只是这时 $X(t)$ 变成了 $X_0(t)$。因此,用 $X_0(t)$ 的自相关函数和功率谱密度函数来定义的自相关时间 τ_k 及等效功率谱带宽 Δf 当然也适合 $X(t)$。也就是说,随机过程是否含有直流成分并不影响它的自相关性的强弱和占有频带的宽窄。

例 3.4 设有随机过程 $X(t)$ 的自相关函数为

$$B(\tau) = A\mathrm{e}^{-\left|\frac{\tau}{T}\right|} \quad (T>0,A \text{ 为常数})$$

试求该随机过程的自相关时间和等效功率谱带宽。

解： $$S_X(0)=\int_{-\infty}^{+\infty}B_X(\tau)\mathrm{d}\tau=\int_{-\infty}^{+\infty}A\mathrm{e}^{-\left|\frac{\tau}{T}\right|}\mathrm{d}\tau=2\int_0^{+\infty}A\mathrm{e}^{-\frac{\tau}{T}}\mathrm{d}\tau=2AT$$

$$\tau_k=\frac{S_X(0)}{2B_X(0)}=\frac{2AT}{2A}=T$$

$$\Delta f=\frac{B_X(0)}{2S_X(0)}=\frac{A}{4AT}=\frac{1}{4T}$$

例 3.5 已知平稳随机过程 $X(t)$ 的功率谱密度为

$$S_X(\omega)=\begin{cases}8\delta(\omega)+20\left(1-\dfrac{|\omega|}{10}\right)&(|\omega|\leqslant10)\\0&(\text{其他})\end{cases}$$

求随机过程 $X(t)$ 的自相关函数、自相关时间和等效功率谱带宽。

解： $$B_X(\tau)=\frac{1}{2\pi}\int_{-\infty}^{+\infty}S_X(\omega)\mathrm{e}^{\mathrm{j}\omega\tau}\mathrm{d}\omega$$

$$=\frac{1}{2\pi}\int_{-10}^{+10}8\delta(\omega)\mathrm{e}^{\mathrm{j}\omega\tau}\mathrm{d}\omega+\frac{40}{2\pi}\int_0^{+10}\left(1-\frac{\omega}{10}\right)\cos\omega\tau\mathrm{d}\omega$$

$$=\frac{4}{\pi}+\frac{20}{\pi}\int_0^{+10}\left(1-\frac{\omega}{10}\right)\cos\omega\tau\mathrm{d}\omega$$

$$=\frac{4}{\pi}+\frac{20}{\pi}\left[\frac{\sin\omega\tau}{\tau}\bigg|_0^{10}-\frac{1}{10}\int_0^{+10}\omega\cos\omega\tau\mathrm{d}\omega\right]$$

$$=\frac{4}{\pi}+\frac{20}{\pi}\left[\frac{\sin10\tau}{\tau}-\frac{1}{10}\left(\frac{\omega\sin\omega\tau}{\tau}\bigg|_0^{10}-\int_0^{+10}\frac{\sin\omega\tau}{\tau}\mathrm{d}\omega\right)\right]$$

$$=\frac{4}{\pi}+\frac{20}{\pi}\left[\frac{1}{10\tau^2}(1-\cos10\tau)\right]=\frac{4}{\pi}+\frac{20}{\pi}\left[\frac{1}{10\tau^2}(2\sin^25\tau)\right]$$

$$=\frac{4}{\pi}+\frac{100}{\pi}\mathrm{Sa}^2(5\tau)$$

显然 $$\overline{X(t)^2}=\frac{4}{\pi}$$

则 $$B_{X_0}(\tau)=\frac{100}{\pi}\mathrm{Sa}^2(5\tau)$$

已知 $$S_{X_0}(\omega)=\begin{cases}20\left(1-\dfrac{|\omega|}{10}\right)&(|\omega|\leqslant10)\\0&(\text{其他})\end{cases}$$

即 $$B_{X_0}(0)=\frac{100}{\pi}$$

$$S_{X_0}(0)=20$$

所以 $$\tau_k=\frac{S_{X_0}(0)}{2B_{X_0}(0)}=\frac{\pi}{10}$$

$$\Delta f=\frac{B_{X_0}(0)}{2S_{X_0}(0)}=\frac{5}{2\pi}$$

交流分量的自相关函数和功率谱密度函数如图 3.6 所示。

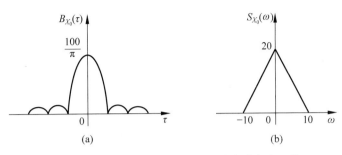

图 3.6 交流分量的自相关函数和功率谱密度函数

3.5 随机序列的功率谱密度

前面讨论了平稳随机过程的功率谱密度函数和维纳-辛钦定理,本节将功率谱密度函数等相关概念推广到平稳随机序列。

3.5.1 随机序列的功率谱密度

设平稳随机序列 $X(n)$ 的均值为 0,其自相关函数为

$$B_X(m) = E[X(n)X(n+m)] \tag{3.5.1}$$

若随机序列的自相关函数满足绝对可和,即 $\sum\limits_{m=-\infty}^{+\infty} |B_X(m)| < \infty$,则其离散傅里叶变换为

$$S_X(\omega) = \sum_{m=-\infty}^{+\infty} B_X(m) \mathrm{e}^{-\mathrm{j}\omega m} \tag{3.5.2}$$

称 $S_X(\omega)$ 为平稳随机序列 $X(n)$ 的功率谱密度函数。即平稳随机序列的自相关函数和功率谱密度函数构成傅里叶变换对,其功率谱密度函数的傅里叶反变换为

$$B_X(m) = \frac{1}{2\pi} \int_{-\pi}^{\pi} S_X(\omega) \mathrm{e}^{\mathrm{j}\omega m} \, \mathrm{d}\omega \tag{3.5.3}$$

式(3.5.2)和式(3.5.3)构成的一对傅里叶变换即是离散形式的维纳-辛钦定理。

由式(3.5.3)可知,当 $m=0$ 时,有

$$B_X(0) = E[X^2(n)] = \frac{1}{2\pi} \int_{-\pi}^{\pi} S_X(\omega) \, \mathrm{d}\omega \tag{3.5.4}$$

即功率谱密度函数的积分等于随机序列的均方值,也是随机序列的平均功率。

对于平稳随机序列,其功率谱密度函数具有如下重要性质。

(1) 功率谱密度为非负函数。即

$$S_X(\omega) \geqslant 0 \tag{3.5.5}$$

(2) 功率谱密度为 ω 的偶函数。即

$$S_X(\omega) = S_X(-\omega) \tag{3.5.6}$$

这可由平稳随机序列的自相关函数是偶函数直接得出。因为平稳随机序列的自相关函数和功率谱密度都是偶函数,所以式(3.5.2)和式(3.5.3)还可以分别表示为

$$S_X(\omega) = 2\sum_{m=0}^{+\infty} B_X(m)\cos(\omega m) \qquad (3.5.7)$$

$$B_X(m) = \frac{1}{\pi}\int_0^\pi S_X(\omega)\cos(\omega m)\,\mathrm{d}\omega \qquad (3.5.8)$$

在离散时间系统的分析中,通常用 z 变换更为方便,所以,平稳随机序列的功率谱密度函数可表示为其自相关函数 $B_X(m)$ 的 z 变换,记为 $S'_X(z)$,有

$$S'_X(z) = \sum_{m=-\infty}^{+\infty} B_X(m)z^{-m} \qquad (3.5.9)$$

显然,$S_X(\omega)$ 和 $S'_X(z)$ 的关系为

$$S_X(\omega) = S'_X(z)\,\big|_{z=e^{j\omega}} \qquad (3.5.10)$$

$S'_X(z)$ 的 z 反变换为

$$B_X(m) = \frac{1}{2\pi j}\oint_D S'_X(z)z^{m-1}\,\mathrm{d}z \qquad (3.5.11)$$

式中,D 是在 $S'_X(z)$ 的收敛域内环绕平面原点的一条逆时针闭合曲线。

由于平稳随机序列的自相关函数是偶对称的,即 $B_X(m) = B_X(-m)$,因此,功率谱密度函数如下性质:

$$S'_X(z) = S'_X\left(\frac{1}{z}\right) \qquad (3.5.12)$$

3.5.2 平稳随机过程的采样定理

香农采样定理在通信系统、信息传输理论等方面占有十分重要的地位,它是建立连续信号与其离散信号之间变换的理论基础。本节讨论将香农采样定理应用于随机过程,将随机过程变换为随机序列的相关理论。

先回顾一下确定性时间信号的采样定理。

确定性时间信号的采样定理:一个频带有限的确定性时间信号 $x(t)$,若其频谱只占据 $0\sim f_m$ 的范围,当以采样间隔(或采样周期)$T_s \leqslant \dfrac{1}{2f_m}$(或采样频率 $f_s \geqslant 2f_m$ 或采样角频率 $\omega_s \geqslant 2\omega_m$)对该信号等间隔均匀采样时,则该信号可以用这些等间隔采样点 $x(nT_s)$ 唯一地表示。通常把最低允许的采样频率 $f_s = 2f_m$ 称为"奈奎斯特频率",把最大允许的采样间隔(或采样周期)$T_s = \dfrac{1}{2f_m}$ 称为"奈奎斯特间隔"(或"奈奎斯特周期")。

若在满足采样定理的条件下对确定性时间信号 $x(t)$ 进行理想采样,则利用理想低通滤波器可从采样后的离散信号中无失真地恢复原信号 $x(t)$。

设理想低通滤波器的频率特性为

$$H(j\omega) = \begin{cases} T_s & (|\omega| \leqslant \omega_c) \\ 0 & (|\omega| > \omega_m) \end{cases} \tag{3.5.13}$$

式中, ω_c 是理想低通滤波器的截止频率, T_s 是采样周期。则理想低通滤波器恢复的信号可表示为

$$x(t) = T_s \frac{\omega_c}{\pi} \sum_{n=-\infty}^{+\infty} x(nT_s) \mathrm{Sa}[\omega_c(t - nT_s)] \tag{3.5.14}$$

为讨论方便,通常取 $\omega_c = \dfrac{\omega_s}{2} = \dfrac{\pi}{T_s}$,则式(3.5.14)可表示为

$$x(t) = \sum_{n=-\infty}^{+\infty} x(nT_s) \mathrm{Sa}\left[\frac{\pi(t - nT_s)}{T_s}\right] \tag{3.5.15}$$

下面,将确定性时间信号的采样定理推广到随机过程中。

对于零均值的平稳随机过程 $X(t)$,若它的功率谱密度 $S_X(\omega)$ 只占据 $0 \sim \omega_m$ 的范围,即

$$S_X(\omega) = \begin{cases} S_X(\omega) & (|\omega| \leqslant \omega_m) \\ 0 & (|\omega| > \omega_m) \end{cases}$$

则称 $X(t)$ 为带限随机过程。当采样间隔(或采样周期) T_s 满足 $T_s \leqslant \dfrac{\pi}{\omega_m}$ (或采样频率 $f_s \geqslant 2f_m$ 或采样角频率 $\omega_s \geqslant 2\omega_m$)时,则该随机过程可以用这些等间隔采样点 $X(nT_s)$ 唯一地表示。平稳随机过程 $X(t)$ 可表示为

$$X(t) = \mathop{\mathrm{l.i.m}}_{N \to \infty} \sum_{n=-N}^{N} X(nT_s) \mathrm{Sa}\left[\frac{\pi(t - nT_s)}{T_s}\right] \tag{3.5.16}$$

式中, l.i.m 表示均方意义下的极限,即均方极限。也就是说,在均方意义下, $X(t)$ 和 $\sum_{n=-N}^{N} X(nT_s) \mathrm{Sa}\left[\dfrac{\pi(t - nT_s)}{T_s}\right]$ 相等,即在 $N \to \infty$ 时,它们的均方误差等于零。

$$\mathop{\mathrm{l.i.m}}_{N \to \infty} E\left\{\left[X(t) - \sum_{n=-N}^{N} X(nT_s) \mathrm{Sa}\left(\frac{\pi(t - nT_s)}{T_s}\right)\right]^2\right\} = 0 \tag{3.5.17}$$

3.6 联合平稳随机过程的互功率谱密度

在第 2 章中已经建立了两个随机过程联合平稳的概念。本节将把单个随机过程的功率谱密度的概念推广到两个随机过程的情况。

3.6.1 互功率谱密度

设 $X(t)$ 、 $Y(t)$ 为两个平稳随机过程,仿照 3.1 节中的方法,对 $X(t)$ 、 $Y(t)$ 的样本函数 $x(t)$ 、 $y(t)$ 分别取截短函数 $x_T(t)$ 、 $y_T(t)$ 为

$$x_T(t) = \begin{cases} x(t) & (\mid t \mid < T) \\ 0 & (其他) \end{cases} \tag{3.6.1}$$

$$y_T(t) = \begin{cases} y(t) & (\mid t \mid < T) \\ 0 & (其他) \end{cases} \tag{3.6.2}$$

则 $x_T(t)$、$y_T(t)$ 的傅里叶变换存在,所以有

$$x_T(t) \longleftrightarrow F_x(j\omega, T)$$

$$y_T(t) \longleftrightarrow F_y(j\omega, T)$$

两个随机过程的样本函数在 $(-T, T)$ 区间内的互功率为

$$P_{xy}(T) = \frac{1}{2T} \int_{-T}^{T} x_T(t) y_T(t) \mathrm{d}t = \frac{1}{2T} \int_{-T}^{T} x(t) y(t) \mathrm{d}t \tag{3.6.3}$$

根据帕塞瓦尔定理,有

$$\int_{-\infty}^{+\infty} x_T(t) y_T(t) \mathrm{d}t = \frac{1}{2\pi} \int_{-\infty}^{+\infty} F_x(-j\omega, T) F_y(j\omega, T) \mathrm{d}\omega \tag{3.6.4}$$

由式(3.6.3)和式(3.6.4)得

$$P_{xy}(T) = \frac{1}{2T} \int_{-T}^{T} x(t) y(t) \mathrm{d}t = \frac{1}{2\pi} \int_{-\infty}^{+\infty} \frac{F_x(-j\omega, T) F_y(j\omega, T)}{2T} \mathrm{d}\omega \tag{3.6.5}$$

同样,由于 $x(t)$、$y(t)$ 以及 $F_x(j\omega, T)$、$F_y(j\omega, T)$ 都具有随机性,所以互功率 $P_{xy}(T)$ 是一个随机变量。为了求出两个随机过程 $X(t)$、$Y(t)$ 的互功率,须将式(3.6.5)扩展为对所有样本取统计平均,得

$$E\left[\frac{1}{2T} \int_{-T}^{T} X(t) Y(t) \mathrm{d}t\right] = E\left[\frac{1}{2\pi} \int_{-\infty}^{+\infty} \frac{F_X(-j\omega, T) F_Y(j\omega, T)}{2T} \mathrm{d}\omega\right] \tag{3.6.6}$$

式(3.6.6)两边取极限(令 $T \to \infty$),得

$$\lim_{T \to \infty} \frac{1}{2T} \int_{-T}^{T} E[X(t) Y(t)] \mathrm{d}t = \frac{1}{2\pi} \int_{-\infty}^{+\infty} \lim_{T \to \infty} \frac{E[F_X(-j\omega, T) F_Y(j\omega, T)]}{2T} \mathrm{d}\omega \tag{3.6.7}$$

式(3.6.7)的左边即是随机过程 $X(t)$、$Y(t)$ 的互功率 P_{XY}

$$P_{XY} = \lim_{T \to \infty} \frac{1}{2T} \int_{-T}^{T} E[X(t) Y(t)] \mathrm{d}t \tag{3.6.8}$$

因此,定义两个随机过程 $X(t)$、$Y(t)$ 的互功率谱密度(简称为互谱密度)为

$$S_{XY}(\omega) = \lim_{T \to \infty} \frac{E[F_X(-j\omega, T) F_Y(j\omega, T)]}{2T} \tag{3.6.9}$$

于是有

$$P_{XY} = \frac{1}{2\pi} \int_{-\infty}^{+\infty} S_{XY}(\omega) \mathrm{d}\omega \tag{3.6.10}$$

类似地,还可以定义两个随机过程 $Y(t)$、$X(t)$ 的互功率谱密度为

$$S_{YX}(\omega) = \lim_{T \to \infty} \frac{E[F_X(j\omega, T) F_Y(-j\omega, T)]}{2T} \tag{3.6.11}$$

由式(3.6.8)可知

$$P_{XY} = P_{YX} \tag{3.6.12}$$

3.6.2 互功率谱密度和互相关函数的关系

正如随机过程的自相关函数和其功率谱密度函数是傅里叶变换对一样,两个随机过程的互相关函数和互功率谱密度也有类似的关系。

对于两个随机过程 $X(t)$、$Y(t)$,其互相关函数 $B_{XY}(t,t+\tau)$ 和互功率谱密度 $S_{XY}(\omega)$ 之间的关系为

$$S_{XY}(\omega) = \int_{-\infty}^{+\infty} \widetilde{B_{XY}(t,t+\tau)} e^{-j\omega\tau} d\tau \qquad (3.6.13)$$

$$\widetilde{B_{XY}(t,t+\tau)} = \frac{1}{2\pi} \int_{-\infty}^{+\infty} S_{XY}(\omega) e^{j\omega\tau} d\omega \qquad (3.6.14)$$

式(3.6.13)和式(3.6.14)说明,任意随机过程 $X(t)$ 和 $Y(t)$ 的互相关函数的时间平均值与 $X(t)$ 和 $Y(t)$ 的互功率谱密度函数是一对傅里叶变换。

当两个的随机过程 $X(t)$ 和 $Y(t)$ 为联合平稳时,有

$$B_{XY}(t,t+\tau) = B_{XY}(\tau) \qquad (3.6.15)$$

则

$$\widetilde{B_{XY}(t,t+\tau)} = \widetilde{B_{XY}(\tau)} = B_{XY}(\tau) \qquad (3.6.16)$$

所以有

$$S_{XY}(\omega) = \int_{-\infty}^{+\infty} B_{XY}(\tau) e^{-j\omega\tau} d\tau \qquad (3.6.17)$$

$$B_{XY}(\tau) = \frac{1}{2\pi} \int_{-\infty}^{+\infty} S_{XY}(\omega) e^{j\omega\tau} d\omega \qquad (3.6.18)$$

两个联合平稳的随机过程的互相关函数和互功率谱密度是一对傅里叶变换。

同样,对于两个联合平稳的随机序列 $X(n)$、$Y(m)$,其互相关函数和互功率谱密度也是一对傅里叶变换,有

$$S_{XY}(\omega) = \sum_{m=-\infty}^{+\infty} B_{XY}(m) e^{-j\omega m} \qquad (3.6.19)$$

$$B_{XY}(m) = \frac{1}{2\pi} \int_{-\pi}^{\pi} S_{XY}(\omega) e^{j\omega m} d\omega \qquad (3.6.20)$$

3.6.3 互功率谱密度的性质

两个随机过程的互功率谱密度具有如下性质。

(1) $$S_{XY}(\omega) = S_{YX}^{*}(\omega) \qquad (3.6.21)$$

$$S_{YX}(\omega) = S_{XY}^{*}(\omega) \qquad (3.6.22)$$

即互功率谱密度不再是 ω 的实偶函数。

证明:由定义式(3.6.9)有

$$S_{XY}(\omega) = \lim_{T \to \infty} \frac{E[F_X(-j\omega, T)F_Y(j\omega, T)]}{2T}$$

$$= \left\{ \lim_{T \to \infty} \frac{E[F_X(j\omega, T)F_Y(-j\omega, T)]}{2T} \right\}^*$$

$$= S_{YX}^*(\omega)$$

同理可得 $\qquad\qquad\qquad S_{YX}(\omega) = S_{XY}^*(\omega)$

（2） $\qquad\qquad\qquad \mathrm{Re}[S_{XY}(\omega)] = \mathrm{Re}[S_{XY}(-\omega)] \qquad\qquad (3.6.23)$

$$\mathrm{Re}[S_{YX}(\omega)] = \mathrm{Re}[S_{YX}(-\omega)] \qquad\qquad (3.6.24)$$

$$\mathrm{Im}[S_{XY}(\omega)] = -\mathrm{Im}[S_{XY}(-\omega)] \qquad\qquad (3.6.25)$$

$$\mathrm{Im}[S_{YX}(\omega)] = -\mathrm{Im}[S_{YX}(-\omega)] \qquad\qquad (3.6.26)$$

即互功率谱密度的实部为 ω 的偶函数,虚部为 ω 的奇函数。该性质利用性质（1）可以很容易得到证明。

（3）若随机过程 $X(t)$ 和 $Y(t)$ 正交,则有

$$S_{XY}(\omega) = 0, \quad S_{YX}(\omega) = 0 \qquad\qquad (3.6.27)$$

（4）若随机过程 $X(t)$ 和 $Y(t)$ 不相关,且 $X(t)$ 和 $Y(t)$ 的均值分别为常数 m_X、m_Y,则

$$S_{XY}(\omega) = S_{YX}(\omega) = 2\pi m_X m_Y \delta(\omega) \qquad\qquad (3.6.28)$$

性质（3）和性质（4）的证明留作习题。

例 3.6 已知联合平稳随机过程 $X(t)$ 和 $Y(t)$ 的互功率谱密度为

$$S_{XY}(\omega) = \begin{cases} A + jB\omega, & (|\omega| < \Delta\omega) \\ 0 & (其他) \end{cases}$$

其中,A,B 为常数,$\Delta\omega > 0$。求 $X(t)$ 和 $Y(t)$ 的互相关函数 $B_{XY}(\tau)$。

解：
$$B_{XY}(\tau) = \frac{1}{2\pi} \int_{-\infty}^{+\infty} S_{XY}(\omega) e^{j\omega\tau} \, d\omega = \frac{1}{2\pi} \int_{-\Delta\omega}^{+\Delta\omega} (A + jB\omega) e^{j\omega\tau} \, d\omega$$

$$= \frac{A}{2\pi} \int_{-\Delta\omega}^{+\Delta\omega} e^{j\omega\tau} \, d\omega + j\frac{B}{2\pi} \int_{-\Delta\omega}^{+\Delta\omega} \omega e^{j\omega\tau} \, d\omega$$

$$= \frac{A}{\pi\tau} \sin\Delta\omega\tau + \frac{B}{2\pi\tau} \left[2\Delta\omega \cos\Delta\omega\tau - \int_{-\Delta\omega}^{+\Delta\omega} e^{j\omega\tau} \, d\omega \right]$$

$$= \frac{A}{\pi\tau} \sin\Delta\omega\tau + \frac{\Delta\omega B}{\pi\tau} \cos\Delta\omega\tau - \frac{B}{\pi\tau^2} \sin\Delta\omega\tau$$

$$= \frac{1}{\pi\tau^2} [(A\tau - B)\sin\Delta\omega\tau + \Delta\omega B\tau \cos\Delta\omega\tau]$$

3.7 白噪声与色噪声

随机过程按它的功率谱密度函数的形状来进行分类,可以分成白噪声和有色噪声两大类。若一个随机过程的功率增密度是常数,无论是什么分布,都称为白噪声。白噪声

的"白"字是借用光学中的白光,白光在它的频谱上包含了所有可见光的频率。而有色噪声的功率谱密度中各种频率分量的大小是不同的。具有均匀功率谱的白噪声是一种最为重要的随机过程。

3.7.1 理想白噪声

若平稳随机过程 $N(t)$ 的数学期望为零,并且在整个频率范围内,其功率谱密度为非零常数,即

$$S_N(\omega) = \frac{N_0}{2} \quad (-\infty < \omega < +\infty) \tag{3.7.1}$$

则称随机过程 $N(t)$ 为理想白噪声,常简称为白噪声或白色过程。式(3.7.1)中,N_0 是正实常数。

利用傅里叶反变换可求出理想白噪声的自相关函数为

$$B_N(\tau) = \frac{N_0}{2}\delta(\tau) \tag{3.7.2}$$

其自相关时间和等效带宽为

$$\tau_k = \frac{S_N(0)}{2B_N(0)} = \frac{N_0/2}{2\delta(\tau)} = 0 \tag{3.7.3}$$

$$\Delta f = \frac{B_N(0)}{2S_N(0)} \to \infty \tag{3.7.4}$$

平均功率为

$$P = \frac{1}{2\pi}\int_{-\infty}^{+\infty} \frac{N_0}{2} \mathrm{d}\omega \to \infty \tag{3.7.5}$$

式(3.7.3)说明,理想白噪声在任何两个相邻时刻(不管这两个时刻多么邻近)的取值都是不相关的,所以理想白噪声又称为不自相关的随机过程。

由于理想白噪声的不自相关性质,其组成一定是大量无限窄的彼此独立的脉冲的随机组合。图 3.7 给出了理想白噪声的组成示意图。

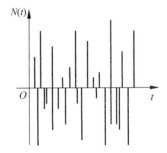

图 3.7　理想白噪声的组成示意图

可以将此过程中任一个独立成分看成一个平稳的随机过程,因为这个独立过程出现的时间是等概率地分布在全时域上,它在一个时间点 t_1 上取值的概率特性与在任意其他时间点 t 上取值的概率特性是相同的。

按式(3.7.1)定义的白噪声只是一种理想化的模型,实际上不可能存在,因为实际的随机过程总是具有有限的平均功率,而且在非常邻近的两个时刻的状态总会存在一定的相关性,也就是说其相关函数不可能是一个严格的 δ 函数,这种被理想化了的模型称为理想白噪声。尽管如此,由于白噪声在数学处理上具有简单方便的优点,所以在实际应

用中仍占有重要的地位,实际上,当所研究的随机过程在所考虑的有用频带宽得多的范围内,具有均匀的功率谱密度时,就可以把它当作白噪声来处理,而不会带来多大的误差。无线电设备中的许多起伏过程都可以作为白噪声来处理,例如,后面要介绍的散弹噪声和电阻热噪声在相当宽的频率范围内都具有均匀的功率谱密度,一般就当作白噪声。其他许多干扰过程,只要它的功率谱比电子系统的频带宽得多,而其功率谱密度又在系统通带内及其附近分布比较均匀,都可以作为白噪声来处理。这种白噪声,就是下面要介绍的带限白噪声。

3.7.2 低通型带限白噪声

若一个零均值的平稳随机过程 $N(t)$ 在某个有限频带范围内具有非零的常数功率谱,而在此频率范围之外为零,则称此过程为带限白噪声。带限白噪声可分为低通型和带通型两种。

若带限白噪声的功率谱密度为

$$S_N(\omega) = \begin{cases} \dfrac{N_0}{2}(\text{常数}) & (\mid \omega \mid \leqslant \Delta\omega) \\ 0 & (\mid \omega \mid > \Delta\omega) \end{cases} \tag{3.7.6}$$

则称此过程为低通型带限白噪声。其自相关函数为

$$\begin{aligned} B_N(\tau) &= \frac{1}{2\pi}\int_{-\infty}^{+\infty} S_N(\omega)\,\mathrm{e}^{j\omega\tau}\,\mathrm{d}\omega = \frac{1}{2\pi}\int_{-\Delta\omega}^{\Delta\omega} \frac{N_0}{2}\mathrm{e}^{j\omega\tau}\,\mathrm{d}\omega \\ &= \frac{1}{2\pi}\int_{-\Delta\omega}^{\Delta\omega} \frac{N_0}{2}\mathrm{e}^{j\omega\tau}\,\mathrm{d}\omega = \frac{\Delta\omega N_0}{2\pi}\frac{\sin\Delta\omega\tau}{\Delta\omega\tau} \end{aligned} \tag{3.7.7}$$

低通型带限白噪声的功率谱密度和自相关函数如图 3.8 所示。

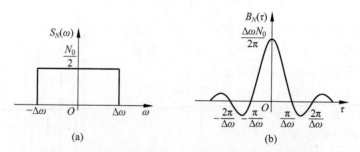

(a) (b)

图 3.8 低通型带限白噪声的功率谱密度和自相关函数

3.7.3 带通型带限白噪声

若带限白噪声的功率谱密度为

$$S_N(\omega) = \begin{cases} \dfrac{N_0}{2}(\text{常数}) & \left(\omega_0 - \dfrac{\Delta\omega}{2} \leqslant \mid \omega \mid \leqslant \omega_0 + \dfrac{\Delta\omega}{2}\right) \\ 0 & (\text{其他}) \end{cases} \tag{3.7.8}$$

则称此过程为带通型带限白噪声。应用维纳-辛钦定理,不难求出其自相关函数

$$B_N(\tau) = \frac{1}{\pi}\int_0^{+\infty} S_N(\omega)\cos\omega\tau\,\mathrm{d}\omega = \frac{1}{\pi}\int_{\omega_0-\frac{\Delta\omega}{2}}^{\omega_0+\frac{\Delta\omega}{2}}\frac{N_0}{2}\cos\omega\tau\,\mathrm{d}\omega$$

$$= \frac{N_0}{2\pi\tau}\left\{\sin\left[\left(\omega_0+\frac{\Delta\omega}{2}\right)\tau\right] - \sin\left[\left(\omega_0-\frac{\Delta\omega}{2}\right)\tau\right]\right\}$$

$$= \frac{N_0}{2\pi\tau}2\cos\omega_0\tau\sin\left(\frac{\Delta\omega\tau}{2}\right) = \frac{\Delta\omega N_0}{2\pi}\frac{\sin(\Delta\omega\tau/2)}{\Delta\omega\tau/2}\cos\omega_0\tau$$

$$= \frac{\Delta\omega N_0}{2\pi}\mathrm{Sa}\left(\frac{\Delta\omega\tau}{2}\right)\cos\omega_0\tau \tag{3.7.9}$$

带通型带限白噪声的功率谱密度和自相关函数如图 3.9 所示。

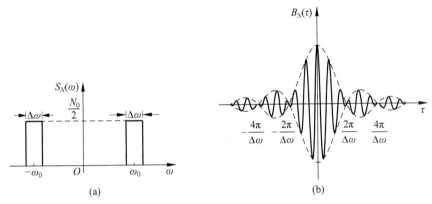

图 3.9　带通型带限白噪声的功率谱密度和自相关函数

还应指出,白噪声只是从随机过程的功率谱密度的角度来定义的,并未涉及随机过程的概率分布。因此可以有各种不同分布的白噪声。其中,正态分布的白噪声最为常见和重要。

若白噪声的 n 维概率密度都服从正态分布,则称此类白噪声为高斯白噪声。

3.7.4　色噪声

按功率谱密度函数的形式来区分随机过程,把除了白噪声以外的所有随机过程都称为有色噪声,简称色噪声,其功率谱密度函数必为频率的函数。下面给出一个色噪声的例子。

例 3.7　若 $N(t)$ 为宽平稳噪声信号,其自相关函数为

$$B_N(\tau) = A\mathrm{e}^{-3|\tau|}$$

其中 A 为常数。求其功率谱密度函数。

解：由维纳-辛钦定理,有

$$S_N(\omega) = \int_{-\infty}^{+\infty} A\mathrm{e}^{-3|\tau|}\,\mathrm{e}^{-\mathrm{j}\omega\tau}\,\mathrm{d}\tau = \int_{-\infty}^{0} A\mathrm{e}^{(3-\mathrm{j}\omega)\tau}\,\mathrm{d}\tau + \int_{0}^{+\infty} A\mathrm{e}^{-(3+\mathrm{j}\omega)\tau}\,\mathrm{d}\tau$$

$$= \frac{A}{3-\mathrm{j}\omega} + \frac{A}{3+\mathrm{j}\omega} = \frac{6A}{9+\omega^2}$$

由上看出，$S_N(\omega)$在频带内不为常数，故 $N(t)$ 为色噪声。$B_N(\tau)$ 和 $S_N(\omega)$ 如图 3.10
所示。

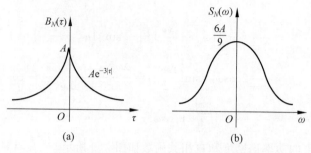

图 3.10 色噪声 $N(t)$ 的自相关函数和功率谱密度函数

习题

3.1 下面哪些函数是平稳随机过程功率谱密度的正确表达式？为什么？对正确的
功率谱密度表达式，求其自相关函数。

(1) $S_1(\omega) = \dfrac{\omega^2+9}{(\omega^2+2)(\omega+6)^2}$ (2) $S_2(\omega) = \dfrac{2\mathrm{j}\omega}{\omega^4+5\omega^2+6}$

(3) $S_3(\omega) = \dfrac{\omega^2+4}{\omega^4-3\omega^2+2}$ (4) $S_4(\omega) = \dfrac{\omega^3+3}{\omega^4+7\omega^2+10}$

(5) $S_6(\omega) = \dfrac{\omega^2+1}{\omega^4+3\omega^2+2}+\delta(\omega)$ (6) $S_5(\omega) = \dfrac{\mathrm{e}^{-\mathrm{j}\omega^4}}{\omega^2+5}$

3.2 已知平稳随机过程 $X(t)$ 的功率谱密度为

$$S_X(\omega) = \frac{\omega^2}{\omega^4+3\omega^2+2}$$

求 $X(t)$ 的平均功率。

3.3 已知平稳随机过程 $X(t)$ 的功率谱密度为

$$S_X(\omega) = \frac{\omega^2+4}{\omega^4+10\omega^2+9}$$

求随机过程 $X(t)$ 的自相关函数和平均功率。

3.4 已知平稳过程 $X(t)$ 的自相关函数为

$$B_X(\tau) = A\mathrm{e}^{-\alpha|\tau|}\cos\omega_0\tau \quad (\omega_0 \gg 0)$$

求随机过程 $X(t)$ 的功率谱密度，并画出功率谱密度的示意图。

3.5 已知平稳过程 $X(t)$ 的自相关函数为

$$B_X(\tau) = 4\mathrm{e}^{-|\tau|}\cos\pi\tau + \cos 3\pi\tau$$

求随机过程 $X(t)$ 的功率谱密度。

3.6 已知平稳过程 $X(t)$ 的自相关函数为

$$B_X(\tau) = \begin{cases} 1 - \dfrac{|\tau|}{T} & (-T < \tau < T) \\ 0 & (其他) \end{cases}$$

求随机过程 $X(t)$ 的功率谱密度。

3.7 设随机过程 $X(t) = a\cos(\omega t + \theta)$，其中 a 为常数，θ 是 $(0, 2\pi)$ 区间均匀分布的随机变量，ω 也是随机变量，它的概率密度函数为 $P(\omega)$，且为偶函数，ω 与 θ 相互独立。试求 $X(t)$ 的功率谱密度。

3.8 已知平稳随机过程的自相关函数为

(1) $B_X(\tau) = \sigma^2 e^{-a|\tau|}$ 　　　　　　　(2) $B_X(\tau) = \sigma^2(1 - a|\tau|)$ 　　$(|\tau| \leqslant 1/a)$

求其自相关时间和等效功率谱带宽。

3.9 一个零均值的随机过程 $X(t)$ 具有如题 3.9 图所示的三角形功率谱密度。试求：（1）平均功率；（2）自相关函数；（3）自相关时间和等效功率谱带宽。

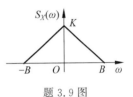

题 3.9 图

3.10 如题 3.10 图所示系统中，若输入 $X(t)$ 为平稳随机过程，系统的输出随机过程为 $Y(t) = X(t) + X(t - T)$。证明：$Y(t)$ 的功率谱密度为 $S_Y(\omega) = 2S_X(\omega)(1 + \cos\omega T)$。

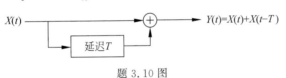

题 3.10 图

3.11 设周期性平稳随机过程 $X(t)$ 的自相关函数如题 3.11 图所示，其周期为 T。求该随机过程的功率谱密度，并画出功率谱密度的示意图。

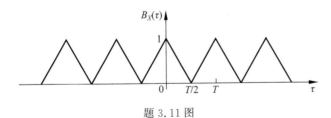

题 3.11 图

3.12 联合宽平稳随机过程 $X_1(t)$ 和 $X_2(t)$ 作用于线性时不变系统，输出响应为 $Y(t)$，系统的频率特性为 $H(\mathrm{j}\omega)$。证明：$Y(t)$ 的功率谱为

$$S_Y(\omega) = |H(\mathrm{j}\omega)|^2 [S_{X_1}(\omega) + S_{X_2}(\omega) + S_{X_1 X_2}(\omega) + S_{X_2 X_1}(\omega)]$$

3.13 设 $X(t)$ 和 $Y(t)$ 是两个相互独立的平稳随机过程，均值分别为常数 m_X 和 m_Y，且 $X(t)$ 的功率谱密度为 $S_X(\omega)$。定义 $Z(t) = X(t) + Y(t)$，求 $S_{XY}(\omega)$ 和 $S_{XZ}(\omega)$。

3.14 $X(t)$ 和 $Y(t)$ 是正交随机过程，证明：$S_{XY}(\omega) = 0$，$S_{YX}(\omega) = 0$。

3.15 若随机过程 $X(t)$ 和 $Y(t)$ 不相关，$X(t)$ 和 $Y(t)$ 的均值分别为常数 m_X、m_Y。证明：$S_{XY}(\omega) = S_{YX}(\omega) = 2\pi m_X m_Y \delta(\omega)$。

第4章

随机信号通过线性系统

前面讨论了随机过程的一般概念及其统计特性,从本章开始,将用这些概念讨论随机信号通过电子系统的问题。电子系统基本上可分为两大类:线性系统与非线性系统。本章研究随机信号通过线性系统的问题,随机信号通过非线性系统的问题将在第 6 章讨论。

当随机信号作用于线性系统时,系统的输出信号也是随机信号。对于随机信号而言,一般很难知道它的确切的函数形式。因此,随机信号通过线性系统的分析是在已知线性系统输入的随机信号的统计特性和给定线性系统的情况下,分析系统输出随机信号的统计特性。

4.1 线性系统的基本理论

为了便于学习本章的内容,首先对线性系统的基本理论进行简要回顾,并仅限于单输入和单输出的线性时不变系统,且系统是因果稳定的。

4.1.1 连续线性时不变系统

如图 4.1 所示的连续线性时不变系统,假设其输入信号 $x(t)$ 和输出响应 $y(t)$ 都是确知信号。

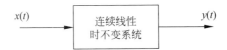

$$x(t) \rightarrow \boxed{\begin{array}{c}\text{连续线性}\\\text{时不变系统}\end{array}} \rightarrow y(t)$$

图 4.1   连续线性时不变系统

线性系统满足叠加原理,即:若线性系统对输入 $x_1(t)$ 的响应为 $y_1(t)$,对输入 $x_2(t)$ 的响应为 $y_2(t)$,则线性系统对输入 $ax_1(t)+bx_2(t)$(a、b 为常数)的响应为 $ay_1(t)+by_2(t)$。当作用于系统输入端的激励信号延迟一段时间 t_0 时,若系统的输出响应也同样延迟 t_0 时间,则这种系统称为时不变系统。

对于一个连续线性时不变系统,可以完整地用它的冲激响应 $h(t)$ 来表征系统的特性,而冲激响应 $h(t)$ 的傅里叶变换就是该系统的传输函数 $H(j\omega)$,即系统的冲激响应 $h(t)$ 与该系统的传输函数 $H(j\omega)$ 是一傅里叶变换对。

$$H(j\omega) = \int_{-\infty}^{+\infty} h(t) e^{-j\omega t} \, dt \tag{4.1.1}$$

$$h(t) = \frac{1}{2\pi} \int_{-\infty}^{+\infty} H(j\omega) e^{j\omega t} \, d\omega \tag{4.1.2}$$

设 $x(t)$ 是连续线性时不变系统的输入激励,则系统的输出响应 $y(t)$ 为

$$y(t) = \int_{-\infty}^{+\infty} x(v) h(t-v) dv = \int_{-\infty}^{+\infty} h(v) x(t-v) dv = x(t) * h(t) \tag{4.1.3}$$

即连续线性时不变系统的输出响应是系统输入激励和系统冲激响应函数的卷积。这就

是我们熟悉的时域分析法。

通过系统输出 $y(t)$ 的傅里叶变换,可以导出频域的相应特性。

设 $X(j\omega)$、$Y(j\omega)$ 和 $H(j\omega)$ 分别表示 $x(t)$、$y(t)$ 和 $h(t)$ 相应的傅里叶变换,则

$$
\begin{aligned}
Y(j\omega) &= \int_{-\infty}^{+\infty} y(t) e^{j\omega t} dt \\
&= \int_{-\infty}^{+\infty} \left[\int_{-\infty}^{+\infty} x(v) h(t-v) dv \right] e^{j\omega t} dt \\
&= \int_{-\infty}^{+\infty} x(v) \left[\int_{-\infty}^{+\infty} h(t-v) e^{-j\omega(t-v)} dt \right] e^{-j\omega v} dv \\
&= \int_{-\infty}^{+\infty} x(v) H(j\omega) e^{-j\omega v} dv \\
&= H(j\omega) X(j\omega)
\end{aligned}
\tag{4.1.4}
$$

式(4.1.4)说明,任何线性时不变系统响应的傅里叶变换,等于输入信号的傅里叶变换与系统冲激响应的傅里叶变换的乘积,即频域分析法将时域的卷积变成了频域的乘积。换句话说,线性时不变系统的传输函数 $H(j\omega)$ 等于系统输出响应的傅里叶变换与输入激励的傅里叶变换之比。

$$
H(j\omega) = \frac{Y(j\omega)}{X(j\omega)}
\tag{4.1.5}
$$

4.1.2 离散线性时不变系统

与连续线性时不变系统一样,满足叠加原理和时不变特性的离散系统称为离散线性时不变系统。当离散线性时不变系统的输入激励为单位抽样序列 $\delta(n)$ 时,

$$
\delta(n) = \begin{cases} 1 & (n=0) \\ 0 & (n \neq 0) \end{cases}
\tag{4.1.6}
$$

系统的响应为单位抽样响应 $h(n)$。对于离散线性时不变系统,可以完整地用它的单位抽样响应 $h(n)$ 来表征系统的特性。而单位抽样响应 $h(n)$ 的离散傅里叶变换就是该系统的传输函数 $H(j\omega)$,即系统的单位抽样响应 $h(n)$ 与该系统的传输函数 $H(j\omega)$ 是一傅里叶变换对。

$$
H(j\omega) = \sum_{n=-\infty}^{+\infty} h(n) e^{-j\omega n}
\tag{4.1.7}
$$

$$
h(n) = \frac{1}{2\pi} \int_{-\pi}^{+\pi} H(j\omega) e^{j\omega n} d\omega
\tag{4.1.8}
$$

设 $x(n)$ 是离散线性时不变系统的输入激励,则系统的输出响应 $y(n)$ 为

$$
\begin{aligned}
y(n) &= \sum_{k=-\infty}^{+\infty} x(k) h(n-k) = \sum_{k=-\infty}^{+\infty} x(n-k) h(k) \\
&= x(n) * h(n)
\end{aligned}
\tag{4.1.9}
$$

式(4.1.9)表明,离散系统的输出响应是系统输入激励 $x(n)$ 和其单位抽样响应 $h(n)$ 的

卷积和。这是离散线性时不变系统的时域分析法。

设 $X(j\omega)$、$Y(j\omega)$ 分别表示 $x(n)$、$y(n)$ 的离散傅里叶变换，即

$$X(j\omega) = \sum_{n=-\infty}^{+\infty} x(n) e^{-j\omega n} \tag{4.1.10}$$

$$Y(j\omega) = \sum_{n=-\infty}^{+\infty} y(n) e^{-j\omega n} \tag{4.1.11}$$

则

$$Y(j\omega) = H(j\omega) X(j\omega) \tag{4.1.12}$$

式(4.1.12)即是离散线性时不变系统的频域分析法，它表明离散线性时不变系统响应的频谱，等于输入信号的频谱与传输函数 $H(j\omega)$ 的乘积。

令 $z = e^{j\omega}$，则有

$$Y(z) = H(z) X(z) \tag{4.1.13}$$

其中，

$$X(z) = \sum_{n=-\infty}^{+\infty} x(n) z^{-n} \tag{4.1.14}$$

$$Y(z) = \sum_{n=-\infty}^{+\infty} y(n) z^{-n} \tag{4.1.15}$$

$$H(z) = \sum_{n=-\infty}^{+\infty} h(n) z^{-n} \tag{4.1.16}$$

4.2 随机信号通过连续时不变线性系统的分析

4.2.1 系统的输出

由线性系统基本理论可知，当连续线性时不变系统输入为确知信号 $x(t)$ 时，则可由式(4.1.3)的卷积积分得到线性时不变系统的输出响应 $y(t)$。又由前面对随机信号的讨论可知，一个随机信号 $X(t)$ 是大量样本函数的集合，而每一个样本函数 $x(t)$ 是一个确知函数。因此，当任一样本函数 $x(t)$ 输入线性时不变系统时，对应样本函数 $x(t)$ 的输出响应 $y(t)$ 可直接利用式(4.1.3)得到，即

$$y(t) = \int_{-\infty}^{+\infty} x(t-\nu) h(\nu) d\nu = \int_{-\infty}^{+\infty} x(\nu) h(t-\nu) d\nu \tag{4.2.1}$$

对于组成随机过程 $X(t)$ 的所有样本函数，就可在系统输出端得到相应的一簇样本函数，这簇样本函数就构成了系统输出信号 $Y(t)$。因此，系统对随机信号 $X(t)$ 的响应 $Y(t)$ 也是一个随机信号，可以表示为

$$Y(t) = \int_{-\infty}^{+\infty} X(t-\nu) h(\nu) d\nu = \int_{-\infty}^{+\infty} X(\nu) h(t-\nu) d\nu$$
$$= X(t) * h(t) \tag{4.2.2}$$

即对于具有输入随机信号的线性时不变系统,可按式(4.2.2)确定它的输出随机信号 $Y(t)$。

例 4.1 设确定性随机信号为

$$X(t) = A\cos(20t + \theta)$$

其中,A、θ 都是随机变量。将随机信号 $X(t)$ 输入到单位冲激响应为 $h(t) = 10\mathrm{e}^{-10t}u(t)$ 的系统的输入端,求系统输出随机信号的表达式。

解:由式(4.2.2)得

$$
\begin{aligned}
Y(t) = h(t) * X(t) &= \int_{-\infty}^{+\infty} h(t-u)X(u)\mathrm{d}u \\
&= \int_{-\infty}^{+\infty} 10\mathrm{e}^{-10(t-u)}u(t-u)X(u)\mathrm{d}u \\
&= \int_{-\infty}^{t} 10\mathrm{e}^{-10(t-u)}A\cos(20u + \theta)\mathrm{d}u \\
&= 10A\mathrm{e}^{-10t}\int_{-\infty}^{t} \mathrm{e}^{10u}\cos(20u + \theta)\mathrm{d}u
\end{aligned}
$$

而

$$
\begin{aligned}
\int_{-\infty}^{t} \mathrm{e}^{10u}\cos(20u + \theta)\mathrm{d}u &= \frac{1}{10}\int_{-\infty}^{t} \cos(20u + \theta)\mathrm{d}(\mathrm{e}^{10u}) \\
&= \frac{1}{10}\left\{ \mathrm{e}^{10u}\cos(20u + \theta)\Big|_{-\infty}^{t} - \int_{-\infty}^{t} \mathrm{e}^{10u}[-\sin(20u + \theta)]20\mathrm{d}u \right\} \\
&= \frac{1}{10}\mathrm{e}^{10t}\cos(20t + \theta) + \frac{1}{5}\int_{-\infty}^{t} \sin(20u + \theta)\mathrm{d}(\mathrm{e}^{10u}) \\
&= \frac{1}{10}\mathrm{e}^{10t}\cos(20t + \theta) + \frac{1}{5}\bigg[\mathrm{e}^{10t}\sin(20t + \theta) - \\
&\qquad \int_{-\infty}^{t} \mathrm{e}^{10u}\cos(20u + \theta)20\mathrm{d}u\bigg] \\
&= \frac{1}{10}\mathrm{e}^{10t}\cos(20t + \theta) + \frac{1}{5}\mathrm{e}^{10t}\sin(20t + \theta) - \\
&\qquad 4\int_{-\infty}^{t} \mathrm{e}^{10u}\cos(20u + \theta)\mathrm{d}u
\end{aligned}
$$

即

$$\int_{-\infty}^{t} \mathrm{e}^{10u}\cos(20u + \theta)\mathrm{d}u = \frac{\mathrm{e}^{10t}}{50}[\cos(20t + \theta) + 2\sin(20t + \theta)]$$

所以,系统输出随机信号为

$$Y(t) = \frac{A}{5}[\cos(20t + \theta) + 2\sin(20t + \theta)]$$

4.2.2 时域分析法

在实际中,经常不知道线性系统输入随机信号的表示式,而仅知道输入随机信号的某些统计特性,要求能够得到系统输出响应的统计特性。例如已知输入随机信号的均值和相关函数,求输出随机信号的统计特性。下面对这类问题进行分析,建立线性时不变系统对随机信号均值和相关函数的响应。

1. 系统输出响应的均值

由式(4.2.2)得

$$E[Y(t)] = E\left[\int_{-\infty}^{+\infty} X(t-\nu)h(\nu)\mathrm{d}\nu\right] = \int_{-\infty}^{+\infty} E[X(t-\nu)]h(\nu)\mathrm{d}\nu = E[X(t)] * h(t) \tag{4.2.3}$$

设系统输入随机信号 $X(t)$ 为宽平稳的,则有

$$E[X(t)] = m_X \quad (m_X \text{ 为常数})$$

所以,系统输出的均值为

$$E[Y(t)] = m_X \int_{-\infty}^{+\infty} h(\nu)\mathrm{d}\nu \tag{4.2.4}$$

显然,系统输出随机信号的均值也是与时间无关的常数。

因为

$$H(\mathrm{j}\omega) = \int_{-\infty}^{+\infty} h(t)\mathrm{e}^{-\mathrm{j}\omega t}\,\mathrm{d}t$$

所以,式(4.2.4)又可以表示为

$$E[Y(t)] = m_X \int_{-\infty}^{+\infty} h(\nu)\mathrm{d}\nu = m_X H(0) \tag{4.2.5}$$

2. 系统输出的均方值

根据均方值的定义,有

$$\begin{aligned}
E[Y^2(t)] &= E[Y(t)Y(t)] \\
&= E\left[\int_{-\infty}^{+\infty} X(t-\nu)h(\nu)\mathrm{d}\nu \int_{-\infty}^{+\infty} X(t-\sigma)h(\sigma)\mathrm{d}\sigma\right] \\
&= \int_{-\infty}^{+\infty}\int_{-\infty}^{+\infty} E[X(t-\nu)X(t-\sigma)]h(\nu)h(\sigma)\mathrm{d}\nu\mathrm{d}\sigma
\end{aligned} \tag{4.2.6}$$

设系统输入 $X(t)$ 为宽平稳的,则有

$$E[X(t-\nu)X(t-\sigma)] = B_X(\nu-\sigma)$$

于是,系统输出的均方值为

$$E[Y^2(t)] = \int_{-\infty}^{+\infty}\int_{-\infty}^{+\infty} B_X(\nu-\sigma)h(\nu)h(\sigma)\mathrm{d}\nu\mathrm{d}\sigma \tag{4.2.7}$$

通常式(4.2.7)的计算是很复杂的。

3. 系统输出的自相关函数

根据随机过程自相关函数的定义,线性系统输出随机信号 $Y(t)$ 的自相关函数为

$$B_Y(t, t+\tau) = E[Y(t)Y(t+\tau)]$$

$$= E\left[\int_{-\infty}^{+\infty} X(t-\nu)h(\nu)\mathrm{d}\nu \int_{-\infty}^{+\infty} X(t+\tau-\sigma)h(\sigma)\mathrm{d}\sigma\right]$$

$$= \int_{-\infty}^{+\infty}\int_{-\infty}^{+\infty} E[X(t-\nu)X(t+\tau-\sigma)]h(\nu)h(\sigma)\mathrm{d}\nu\mathrm{d}\sigma \qquad (4.2.8)$$

设系统输入 $X(t)$ 是宽平稳的，则有

$$E[X(t-\nu)X(t+\tau-\sigma)] = B_X(\tau+\nu-\sigma)$$

于是

$$B_Y(t,t+\tau) = \int_{-\infty}^{+\infty}\int_{-\infty}^{+\infty} B_X(\tau+\nu-\sigma)h(\nu)h(\sigma)\mathrm{d}\nu\mathrm{d}\sigma = B_Y(\tau) \qquad (4.2.9)$$

所以，由式(4.2.5)和式(4.2.9)知，当一个宽平稳随机信号输入到线性时不变系统时，其输出随机信号也是宽平稳的。实际上，若线性时不变系统的输入随机信号是严平稳的，则系统的输出随机信号将是严平稳的；若输入随机信号是各态历经过程，则输出随机信号也将是各态历经过程。

对式(4.2.9)中的变量 σ 进行代换，令 $t=\sigma-\nu$，$\mathrm{d}t=\mathrm{d}\sigma$，则有

$$B_Y(\tau) = \int_{-\infty}^{+\infty}\left[B_X(\tau-t)\int_{-\infty}^{+\infty} h(\nu)h(t+\nu)\mathrm{d}\nu\right]\mathrm{d}t \qquad (4.2.10)$$

令

$$\beta_h(\tau) = \int_{-\infty}^{+\infty} h(t)h(t+\tau)\mathrm{d}t = h(\tau) * h(-\tau) \qquad (4.2.11)$$

则有

$$B_Y(\tau) = \int_{-\infty}^{+\infty} B_X(\tau-t)\beta_h(t)\mathrm{d}t = \int_{-\infty}^{+\infty} B_X(t)\beta_h(\tau-t)\mathrm{d}t$$

$$= B_X(\tau) * \beta_h(\tau) = B_X(\tau) * h(\tau) * h(-\tau) \qquad (4.2.12)$$

由式(4.2.12)可知，输出随机信号的自相关函数 $B_Y(\tau)$ 是输入随机信号的自相关函数 $B_X(\tau)$ 与系统冲激响应函数的自相关积分 $\beta_h(\tau)$ 的卷积。

由于自相关函数是偶函数，自相关积分当然也是偶函数，即

$$\beta_h(\tau) = \beta_h(-\tau) \qquad (4.2.13)$$

将式(4.2.12)中的变量 t 进行代换，令 $t'=t-\tau$，$\mathrm{d}t'=\mathrm{d}t$，则有

$$B_Y(\tau) = \int_{-\infty}^{+\infty} B_X(t'+\tau)\beta_h(-t')\mathrm{d}t' = \int_{-\infty}^{+\infty} B_X(t'+\tau)\beta_h(t')\mathrm{d}t'$$

$$= \int_{-\infty}^{+\infty} \beta_h(t)B_X(t+\tau)\mathrm{d}t \qquad (4.2.14)$$

式(4.2.14)说明 $B_Y(\tau)$ 又是 $B_X(\tau)$ 与 $\beta_h(\tau)$ 的相关积分，这是因为 $B_X(\tau)$ 与 $\beta_h(\tau)$ 都是偶函数，而两个偶函数的卷积积分等于它们的相关积分。

4. 系统输入与输出之间的互相关函数

根据互相关函数的定义，有

$$B_{XY}(t,t+\tau) = E[X(t)Y(t+\tau)] = E\left[X(t)\int_{-\infty}^{+\infty} X(t+\tau-\sigma)h(\sigma)\mathrm{d}\sigma\right]$$

$$(4.2.15)$$

设系统输入 $X(t)$ 是宽平稳的,则有

$$E[X(t)X(t+\tau-\sigma)]=B_X(\tau-\sigma)$$

于是

$$B_{XY}(\tau)=\int_{-\infty}^{+\infty}B_X(\tau-\sigma)h(\sigma)\mathrm{d}\sigma=B_X(\tau)*h(\tau) \tag{4.2.16}$$

即输入、输出的互相关函数等于输入过程的自相关函数与系统冲激响应函数的卷积。

同理可得

$$B_{YX}(\tau)=\int_{-\infty}^{+\infty}B_X(\tau-\sigma)h(-\sigma)\mathrm{d}\sigma=B_X(\tau)*h(-\tau) \tag{4.2.17}$$

由式(4.2.16)和式(4.2.17)可知,互相关函数只与时间间隔 τ 有关,而与时刻 t 无关。这样,当系统输入 $X(t)$ 为宽平稳时,由于系统输出 $Y(t)$ 也为宽平稳的,所以,$X(t)$ 和 $Y(t)$ 是联合宽平稳的。

将式(4.2.16)代入式(4.2.12),可得到自相关函数与互相关函数的关系式为

$$B_Y(\tau)=B_{XY}(\tau)*h(-\tau) \tag{4.2.18}$$

同理,将式(4.2.17)代入式(4.2.12)得

$$B_Y(\tau)=B_{YX}(\tau)*h(\tau) \tag{4.2.19}$$

例 4.2 设白噪声 $N(t)$ 的自相关函数为 $B_N(\tau)=\dfrac{N_0}{2}\delta(\tau)$。将其加到单位冲激响应为 $h(t)=b\mathrm{e}^{-bt}u(t)$ 的系统输入端($b>0$),求:(1)输出的自相关函数;(2)输出平均功率;(3)输入与输出之间的互相关函数 $B_{NY}(\tau)$ 和 $B_{YN}(\tau)$。

解:系统冲激响应的自相关积分为

$$\beta_h(\tau)=\int_{-\infty}^{+\infty}h(t)h(t+\tau)\mathrm{d}t=\int_{-\infty}^{+\infty}b\mathrm{e}^{-bt}u(t)b\mathrm{e}^{-b(t+\tau)}u(t+\tau)\mathrm{d}t$$

当 $\tau\geqslant0$ 时,有

$$\beta_h(\tau)=b^2\mathrm{e}^{-b\tau}\int_0^{+\infty}\mathrm{e}^{-2bt}\mathrm{d}t=\frac{b}{2}\mathrm{e}^{-b\tau}$$

由于自相关积分的偶对称性,则当 $\tau<0$ 时,有

$$\beta_h(\tau)=\frac{b}{2}\mathrm{e}^{b\tau}$$

所以,系统冲激响应的自相关积分为

$$\beta_h(\tau)=\frac{b}{2}\mathrm{e}^{-b|\tau|}$$

因此,系统输出的自相关函数为

$$B_Y(\tau)=B_N(\tau)*\beta_h(\tau)=\frac{N_0}{2}\delta(\tau)*\frac{b}{2}\mathrm{e}^{-b|\tau|}=\frac{N_0b}{4}\mathrm{e}^{-b|\tau|}$$

系统输出平均功率为

$$E[Y^2(t)]=B_Y(0)=\frac{N_0b}{4}$$

输入与输出间互相关函数为

$$B_{NY}(\tau) = B_N(\tau) * h(\tau) = \frac{N_0}{2}\delta(\tau) * b\mathrm{e}^{-b\tau}u(\tau) = \frac{N_0 b}{2}\mathrm{e}^{-b\tau}u(\tau)$$

$$B_{YN}(\tau) = B_N(\tau) * h(-\tau) = \frac{N_0}{2}\delta(\tau) * b\mathrm{e}^{b\tau}u(-\tau) = \frac{N_0 b}{2}\mathrm{e}^{b\tau}u(-\tau)$$

4.2.3 频域分析法

在频域分析中,当确知信号输入连续线性时不变系统时,常常利用傅里叶变换这一有效工具分析系统输出的响应,即输出响应的频谱等于输入确知信号的频谱与系统传输函数之积,这样,避免了时域分析中计算卷积积分所遇到的困难。但是,在系统输入为随机信号的情况下,由于随机信号样本函数不满足绝对可积,其傅里叶变换不存在,因而也就无法直接求得输出随机信号样本函数的傅里叶变换。然而,当系统输入为宽平稳随机信号时,其输出也是宽平稳的,输入和输出的功率谱密度是存在的,这样就可以利用傅里叶变换分析系统输出功率谱密度和输入功率谱密度之间的关系。下面就讨论这个问题。

1. 系统输出的功率谱密度函数

对于传输函数为 $H(\mathrm{j}\omega)$ 的线性时不变系统,设输入、输出宽平稳随机信号 $X(t)$ 和 $Y(t)$ 的功率谱密度分别为 $S_X(\omega)$ 和 $S_Y(\omega)$。因为

$$B_Y(\tau) = B_X(\tau) * h(\tau) * h(-\tau)$$

由卷积定理可得,系统输出的功率谱密度函数为

$$S_Y(\omega) = S_X(\omega)H(\mathrm{j}\omega)H(-\mathrm{j}\omega) = |H(\mathrm{j}\omega)|^2 S_X(\omega) \tag{4.2.20}$$

式中,系统传输函数模的平方 $|H(\mathrm{j}\omega)|^2$ 称为系统的功率传输函数。

$$|H(\mathrm{j}\omega)|^2 = H(\mathrm{j}\omega)H(-\mathrm{j}\omega) \tag{4.2.21}$$

式(4.2.20)表明,系统输出的功率谱密度等于输入功率谱密度与系统功率传输函数之积。输出功率谱密度只与系统的幅频特性有关,而与相频特性无关。

可以证明,系统冲激响应函数的自相关积分与其功率传输函数是一傅里叶变换对,即

$$\beta_h(\tau) \longleftrightarrow |H(\mathrm{j}\omega)|^2 \tag{4.2.22}$$

2. 系统输入与输出之间的互功率谱密度

类似地,由于系统输入与输出之间的互相关函数为

$$B_{XY}(\tau) = B_X(\tau) * h(\tau)$$

$$B_{YX}(\tau) = B_X(\tau) * h(-\tau)$$

由卷积定理可得,系统输入与输出之间的互功率谱密度为

$$S_{XY}(\omega) = H(\mathrm{j}\omega)S_X(\omega) \tag{4.2.23}$$

$$S_{YX}(\omega) = H(-\mathrm{j}\omega)S_X(\omega) \tag{4.2.24}$$

利用式(4.2.20)、式(4.2.23)和式(4.2.24),可将系统输出的功率谱密度函数表示为

$$S_Y(\omega) = H(-\mathrm{j}\omega)S_{XY}(\omega) \tag{4.2.25}$$

$$S_Y(\omega) = H(j\omega)S_{YX}(\omega) \qquad (4.2.26)$$

例 4.3 用频域分析法重新求解例4.2。

解：由于输入白噪声的自相关函数为

$$B_N(\tau) = \frac{N_0}{2}\delta(\tau)$$

则其功率谱密度为

$$S_N(\omega) = \frac{N_0}{2}$$

系统的传输函数为

$$H(j\omega) = \int_{-\infty}^{+\infty} h(t)e^{-j\omega t}\,dt = \int_0^{+\infty} b e^{-bt} e^{-j\omega t}\,dt = \frac{b}{b+j\omega}$$

所以，系统输出的功率谱密度为

$$S_Y(\omega) = |H(j\omega)|^2 S_N(\omega) = \frac{N_0 b^2}{2(b^2+\omega^2)}$$

其自相关函数为

$$B_Y(\tau) = \frac{1}{2\pi}\int_{-\infty}^{+\infty} S_Y(\omega)e^{j\omega\tau}\,d\omega = \frac{1}{2\pi}\int_{-\infty}^{+\infty} \frac{N_0 b^2}{2(b^2+\omega^2)}e^{j\omega\tau}\,d\omega = \frac{N_0 b}{4}e^{-b|\tau|}$$

系统输出平均功率为

$$E[Y^2(t)] = B_Y(0) = \frac{N_0 b}{4}$$

系统输入与输出间的互功率谱密度为

$$S_{NY}(\omega) = H(j\omega)S_N(\omega) = \frac{N_0 b}{2(b+j\omega)}$$

$$S_{YN}(\omega) = H(-j\omega)S_N(\omega) = \frac{N_0 b}{2(b-j\omega)}$$

其输入与输出间互相关函数为

$$B_{NY}(\tau) = \frac{1}{2\pi}\int_{-\infty}^{+\infty} S_{NY}(\omega)e^{j\omega\tau}\,d\omega = \frac{1}{2\pi}\int_{-\infty}^{+\infty} \frac{N_0 b}{2(b+j\omega)}e^{j\omega\tau}\,d\omega = \frac{N_0 b}{2}e^{-b\tau}u(\tau)$$

$$B_{YN}(\tau) = \frac{1}{2\pi}\int_{-\infty}^{+\infty} S_{YN}(\omega)e^{j\omega\tau}\,d\omega = \frac{1}{2\pi}\int_{-\infty}^{+\infty} \frac{N_0 b}{2(b-j\omega)}e^{j\omega\tau}\,d\omega = \frac{N_0 b}{2}e^{b\tau}u(-\tau)$$

4.3 离散随机信号通过离散线性时不变系统的分析

4.3.1 系统的输出

当离散线性时不变系统输入为确知时间离散信号 $x(n)$ 时，则可由式(4.1.9)的卷积和得到线性的响应 $y(n)$。而离散随机信号每一个样本函数 $x(n)$ 是一个确知函数。因此，当任意样本函数 $x(n)$ 输入离散线性时不变系统时，对应样本函数 $x(n)$ 的输出响应

$y(n)$可直接利用式(4.1.9)得到,即

$$y(n) = \sum_{k=-\infty}^{+\infty} x(k)h(n-k) = \sum_{k=-\infty}^{+\infty} x(n-k)h(k) = x(n) * h(n) \quad (4.3.1)$$

对于组成随机信号$X(n)$的所有样本函数,就可在系统输出端得到相应的一簇样本函数,这簇样本函数就构成了系统输出随机信号$Y(n)$。因此,系统对离散随机信号$X(n)$的响应$Y(n)$也是一个离散随机信号,可以表示为

$$Y(n) = \sum_{k=-\infty}^{+\infty} X(k)h(n-k) = \sum_{k=-\infty}^{+\infty} X(n-k)h(k) = X(n) * h(n) \quad (4.3.2)$$

即对于具有输入随机信号$X(n)$的离散线性时不变系统,可按式(4.3.2)确定它的输出随机信号$Y(n)$。

4.3.2 时域分析法

同样,在实际中,经常仅知道离散随机信号的某些统计特性,希望能够得到系统输出的统计特性。

1. 系统输出的均值

由式(4.3.2)得

$$E[Y(n)] = E\Big[\sum_{k=-\infty}^{+\infty} X(n-k)h(k)\Big] = \sum_{k=-\infty}^{+\infty} E[X(n-k)]h(k) = E[X(n)] * h(n)$$

$$(4.3.3)$$

若系统输入离散随机信号$X(n)$是平稳的,则有

$$E[X(n)] = m_{X_n} \quad (m_{X_n} \text{ 为常数})$$

所以,系统输出的均值为

$$E[Y(n)] = m_{X_n} \sum_{k=-\infty}^{+\infty} h(k) \quad (4.3.4)$$

显然,系统输出随机信号的均值也是与时间无关的常数。

因为

$$H(j\omega) = \sum_{n=-\infty}^{+\infty} h(n)e^{-j\omega n}$$

所以,式(4.3.4)又可以表示为

$$E[Y(n)] = m_{X_n} \sum_{k=-\infty}^{+\infty} h(k) = m_X H(0) \quad (4.3.5)$$

2. 系统输出的均方值

根据均方值的定义,有

$$E[Y^2(n)] = E[Y(n)Y(n)] = E\Big[\sum_{k=-\infty}^{+\infty} X(n-k)h(k) \sum_{l=-\infty}^{+\infty} X(n-l)h(l)\Big]$$

$$= \sum_{k=-\infty}^{+\infty} \sum_{l=-\infty}^{+\infty} E\left[X(n-k)X(n-l)\right]h(k)h(l) \tag{4.3.6}$$

设系统输入 $X(n)$ 是平稳的,则有

$$E\left[X(n-k)X(n-l)\right] = B_X(k-l)$$

于是,系统输出的均方值为

$$E\left[Y^2(n)\right] = \sum_{k=-\infty}^{+\infty} \sum_{l=-\infty}^{+\infty} B_X(k-l)h(k)h(l) \tag{4.3.7}$$

3. 系统输出的自相关函数

根据离散随机序列自相关函数的定义,离散线性时不变系统的输出离散随机信号 $Y(n)$ 的自相关函数为

$$B_Y(n,n+m) = E\left[Y(n)Y(n+m)\right]$$

$$= E\left[\sum_{k=-\infty}^{+\infty} X(n-k)h(k) \sum_{l=-\infty}^{+\infty} X(n+m-l)h(l)\right]$$

$$= \sum_{k=-\infty}^{+\infty} \sum_{l=-\infty}^{+\infty} E\left[X(n-k)X(n+m-l)\right]h(k)h(l) \tag{4.3.8}$$

设系统输入 $X(n)$ 是平稳的,则有

$$E\left[X(n-k)X(n+m-l)\right] = B_X(m+k-l)$$

于是

$$B_Y(n,n+m) = \sum_{k=-\infty}^{+\infty} \sum_{l=-\infty}^{+\infty} B_X(m+k-l)h(k)h(l) = B_Y(m) \tag{4.3.9}$$

所以,由式(4.3.5)和式(4.3.9)知,当一个宽平稳离散随机信号输入到离散线性时不变系统时,其输出离散随机信号也是宽平稳的。实际上,若离散线性时不变系统的输入离散随机信号是严平稳的,则系统的输出离散随机信号也将是严平稳的;若输入离散随机信号是各态历经过程,则输出离散随机信号也将是各态历经过程。

对式(4.3.9)中的变量 l 进行代换,令 $n=l-k$,则有

$$B_Y(m) = \sum_{n=-\infty}^{+\infty} B_X(m-n) \sum_{k=-\infty}^{+\infty} h(k)h(n+k) \tag{4.3.10}$$

令

$$\beta_h(n) = \sum_{k=-\infty}^{+\infty} h(k)h(n+k) = h(n) * h(-n) \tag{4.3.11}$$

则有

$$B_Y(m) = \sum_{n=-\infty}^{+\infty} B_X(m-n)\beta_h(n) = \sum_{n=-\infty}^{+\infty} B_X(n)\beta_h(m-n)$$

$$= B_X(m) * \beta_h(m) = B_X(m) * h(m) * h(-m) \tag{4.3.12}$$

4. 系统输入与输出之间的互相关函数

根据互相关函数的定义,有

$$B_{XY}(n, n+m) = E[X(n)Y(n+m)] = E\left[X(n)\sum_{l=-\infty}^{+\infty}X(n+m-l)h(l)\right]$$

$$= \sum_{l=-\infty}^{+\infty}E[X(n)X(n+m-l)]h(l) \tag{4.3.13}$$

设系统输入离散随机信号 $X(n)$ 是宽平稳的,则有

$$E[X(n)X(n+m-l)] = B_X(m-l)$$

于是

$$B_{XY}(m) = \sum_{l=-\infty}^{+\infty}B_X(m-l)h(l) = B_X(m) * h(m) \tag{4.3.14}$$

即输入与输出之间的互相关函数等于离散随机信号的自相关函数与系统冲激响应函数的卷积。

同理可得

$$B_{YX}(m) = \sum_{l=-\infty}^{+\infty}B_X(m-l)h(-l) = B_X(m) * h(-m) \tag{4.3.15}$$

由式(4.3.14)和式(4.3.15)可知,互相关函数只与时间间隔 m 有关,而与时刻 n 无关。这样,当系统输入离散随机信号 $X(n)$ 为宽平稳时,由于系统输出 $Y(n)$ 也为宽平稳的,所以,$X(n)$ 和 $Y(n)$ 是联合宽平稳的。

将式(4.3.14)代入式(4.3.12),可得到自相关函数与互相关函数的关系式为

$$B_Y(m) = B_{XY}(m) * h(-m) \tag{4.3.16}$$

同理,将式(4.3.15)代入式(4.3.12),得

$$B_Y(m) = B_{YX}(m) * h(m) \tag{4.3.17}$$

4.3.3 频域分析法

1. 系统输出的功率谱密度函数

对于传输函数为 $H(j\omega)$ 的离散线性时不变系统,设输入、输出宽平稳随机信号 $X(n)$ 和 $Y(n)$ 的功率谱密度分别为 $S_X(\omega)$ 和 $S_Y(\omega)$。因为

$$B_Y(m) = B_X(m) * h(m) * h(-m)$$

由卷积定理可得,系统输出的功率谱密度函数为

$$S_Y(\omega) = S_X(\omega)H(j\omega)H(-j\omega) = |H(j\omega)|^2 S_X(\omega) \tag{4.3.18}$$

式中,传输函数模的平方 $|H(j\omega)|^2$ 称为离散线性时不变系统的功率传输函数。

$$|H(j\omega)|^2 = H(j\omega)H(-j\omega) \tag{4.3.19}$$

式(4.3.18)表明,系统输出的功率谱密度等于输入功率谱密度与系统功率传输函数之积。输出功率谱密度只与系统的幅频特性有关,而与相频特性无关。

2. 系统输入与输出之间的互功率谱密度

类似地,由于系统输入与输出之间的互相关函数为

$$B_{XY}(m) = B_X(m) * h(m)$$

$$B_{YX}(m) = B_X(m) * h(-m)$$

由卷积定理可得,系统输入与输出之间的互功率谱密度为

$$S_{XY}(\omega) = H(j\omega)S_X(\omega) \tag{4.3.20}$$

$$S_{YX}(\omega) = H(-j\omega)S_X(\omega) \tag{4.3.21}$$

利用式(4.3.18)、式(4.3.20)和式(4.3.21),可将系统输出的功率谱密度函数表示为

$$S_Y(\omega) = H(-j\omega)S_{XY}(\omega) \tag{4.3.22}$$

$$S_Y(\omega) = H(j\omega)S_{YX}(\omega) \tag{4.3.23}$$

4.4 白噪声通过低频线性系统

白噪声是具有均匀功率谱的平稳随机过程,它是在系统分析中一个理想化的噪声模型,可以近似地代表在远大于系统通频带的频带上其功率谱保持一常数的实际噪声。这样做可以简化系统分析而不影响结果的准确性。

设低频线性系统的传输函数为 $H(j\omega)$,其输入白噪声的功率谱密度为

$$S_N(\omega) = \frac{N_0}{2}$$

则系统输出响应的功率谱密度为

$$S_Y(\omega) = |H(j\omega)|^2 \frac{N_0}{2} \tag{4.4.1}$$

输出响应的平均功率为

$$E[Y^2(t)] = \frac{N_0}{4\pi}\int_{-\infty}^{+\infty} |H(j\omega)|^2 d\omega \tag{4.4.2}$$

输出响应的自相关函数为

$$B_Y(\tau) = \frac{N_0}{4\pi}\int_{-\infty}^{+\infty} |H(j\omega)|^2 e^{j\omega\tau} d\omega = \frac{N_0}{2}\int_{-\infty}^{+\infty} h(t)h(t+\tau)dt \tag{4.4.3}$$

可以看出,当输入具有均匀功率谱的白噪声时,系统输出随机信号的功率谱密度不再为常数,而由系统的幅频特性$|H(j\omega)|$决定。因为系统都具有一定的选择性,系统只允许与其频率特性一致的频率分量通过。

一般而言,当系统传输函数 $H(j\omega)$ 比较复杂时,上述分析计算是很困难的。下面将讨论理想低通滤波器和 RC 低通滤波器的情况,并引出一个重要概念——等效噪声带宽。

4.4.1 白噪声通过理想低通滤波器

若白噪声 $N(t)$ 通过一个如图 4.2 所示的理想低通滤波器。理想低通滤波器具有如下的频率特性:

$$H(j\omega) = \begin{cases} 1 & (|\omega| \leqslant \Delta\omega) \\ 0 & (|\omega| > \Delta\omega) \end{cases} \tag{4.4.4}$$

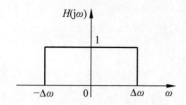

图 4.2 理想低通滤波器的传输函数

那么理想低通滤波器输出响应 $Y(t)$ 的功率谱密度为

$$S_Y(\omega) = |H(j\omega)|^2 S_N(\omega) = \begin{cases} \dfrac{N_0}{2} & (|\omega| \leqslant \Delta\omega) \\ 0 & (|\omega| > \Delta\omega) \end{cases}$$

(4.4.5)

可见,白噪声通过低通滤波器后,其输出功率谱变窄。此时,输出随机信号 $Y(t)$ 的等效功率谱带宽与理想低通滤波器的带宽 $\Delta\omega$ 相等。

输出响应的自相关函数为

$$B_Y(\tau) = \frac{1}{\pi} \int_0^{+\infty} S_Y(\omega) \cos\omega\tau \, d\omega = \frac{1}{\pi} \int_0^{\Delta\omega} \frac{N_0}{2} \cos\omega\tau \, d\omega$$

$$= N_0 \frac{\sin\Delta\omega\tau}{2\pi\tau} = \frac{N_0 \Delta\omega}{2\pi} \mathrm{Sa}(\Delta\omega\tau)$$

(4.4.6)

输出响应的平均功率为

$$E[Y^2(t)] = B_Y(0) = \frac{N_0 \Delta\omega}{2\pi}$$

(4.4.7)

从式(4.4.7)看出,输出随机信号的功率与滤波器的带宽 $\Delta\omega$ 成正比。若白噪声是一种噪声干扰,则增加滤波器的带宽,输出噪声功率将线性增加,信噪比就会降低。

输出随机过程 $Y(t)$ 的自相关时间为

$$\tau_k = \frac{S_Y(0)}{2B_Y(0)} = \frac{\dfrac{N_0}{2}}{2\dfrac{N_0 \Delta\omega}{2\pi}} = \frac{\pi}{2\Delta\omega}$$

(4.4.8)

从式(4.4.8)可以看出,输出随机信号的自相关时间与系统带宽成反比。这就是说,系统带宽越宽,则自相关时间越小,输出随机信号随时间起伏变化越剧烈;反之,系统带宽越窄,则自相关时间越大,输出随机信号随时间变化就越缓慢。这是很容易理解的,若系统带宽越宽,输出的高频成分将增加,等效功率谱带宽度 Δf 也将相应增加,τ_k 自然下降。

4.4.2　白噪声通过 RC 低通滤波器

如图 4.3 所示的 RC 低通滤波器,其传输函数为

$$H(j\omega) = \frac{\dfrac{1}{j\omega C}}{R + \dfrac{1}{j\omega C}} = \frac{1}{1 + j\omega RC} = \frac{1}{1 + j\dfrac{\omega}{\omega_0}}$$

(4.4.9)

式中,$\omega_0 = \dfrac{1}{RC}$。

白噪声 $N(t)$ 加到 RC 低通滤波器的输入端,其输出 $Y(t)$ 的功率谱密度为

$$S_Y(\omega) = |H(\mathrm{j}\omega)|^2 S_N(\omega) = \frac{N_0}{2} \left| \frac{1}{1+\mathrm{j}(\omega/\omega_0)} \right|^2 = \frac{N_0}{2} \frac{1}{1+\left(\dfrac{\omega}{\omega_0}\right)^2} \quad (4.4.10)$$

输出噪声的平均功率为

$$E[Y^2(t)] = \frac{1}{2\pi}\int_{-\infty}^{+\infty} S_Y(\omega)\mathrm{d}\omega = \frac{1}{2\pi}\int_{-\infty}^{+\infty} \frac{N_0}{2} \frac{1}{1+\left(\dfrac{\omega}{\omega_0}\right)^2}\mathrm{d}\omega$$

$$= \frac{N_0}{4\pi}\int_{-\infty}^{+\infty} \frac{\omega_0^2}{\omega_0^2+\omega^2}\mathrm{d}\omega = \frac{N_0\omega_0}{4} \quad (4.4.11)$$

从式(4.4.11)看出,输出噪声功率与 ω_0 成正比,ω_0 也是系统带宽的测度,从图 4.4 可以看出,ω_0 是 RC 低通滤波器功率传输函数的半功率点,即 ω_0 是 RC 低通滤波器的 3dB 带宽。因此,加宽系统的频带,输出噪声功率将增加。

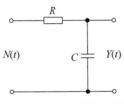

图 4.3 RC 低通滤波器

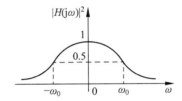

图 4.4 RC 低通滤波器的功率传输函数

输出噪声的自相关时间为

$$\tau_k = \frac{S_Y(0)}{2B_Y(0)} = \frac{N_0/2}{2\dfrac{N_0\omega_0}{4}} = \frac{1}{\omega_0} = RC \quad (4.4.12)$$

式(4.3.12)同样说明了自相关时间 τ_k 与系统的带宽成反比。

4.4.3 低通网络的等效噪声带宽

白噪声是具有均匀功率谱的平稳随机信号,当它通过一个低通网络后,其输出端的噪声功率谱就不再是均匀的了,而是由系统的频率特性所决定。这个结果的物理意义十分明显,因为虽然白噪声的谱是均匀的,但具体的电子系统却都有一定的频率特性,系统只让与其频率特性一致的频率分量通过。那么,一个低通网络,对白噪声来说,到底允许哪些频率分量通过。也就是说,一个低通网络对白噪声到底呈现多大的带宽。下面,定义一个噪声带宽来把它推广到一切类型的低通网络。

设将谱密度为 $\dfrac{N_0}{2}$ 的白噪声 $N(t)$ 加到传输函数为 $H(\mathrm{j}\omega)$ 的任意低通网络的输入端,输出 $Y(t)$ 的功率谱密度和平均功率分别为

$$S_Y(\omega) = \frac{N_0}{2} \mid H(\mathrm{j}\omega) \mid^2 \qquad (4.4.13)$$

$$E[Y^2(t)] = \frac{N_0}{4\pi} \int_{-\infty}^{+\infty} \mid H(\mathrm{j}\omega) \mid^2 \mathrm{d}\omega \qquad (4.4.14)$$

若将同样的白噪声输入一个理想低通滤波器,该理想低通滤波器带宽为 ω_N,传输函数为

$$H'(\mathrm{j}\omega) = \begin{cases} H(0) & (\mid \omega \mid \leqslant \omega_N) \\ 0 & (\mid \omega \mid > \omega_N) \end{cases} \qquad (4.4.15)$$

式中,$H(0)$ 是任意低通网络的传输函数 $H(\mathrm{j}\omega)$ 在零频的值。该理想低通网络的输出 $Y'(t)$ 的噪声功率为

$$E[Y'^2(t)] = \frac{N_0}{4\pi} \int_{-\infty}^{+\infty} \mid H'(\mathrm{j}\omega) \mid^2 \mathrm{d}\omega = \frac{N_0 \omega_N}{2\pi} \mid H(0) \mid^2 \qquad (4.4.16)$$

令任意低通网络 $H(\mathrm{j}\omega)$ 和理想低通滤波器 $H'(\mathrm{j}\omega)$ 的输出噪声功率相等,有

$$\frac{N_0}{4\pi} \int_{-\infty}^{+\infty} \mid H(\mathrm{j}\omega) \mid^2 \mathrm{d}\omega = \frac{N_0 \omega_N}{2\pi} \mid H(0) \mid^2 \qquad (4.4.17)$$

所以

$$\omega_N = \frac{\int_{-\infty}^{+\infty} \mid H(\mathrm{j}\omega) \mid^2 \mathrm{d}\omega}{2 \mid H(0) \mid^2} \qquad (4.4.18)$$

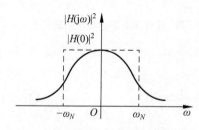

图 4.5 低通网络的等效噪声带宽

ω_N 称为任意低通网络的等效噪声带宽,它由式(4.3.18)求得。这个过程相当于用一个理想系统来等效代替实际系统,等效的原则是使两个系统当输入同样的白噪声时,输出噪声平均功率相等。

式(4.4.18)的概念,可用图 4.5 进行说明。图中有一虚线方框,其高为 $\mid H(0) \mid^2$,规定这个方框的面积等于 $\mid H(\mathrm{j}\omega) \mid^2$ 曲线下的面积,此时的 ω_N 就是传输函数为 $H(\mathrm{j}\omega)$ 的任意低通网络的等效噪声带宽。

式(4.3.18)表示的等效噪声带宽是用角频率表示的,单位为弧度/秒(rad/s),在实际应用中,等效噪声带宽还常用物理频率表示,单位为赫兹(Hz)。可表示为

$$B = \frac{\omega_N}{2\pi} = \frac{\frac{1}{2\pi} \int_{-\infty}^{+\infty} \mid H(\mathrm{j}\omega) \mid^2 \mathrm{d}\omega}{2 \mid H(0) \mid^2} = \frac{\int_{-\infty}^{+\infty} \mid H(\mathrm{j}f) \mid^2 \mathrm{d}f}{2 \mid H(0) \mid^2} \qquad (4.4.19)$$

例 4.4 求 RC 低通网络的等效噪声带宽 B,并与输出随机过程 $Y(t)$ 的等效功率谱带宽度 Δf 比较。

解:由式(4.4.19)和式(4.4.9)得

$$B = \frac{\frac{1}{2\pi} \int_{-\infty}^{+\infty} \mid H(\mathrm{j}\omega) \mid^2 \mathrm{d}\omega}{2 \mid H(0) \mid^2} = \frac{\frac{1}{2\pi} \int_{-\infty}^{+\infty} \frac{1}{1+(\omega/\omega_0)^2} \mathrm{d}\omega}{2} = \frac{\omega_0}{4} = \frac{1}{4RC}$$

由式(4.4.12)知
$$\tau_k = RC$$

则
$$\Delta f = \frac{1}{4\tau_k} = \frac{1}{4RC}$$

即
$$B = \Delta f$$

这个结论是不难理解的,既然低通网络的等效噪声带宽是 B,那么通过该网络后的白噪声自然也就不会含有 B 以上的频率了。

4.5 独立随机过程之和的自相关函数

在不少场合,常常会遇到求多个相互独立的随机过程相叠加的自相关函数问题。

设有
$$X(t) = \sum_{i=1}^{N} X_i(t)$$

式中,各不同序号的 $X_i(t)$ 相互独立。

记 $X(t)$ 的自相关函数为 $B_{\sum}(\tau)$,有

$$B_{\sum}(\tau) = E[X(t)X(t+\tau)] = E\left[\sum_{i=1}^{N} X_i(t) \sum_{j=1}^{N} X_j(t+\tau)\right] \quad (4.5.1)$$

因为 $\sum_{i=1}^{N} X_i(t)$ 共有 N 项,所以 $\left[\sum_{i=1}^{N} X_i(t) \sum_{j=1}^{N} X_j(t+\tau)\right]$ 共展开为 N^2 个二阶项。 显然,这 N^2 个二阶项中,有 N 项是同序号相乘的二阶项,即 $X_i(t)X_i(t+\tau)$ 形式的项;此外,还有共 $N^2-N=N(N-1)$ 项是非同序号相乘的二阶项,即 $X_i(t)X_j(t+\tau)(i \neq j)$ 形式的项。

当对 $\left[\sum_{i=1}^{N} X_i(t) \sum_{j=1}^{N} X_j(t+\tau)\right]$ 作数学期望运算时,N 个同序号相乘的二阶项分别代表各个 $X_i(t)$ 的自相关函数 $B_i(\tau)$,其总和为 $\sum_{i=1}^{N} B_i(\tau)$,其中,

$$B_i(\tau) = E[X_i(t)X_i(t+\tau)] \quad (4.5.2)$$

由于不同序号的各随机过程 $X_i(t)$ 相互独立,所以,不同序号相乘而得的二阶项的数学期望为

$$\begin{aligned} E[X_i(t)X_j(t+\tau)] &= E[X_i(t)]E[X_j(t+\tau)] \\ &= E[X_i(t)]E[X_j(t)] \quad (i \neq j) \end{aligned} \quad (4.5.3)$$

在 $E\left[\sum_{i=1}^{N} X_i(t) \sum_{j=1}^{N} X_j(t+\tau)\right]$ 中,共有 $N(N-1)$ 项这样的二阶项。为简化表示起见,这些项可以写成

$$E[X_i(t)]E[X_j(t)] = \left\{\sum_{i=1}^{N} E[X_i(t)]\right\}^2 - \sum_{j=1}^{N} \{E[X_i(t)]\}^2 \quad (4.5.4)$$

于是,有

$$B_{\Sigma}(\tau) = \sum_{i=1}^{N} B_i(\tau) + \left\{ \sum_{i=1}^{N} E[X_i(t)] \right\}^2 - \sum_{j=1}^{N} \{E[X_i(t)]\}^2$$

$$= \sum_{i=1}^{N} B_i(\tau) + \left\{ E\left[\sum_{i=1}^{N} X_i(t) \right] \right\}^2 - \sum_{j=1}^{N} \{E[X_i(t)]\}^2 \quad (4.5.5)$$

式(4.5.5)是一个非常有用的结论,称为独立随机过程之和的自相关函数定理。这个定理指出:独立的平稳随机过程之和的自相关函数,等于各随机过程的自相关函数之和,加上这个总和过程的数学期望的平方,减去各过程的数学期望的平方的全部总和。

下面讨论一种特殊情况。

若各随机过程的均值 $E[X_i(t)]$ 均为零,即所有的随机过程分别都无直流分量,则有

$$\left\{ \sum_{i=1}^{N} E[X_i(t)] \right\}^2 = 0$$

$$\sum_{j=1}^{N} \{E[X_i(t)]\}^2 = 0$$

所以

$$B_{\Sigma}(\tau) = \sum_{i=1}^{N} B_i(\tau) \quad (4.5.6)$$

式(4.5.6)取傅里叶变换后得

$$S_{\Sigma}(\omega) = \sum_{i=1}^{N} S_i(\omega) \quad (4.5.7)$$

式(4.5.6)和式(4.5.7)表明,多个零均值相互独立平稳随机过程之和的自相关函数等于各随机过程自相关函数之和;多个零均值相互独立平稳随机过程之和的功率谱密度函数,等于各随机过程功率谱密度函数之和。即相互独立的平稳随机过程在零均值的条件下,自相关函数和功谱密度分别满足叠加原理。

特别地,在式(4.5.6)中,令 $\tau = 0$,得到

$$B_{\Sigma}(0) = \sum_{i=1}^{N} B_i(0) \quad (4.5.8)$$

式(4.5.8)说明,此时平均功率也满足叠加原理。

必须注意,式(4.5.6)、式(4.5.7)和式(4.5.8)都是在所有的 $X_i(t)$ 都无直流成分时得到的。

4.6　散弹效应噪声

4.6.1　随机脉冲的自相关积分

一个有始有终的时间函数 $x(t)$,称为脉冲,它的自相关积分定义为

$$\beta_x(\tau) = \int_{-\infty}^{+\infty} x(t)x(t+\tau)\mathrm{d}t \quad (4.6.1)$$

显然，$\beta_x(0)$ 就是 $x(t)$ 的全部能量。而无始无终的时间函数有无限大能量，所以，对无始无终的时间函数，不能定义其自相关积分。

一个脉冲 $x(t)$ 的自相关积分 $\beta_x(\tau)$ 的傅里叶变换为

$$
\begin{aligned}
A_x(\mathrm{j}\omega) &= \int_{-\infty}^{+\infty} \beta_x(\tau) \mathrm{e}^{-\mathrm{j}\omega\tau} \mathrm{d}\tau = \int_{-\infty}^{+\infty}\left[\int_{-\infty}^{+\infty} x(t)x(t+\tau)\mathrm{d}t\right] \mathrm{e}^{-\mathrm{j}\omega\tau}\mathrm{d}\tau \\
&= \int_{-\infty}^{+\infty} x(t)\mathrm{e}^{\mathrm{j}\omega t}\mathrm{d}t \int_{-\infty}^{+\infty} x(t+\tau)\mathrm{e}^{-\mathrm{j}\omega(t+\tau)}\mathrm{d}\tau \\
&= X(-\mathrm{j}\omega)X(\mathrm{j}\omega) = |X(\mathrm{j}\omega)|^2 \tag{4.6.2}
\end{aligned}
$$

其中 $X(\mathrm{j}\omega) = \int_{-\infty}^{+\infty} x(t)\mathrm{e}^{-\mathrm{j}\omega t}\mathrm{d}t$，$|X(\mathrm{j}\omega)|^2$ 是 $x(t)$ 的能量谱密度。因而，一个脉冲 $x(t)$ 的自相关积分 $\beta_x(\tau)$ 和它的能谱密度函数构成一傅里叶变换对。

根据帕塞瓦尔定理，有

$$
\int_{-\infty}^{+\infty} x^2(t)\mathrm{d}t = \frac{1}{2\pi}\int_{-\infty}^{+\infty} |X(\mathrm{j}\omega)|^2 \mathrm{d}\omega
$$

事实上，随机过程常常是一些相互独立的脉冲的随机叠加。叠加的随机性是过程的随机性的起因。也就是说，随机过程总可以分解成为许多再也不能分割且相互独立的脉冲的随机叠加。这些分解出来的脉冲，各自都有一个完整的确定形状，再也不含有内在的随机性，再也不可分为相互独立的成分。随机过程常常具有这种构成性质。例如，电子器件中的电流，是由大量随机出现的载流子流动所形成的电流脉冲累积起来的，载流子电流出现时间的随机性，导致电子器件中的总电流是一个随机过程。换句话说，电子器件中的总电流，可以分解为许许多多载流子电流脉冲，而每一个载流子所形成的电流脉冲，其波形形状是不可再分的自我完整体，除了它的出现时间是随机的以外，它不再含有内在的随机性，再也不可分为相互独立的成分。

这样，一个随机过程 $X(t)$ 可以表示为

$$
X(t) = \sum_{i=1}^n x_i(t) \tag{4.6.3}
$$

式中，各 $x_i(t)$ 是相互独立、各有确定的形状的脉冲，且各有有限的持续期，但是，各有不同的、相互独立的随机的出现时间。将这些脉冲 $x_i(t)$ 统称为随机脉冲。

显然，对每一个随机脉冲 $x_i(t)$，都可以求得其相应的自相关积分，记为 $\beta_i(\tau)$，即

$$
\beta_i(\tau) = \int_{-\infty}^{+\infty} x_i(t)x_i(t+\tau)\mathrm{d}t \tag{4.6.4}
$$

随机过程 $X(t)$ 的重要统计特性是它的自相关函数 $B_X(\tau)$。下面，将要讨论 $B_X(\tau)$ 和随机脉冲的自相关积分 $\beta_i(\tau)$ 之间的关系。

4.6.2　坎贝尔定理

现在来讨论 $X(t) = \sum\limits_{i=1}^n x_i(t)$ 的自相关函数和功率谱密度函数。

当随机脉冲出现在时间轴上处处等概时，它在一定时间范围内取值的概率特性，不

随时刻的不同而不同。因此,一个形状确定但是出现时间等概的随机脉冲,具有平稳随机过程的性质,它的自相关函数也不随时间 t 而改变。那么,计算由随机脉冲组成的 $X(t)$ 的自相关函数,可以应用独立随机过程之和的自相关函数定理。

若 $X(t) = \sum_{i=1}^{N} x_i(t)$,且各不同序号的各 $x_i(t)$ 相互独立,则由式(4.4.5)得

$$B_X(\tau) = \sum_{i=1}^{N} B_i(\tau) + \left\{ E\left[\sum_{i=1}^{N} x_i(t) \right] \right\}^2 - \sum_{i=1}^{N} E^2[x_i(t)] \qquad (4.6.5)$$

下面分三种情况进行讨论。

(1) 设总和过程 $X(t)$ 由形状相同、极性相同、强度相同的随机脉冲 $x_i(t)$ 组成,在单位时间内脉冲的平均个数为 n。利用各态历经假设,有

$$B_i(\tau) = \lim_{T \to \infty} \frac{1}{2T} \int_{-T}^{T} x_i(t) x_i(t+\tau) \mathrm{d}t \qquad (4.6.6)$$

由于各随机脉冲 $x_i(t)$ 形状、极性和强度均相同,仅仅在出现时间上不同,因此,各 $B_i(\tau)$ 皆相同,且在 $T \to \infty$ 的意义下,脉冲的总个数 $N = nT$。这样,

$$\sum_{i=1}^{N} B_i(\tau) = NB_i(\tau) = \lim_{T \to \infty} \frac{2nT}{2T} \int_{-T}^{T} x_i(t) x_i(t+\tau) \mathrm{d}t$$

$$= n \int_{-\infty}^{+\infty} x_i(t) x_i(t+\tau) \mathrm{d}t = n\beta_i(\tau) \qquad (4.6.7)$$

同理,由于各 $x_i(t)$ 形状、极性和强度全相同,则各 $E[x_i(t)]$ 都相同。考虑到任一个 $x_i(t)$ 出现在时间轴上是等概的,所以

$$E[x_i(t)] = \lim_{T \to \infty} \frac{1}{2T} \int_{-T}^{T} x_i(t) \mathrm{d}t \qquad (4.6.8)$$

将 $x_i(t)$ 在全时域的积分记为 q,即

$$q = \int_{-\infty}^{+\infty} x_i(t) \mathrm{d}t \qquad (4.6.9)$$

因 $x_i(t)$ 有始有终,式(4.6.9)积分收敛。对所有的 $x_i(t)$,q 为常数。因此

$$\left\{ E\left[\sum_{i=1}^{N} x_i(t) \right] \right\}^2 = \left\{ \sum_{i=1}^{N} E[x_i(t)] \right\}^2 = \{ NE[x_i(t)] \}^2$$

$$= \left\{ \lim_{T \to \infty} \frac{2nT}{2T} \int_{-T}^{T} x_i(t) \mathrm{d}t \right\}^2 = \left\{ n \int_{-\infty}^{+\infty} x_i(t) \mathrm{d}t \right\}^2 = n^2 q^2 \qquad (4.6.10)$$

$$\sum_{i=1}^{N} E^2[x_i(t)] = N\{ E[x_i(t)] \}^2 = \{ \sqrt{N} E[x_i(t)] \}^2$$

$$= \left\{ \lim_{T \to \infty} \frac{\sqrt{2nT}}{2T} \int_{-T}^{T} x_i(t) \mathrm{d}t \right\}^2$$

$$= \left\{ \frac{\sqrt{2n}}{2} \lim_{T \to \infty} \frac{1}{\sqrt{T}} \int_{-T}^{T} x_i(t) \mathrm{d}t \right\}^2 = 0 \qquad (4.6.11)$$

联立式(4.6.9)、式(4.6.10)和式(4.6.11),得到

$$B_X(\tau) = n\beta_i(\tau) + n^2 q^2 \qquad (4.6.12)$$

又因全部 $x_i(t)$ 都同极性,则

$$\widetilde{x(t)} = \sum_{i=1}^{N} \widetilde{x_i(t)} = N\widetilde{x_i(t)} = \lim_{T \to \infty} \frac{2nT}{2T} \int_{-T}^{T} x_i(t)\mathrm{d}t = nq \tag{4.6.13}$$

于是

$$B_X(\tau) = n\beta_i(\tau) + \widetilde{x(t)}^2 \tag{4.6.14}$$

式(4.6.14)是一个重要的公式,称为推广的坎贝尔定理的时域形式。式(4.5.13)称为坎贝尔定理。

(2) 各随机脉冲 $x_i(t)$ 形状相同和极性相同,但强度不同。

设 $x_i(t)$ 由两种不同强度的脉冲 $x_1(t)$ 和 $x_2(t)$ 组成。$x_1(t)$ 的强度为 a_1,单位时间平均出现的个数为 n_1; $x_2(t)$ 的强度为 a_2,单位时间平均出现的个数为 n_2。由于各 $x_i(t)$ 形状相同,可设它们的公共形状因子为 $x_0(t)$,则有

$$x_1(t) = a_1 x_0(t) \tag{4.6.15}$$

$$x_2(t) = a_2 x_0(t) \tag{4.6.16}$$

$x_1(t)$ 和 $x_2(t)$ 的自相关积分分别记为 $\beta_1(\tau)$ 和 $\beta_2(\tau)$,则

$$\beta_1(\tau) = \int_{-\infty}^{+\infty} x_1(t)x_1(t+\tau)\mathrm{d}t = \int_{-\infty}^{+\infty} a_1 x_0(t)a_1 x_0(t+\tau)\mathrm{d}t = a_1^2 \beta_0(\tau) \tag{4.6.17}$$

同理

$$\beta_2(\tau) = a_2^2 \beta_0(\tau) \tag{4.6.18}$$

式中,$\beta_0(\tau)$ 是公共形状因子 $x_0(t)$ 的自相关积分。于是

$$B_X(\tau) = \sum_{i=1}^{N} B_i(\tau) + \widetilde{x(t)}^2 = n_1 a_1^2 \beta_0(\tau) + n_2 a_2^2 \beta_0(\tau) + \widetilde{x(t)}^2$$

$$= \sum_{j=1}^{2} n_j a_j^2 \beta_0(\tau) + \widetilde{x(t)}^2 \tag{4.6.19}$$

这个结论可以推广到任意 J 种不同强度脉冲的情况。设脉冲 $x_j(t)$ 的强度为 a_j,单位时间脉冲平均个数为 n_j,则

$$B_X(\tau) = \sum_{j=1}^{J} n_j a_j^2 \beta_0(\tau) + \widetilde{x(t)}^2 \tag{4.6.20}$$

设单位时间内脉冲的总个数为 n,则

$$n = \sum_{j=1}^{J} n_j \tag{4.6.21}$$

这样,可以定义不同强度 a_j 的均方强度为

$$\overline{a^2} = \frac{\sum_{j=1}^{J} n_j a_j^2}{n} \tag{4.6.22}$$

于是有

$$B_x(\tau) = n\overline{a^2}\beta_0(\tau) + \widetilde{x(t)}^2 \tag{4.6.23}$$

式(4.6.23)称为推广的坎贝尔定理的通用形式。

(3) 各脉冲 $x_i(t)$ 只有形状相同,而强度和极性都不同。

由于各脉冲极性不同,平均来说,可以认为各脉冲 $x_i(t)$ 的极性正负各半,则在长时间意义下,有

$$\widetilde{x(t)} = 0 \qquad (4.6.24)$$

在这种情况下,式(4.5.23)的第一项不受影响,只是第二项为零,即

$$B_X(\tau) = n\overline{a^2}\beta_0(\tau) \qquad (4.6.25)$$

式(4.6.14)、式(4.6.23)和式(4.6.25)是在不同情况下坎贝尔定理的形式,它们都是坎贝尔定理的时域形式,是求随机过程 $X(t)$ 的自相关函数的公式。

现在,来考查以上的随机过程 $X(t)$ 的功率谱密度函数 $S_X(\omega)$。仍然分三种情况来讨论,与前面(1)、(2)、(3)的条件相同。

$S_X(\omega)$ 可由 $B_X(\tau)$ 作傅里叶变换求得。

(1) 所有随机脉冲 $x_i(t)$ 形状、极性、强度都相同时,由式(4.5.14)得

$$
\begin{aligned}
S_X(\omega) &= \int_{-\infty}^{+\infty} [n\beta_i(\tau) + \widetilde{x(t)^2}] e^{-j\omega\tau} d\tau \\
&= \int_{-\infty}^{+\infty} n\beta_i(\tau) e^{-j\omega\tau} d\tau + \int_{-\infty}^{+\infty} \widetilde{x(t)^2} e^{-j\omega\tau} d\tau
\end{aligned} \qquad (4.6.26)
$$

由式(4.6.2)知

$$\int_{-\infty}^{+\infty} \beta_i(t) e^{-j\omega\tau} d\tau = |X_i(j\omega)|^2 \qquad (4.6.27)$$

则

$$S_X(\omega) = n |X_i(j\omega)|^2 + 2\pi\widetilde{x(t)}^2 \delta(\omega) \qquad (4.6.28)$$

其中, $X_i(j\omega) = \int_{-\infty}^{+\infty} x_i(t) e^{-j\omega t} dt$ 。

式(4.6.28)称为推广的坎贝尔定理的频域形式。

(2) 各随机脉冲 $x_i(t)$ 形状和极性相同,只是强度不同时,由式(4.6.23)得

$$
\begin{aligned}
S_X(\omega) &= \int_{-\infty}^{+\infty} [n\overline{a^2}\beta_0(\tau) + \widetilde{x(t)^2}] e^{-j\omega\tau} d\tau \\
&= n\overline{a^2} |X_0(j\omega)|^2 + 2\pi\widetilde{x(t)}^2 \delta(\omega)
\end{aligned} \qquad (4.6.29)
$$

其中, $X_0(j\omega) = \int_{-\infty}^{+\infty} x_0(t) e^{-j\omega t} dt$ 。

式(4.6.29)是推广的坎贝尔定理的通用形式的频域形式。

(3) 所有的 $x_i(t)$ 只形状相同,而强度和极性都不同时,由式(4.5.25)得

$$S_X(\omega) = n\overline{a^2} |X_0(j\omega)|^2 \qquad (4.6.30)$$

下面举例说明坎贝尔定理的应用。

设 $X(t)$ 由大量强度不同的 δ 型随机脉冲组合而成,它们的极性有正也有负,并且在长时间意义下,有

$$\overline{X(t)} = 0$$

这样

$$B_X(\tau) = n\overline{a^2}\beta_0(\tau)$$

其中

$$\beta_0(\tau) = \int_{-\infty}^{+\infty} \delta(t)\delta(t+\tau)\,\mathrm{d}t = \delta(\tau)$$

所以

$$B_X(\tau) = n\overline{a^2}\delta(\tau)$$

相应地，$X(t)$ 的功率谱密度函数为

$$S_X(\omega) = n\overline{a^2}$$

因此，均方强度为 $\overline{a^2}$，单位时间脉冲个数为 n 的无限窄脉冲随机序列的功率谱密度函数为常数 $n\overline{a^2}$，这即是 2.6 节中讨论的理想白噪声。

4.6.3 散弹效应噪声

噪声是指对通信系统中的信号传输与处理起扰乱作用，而又不能完全控制的一种不需要的扰动。在通信系统中有许多潜在的噪声源。一般可根据噪声来源将分成为两类：系统外部噪声和系统内部噪声。

系统外部噪声有人为噪声和非人为噪声。如接触不良的触点、电气设备、点火装置、荧光灯等对系统的干扰都是人为噪声；而自然界的雷电或一般的大气干扰等是非人为噪声，这类干扰是无规则出现的，不受控制，也不是连续出现的，时而有，时而无。它的无规则性使得很难对它进行分析。从理论上讲，系统外部噪声总可以通过一些措施来减小或消除影响，如搬移通信系统位置、采用滤波电路、改善机械的和电器的设计、采取适当的屏蔽措施等。

在来自系统内部的噪声中，有一种重要的噪声形式，它是由电路中电流或电压的随机起伏所产生的。这类噪声总会以各种方式出现在每一种通信系统之中，并成为信号传输或检测的一种基本限制。在物理系统内部，普遍存在着自然起伏，当温度在绝对零度以上时，任何物体中的电子均有随机的热运动；诸如电阻中自由电子的热运动，真空器件中电子的随机放射，以及半导体器件内载流子的随机产生、复合和扩散等。这都会引起电流和电压的统计起伏。散弹噪声和热噪声就是这类噪声中最重要的两种。下面讨论这两种噪声，对它们所产生的噪声做出定量的分析。这些噪声源都可用白噪声源来很好地近似代表。

散弹效应噪声存在于真空器件和半导体器件中。在半导体器件和真空器件中，每一个载流子都会形成一个电流脉冲，流过器件的总电流则是各载流子形成的大量电流脉冲叠加而成的。由于每一个载流子电流脉冲出现时间是随机的，各载流子电流脉冲是随机脉冲，所以总电流具有起伏波动的性质。这种电流的起伏波动称为散弹效应噪声。也就是说，真空器件或半导体器件中载流子形成的大量脉冲的随机叠加使得总电流有起伏性质，相当于在直流上叠加了起伏噪声，该起伏噪声就是散弹效应噪声，它是带宽极宽的带

限白噪声。

由于载流子电荷量相同,以及各载流子运动的机理可以认为是相同的,所以,可以认为各载流子电流脉冲形状、极性及强度均相同,它们的差异仅在于出现时间不同,且是随机的。记总电流为 $I(t)$,各载流子电流为 $i_k(t)$,则

$$I(t) = \sum_{k=1}^{N} i_k(t) = \overline{I(t)} + i_n(t) \tag{4.6.31}$$

式中,$\overline{I(t)}$ 是总电流 $I(t)$ 中的直流分量,$i_n(t)$ 是 $I(t)$ 中起伏波动的交流分量,即散弹效应噪声。

利用坎贝尔定理式(4.5.13),有

$$\overline{I(t)} = nq \tag{4.6.32}$$

式中,q 是载流子电流 $i_k(t)$ 的时间总积分,它等于电子的电荷量

$$q = \int_{-\infty}^{+\infty} i_k(t) \mathrm{d}t = 1.6 \times 10^{-23} \mathrm{C}$$

这样

$$n = \frac{\overline{I(t)}}{q} \tag{4.6.33}$$

所以,总电流 $I(t)$ 的自相关函数为

$$B_I(\tau) = n\beta_k(\tau) + \overline{I(t)}^2 = \frac{\overline{I(t)}}{q}\beta_k(\tau) + \overline{I(t)}^2 \tag{4.6.34}$$

从式(4.6.34)可知,总电流 $I(t)$ 的自相关函数 $B_I(\tau)$ 由两部分组成。第一部分是一个脉冲,当 $\tau \to \infty$ 时,$\beta_k(\tau) = 0$。那是因为 $\beta_k(\tau)$ 是 $i_k(\tau)$ 的自相关积分,由于 $i_k(t)$ 有一定的持续时间 Δ,则 $\beta_k(\tau)$ 的持续时间为 2Δ。$B_I(\tau)$ 的第二部分是常数 $\overline{I(t)}^2$。因此,噪声电流 $i_n(t)$ 的自相关函数就是 $\beta_I(\tau)$ 的第一项,记为 $\tilde{B}_I(\tau)$,即

$$\tilde{B}_I(\tau) = \frac{\overline{I(t)}}{q}\beta_k(\tau) \tag{4.6.35}$$

因此,噪声电流的功率谱密度为

$$\tilde{S}_I(\omega) = \int_{-\infty}^{+\infty} \frac{\overline{I(t)}}{q}\beta_k(\tau)\mathrm{e}^{-\mathrm{j}\omega\tau}\mathrm{d}\tau = \frac{\overline{I(t)}}{q} \mid I_k(\mathrm{j}\omega) \mid^2 \tag{4.6.36}$$

其中,$I_k(\mathrm{j}\omega) = \int_{-\infty}^{+\infty} i_k(t)\mathrm{e}^{-\mathrm{j}\omega t}\mathrm{d}t$

在第 3 章中曾讲过,带限的白噪声是由许多宽度极窄的脉冲的随机组合。在这里,由于电子渡越时间极短,所以各载流子电流脉冲 $i_k(t)$ 极窄,可以认为 $i_n(t)$ 是带限白噪声。因此,在等效带宽 Δf 内,$\tilde{S}_I(\omega)$ 应为常数,也就是说,应有

$$\tilde{S}_I(\omega) = \tilde{S}_I(0) \tag{4.6.37}$$

而

$$\tilde{S}_I(0) = \int_{-\infty}^{+\infty} \tilde{B}_I(\tau)\mathrm{d}\tau = \frac{\overline{I(t)}}{q}\int_{-\infty}^{+\infty} \beta_k(\tau)\mathrm{d}\tau = \frac{\overline{I(t)}}{q}\int_{-\infty}^{+\infty}\int_{-\infty}^{+\infty} i_k(t)i_k(t+\tau)\mathrm{d}t\mathrm{d}\tau$$

$$= \frac{\overline{I(t)}}{q} \int_{-\infty}^{+\infty} i_k(t) \mathrm{d}t \int_{-\infty}^{+\infty} i_k(t+\tau) \mathrm{d}\tau = \frac{\overline{I(t)}}{q} \int_{-\infty}^{+\infty} i_k(t) \mathrm{d}t \int_{-\infty}^{+\infty} i_k(u) \mathrm{d}u$$

$$= \frac{\overline{I(t)}}{q} q^2 = q\overline{I(t)} \tag{4.6.38}$$

式(4.6.38)称为肖特基公式。

根据式(4.6.38),可以算出由电子器件引起的,在工作频带宽度 Δf 内的散弹效应均方噪声电流 $\overline{i_n^2(t)}$ 为

$$\overline{i_n^2(t)} = \int_{-\infty}^{+\infty} S_I(f) \mathrm{d}f = 2\Delta f q\overline{I(t)} \tag{4.6.39}$$

当这一电流流过阻值为 R 的电阻时,引起的均方噪声电压 $\overline{u_n^2(t)}$ 为

$$\overline{v_n^2(t)} = \int_{-\infty}^{+\infty} S_I(f) R^2 \mathrm{d}f = 2\Delta f q\overline{I(t)} R^2 \tag{4.6.40}$$

上面推出的肖特基公式是假定在很宽的频率范围内,都有 $\widetilde{S}_I(\omega) = \widetilde{S}_I(0)$。下面来看在实际情况下这个假定是否合理。

因为

$$\widetilde{B}_I(\tau) = n\beta_k(\tau) \tag{4.6.41}$$

所以

$$\widetilde{S}_I(\omega) = 2\int_0^{+\infty} \widetilde{B}_I(\tau)\cos\omega\tau \mathrm{d}\tau = 2n\int_0^{+\infty} \beta_k(\tau)\cos\omega\tau \mathrm{d}\tau \tag{4.6.42}$$

前面已经讲过,$\beta_k(\tau)$ 的持续时间为 2Δ,且关于 $\tau=0$ 偶对称,从而有

$$\widetilde{S}_I(\omega) = 2n\int_0^{\Delta} \beta_k(\tau)\cos\omega\tau \mathrm{d}\tau \tag{4.6.43}$$

在 $\omega \neq 0$,但 $\omega\tau$ 不大时,τ 从 0 变到 Δ,有 $\cos\omega\tau \approx 1$,相比之下,$\beta_k(\tau)$ 变化很大,从 $\beta_k(0)$ 变到 $\beta_k(\Delta)=0$。因此,当 $\omega\tau$ 不大时,$\beta_k(\tau)\cos\omega\tau \approx \beta_k(\tau)$,则

$$\widetilde{S}_I(\omega) = 2n\int_0^{\Delta} \beta_k(\tau)\cos\omega\tau \mathrm{d}\tau \approx 2n\int_0^{\Delta} \beta_k(\tau) \mathrm{d}\tau = \widetilde{S}_I(0) \tag{4.6.44}$$

也就是说,$S_I(\omega) \approx S_I(0)$ 是在 $\omega\tau$ 不大时得到的。下面来看 ω 多大的情况下可以认为 $\widetilde{S}_I(\omega) \approx S_I(0)$。

当 $\cos\omega\tau \geq 0.99$ 时,$S_I(\omega) \approx S_I(0)$ 的误差不超过 1%。对于 $\cos\omega\tau \geq 0.99$,查表得

$$\omega\tau \leq 8° \times \frac{\pi}{180} \leq 0.14 \tag{4.6.45}$$

式(4.6.45)说明,当 $\omega\Delta \leq 0.14$,也就是

$$\omega \leq \frac{0.14}{\Delta} \tag{4.6.46}$$

时,可以认为式(4.6.46)成立,此时的误差不大于 1%。

在实际工程中,一般电子渡越时间为 $\Delta = 10^{-11}$ s,所以有

$$\omega \leq \frac{0.14}{10^{-11}} \tag{4.6.47}$$

即

$$f \leqslant \frac{0.14}{2\pi} \times 10^{11} \approx 2.2 \times 10^9 = 2200\,\mathrm{MHz} \tag{4.6.48}$$

计算结果表明,当频率等于 $2200\,\mathrm{MHz}$ 时, $S_I(\omega)$ 下降了不到 1%。这时,当然可以认为 $S_I(\omega) = S_I(0)$。即将散弹效应噪声视为带限白噪声来处理是合理的。

4.7　热噪声

热噪声是一种由自由电子在电阻类的导体中随机运动所引起的电流或电压的起伏波动。

当温度高于绝对零度时,任何物体内部的分子和原子都在不停地运动,运动着的物体,通过力和电磁的方式与周围环境交换能量,按照统计力学的能量等配定律(也称为能量均分定律),在温度 T 下,一个系统中的热运动能量对每个自由度来说,平均值是相同的,它恒为 $\frac{1}{2}kT$,这里, k 是玻尔兹曼常数, $k = 1.38 \times 10^{-23}\,\mathrm{J/K}$, T 是温度,按绝对温度 K 计算。

由 R、L、C、M 组成的无源网络,热噪声以电的形式表现出来。在一定的温度下,支路电流和两节点之间的电压不停地起伏。由子网络无源,该起伏在长的时间间隔上取平均值显然为零。线性系统中热噪声统计特性采用奈奎斯特定理进行分析。

4.7.1　热噪声的奈奎斯特定理

奈奎斯特定理:在一定温度 T 下,认为系统中所有的电路元件本身都无热噪声,而将热噪声现象归为虚拟的、与每个电阻 R 串联的白噪声电势源 $e_n(t)$,白噪声电势源的功率谱密度为 $2kTR$;或将热噪声现象归为虚拟的、与每个电阻 R 并联的白噪声电流源 $i_n(t)$,白噪声电流源的功率谱密度为 $2kTG$,这里 $G = \frac{1}{R}$。

根据奈奎斯特定理,热噪声的奈奎斯特等效电路如图 4.6 所示。

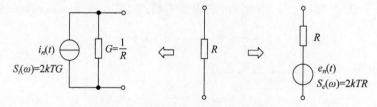

图 4.6　热噪声的奈奎斯特等效电路

白噪声电势源 $e_n(t)$ 的功率谱密度函数记为 $S_e(\omega)$

$$S_e(\omega) = 2kTR \tag{4.7.1}$$

白噪声电流源 $i_n(t)$ 的功率谱密度函数记为 $S_i(\omega)$

$$S_i(\omega) = 2kTG \qquad (4.7.2)$$

奈奎斯特定理中的 $e_n(t)$ 和 $i_n(t)$ 均为白噪声电势源和电流源,也就是说 $S_e(\omega)$ 和 $S_i(\omega)$ 均为常数,与频率 ω 无关。事实上,热噪声也是带限白噪声,它的等效带宽比散弹效应噪声还要宽,在室温下约为 $10^{13}\,\mathrm{Hz}$。

奈奎斯特定理的实质是把电阻 R 看成噪声源,但这并不等于只有电阻才产生噪声,而是把噪声仅仅算在电阻上,这只是为了提供一种分析线性系统中热噪声的方法。

既然如此,那么将噪声算在电阻上是否合理呢?下面来验证奈奎斯特定理。

如图 4.7 所示 R、C、L、M 组成的无源网络,假设电路已处于热平衡状态。首先,从统计力学的能量等配定理出发,计算图 4.7 中一个独立电容支路 C_0 上的均方噪声电压 $\overline{u_0^2(t)}$。

图 4.7 处于热平衡状态的无源网络

设所有电路元件都处在温度 T 下,已达热平衡。电阻 R 中携带电荷的电子,在温度 T 下,做与温度相应的无休止的无规则运动,它们之间不断发生碰撞。这些电子运动,使电阻两端有大量随机出现的电压脉冲,这些脉冲的宽度是极窄的,电容 C_0 以电荷的流动方式与 R 耦合。那么,处在温度 T 下的电容 C_0,其热骚动表现为 C_0 两端有热致的电压起伏。当温度条件不变时,C_0 两端的电压 $u_0(t)$ 为一个平稳随机过程。

由子网络是无源网络,因此,$\overline{u_0(t)}=0$。

作为一个独立的电容支路 C_0,根据经典力学的理论,处在温度 T 下的电容 C_0 的平均能量,不论 C_0 的大小,恒为 $\frac{1}{2}kT$,这是电容器的平均电能。即

$$\frac{1}{2}C_0\overline{u_0^2(t)} = \frac{1}{2}kT \qquad (4.7.3)$$

因而,有

$$\overline{u_0^2(t)} = \frac{kT}{C_0} \qquad (4.7.4)$$

式(4.7.4)指出,电容 C_0 两端热噪声电压的均方值 $\overline{u_0^2(t)}$ 只与温度 T 和电容 C_0 的值有关,而与外电路无关。

下面利用奈奎斯特定理、网络理论和随机过程理论计算 C_0 上的均方噪声电压,如仍等于 $\frac{kT}{C_0}$,认为奈奎斯特定理成立。

在计算 C_0 上的均方噪声电压之前,回顾一下电路理论中的两个定理。

第一个是对偶互易定理。对一个线性无源二端口网络,从 1 端口到 2 端口的开路电压传递函数 $H_{12}(\mathrm{j}\omega)$ 等于从 2 端口到 1 端口的短路电流传递函数 $H_{21}(\mathrm{j}\omega)$,即

$$H_{12}(\mathrm{j}\omega) = H_{21}(\mathrm{j}\omega) = H(\mathrm{j}\omega) \qquad (4.7.5)$$

其中 $H_{12}(\mathrm{j}\omega) = \left.\dfrac{\dot{V}_2}{\dot{V}_1}\right|_{\dot{i}_2=0}$,$H_{21}(\mathrm{j}\omega) = \left.\dfrac{\dot{I}_1}{\dot{I}_2}\right|_{\dot{v}_1=0}$。

第二个是传递函数的能量积分定理。

如图 4.8 所示电路,它包括一个 R_1,一个 C_0,以及一个由无耗元件组成的网络 W,且电容 C_0 为独立电容支路,并还有一条直流放电路径,整个系统只有一个电阻 R_1。有

$$\frac{1}{2\pi}\int_{-\infty}^{+\infty} \mid H(\mathrm{j}\omega) \mid^2 \mathrm{d}\omega = \frac{1}{2C_0R_1} \tag{4.7.6}$$

成立。式(4.7.6)称为传递函数的能量积分定量。它具有普遍意义。下面证明式(4.7.6)。

图 4.8 只含一个电阻的无源网络

设图 4.8 系统在 $t=0$ 时无初始能量储存。在 $t=0$ 时,用一个单位冲激电流源 $\delta(t)$ 作用在电容 C_0 两端,这将在 R_1 上形成一响应电流 $h(t)$。

$$h(t) = \int_{-\infty}^{+\infty} H(\mathrm{j}\omega)\mathrm{e}^{-\mathrm{j}\omega t}\,\mathrm{d}t \tag{4.7.7}$$

作用在 C_0 两端的电流冲激 $\delta(t)$ 在 $t=0$ 时被 C_0 所短路,所以在 $t=0^+$ 时,整个系统中,除了 C_0 被电流冲激 $\delta(t)$ 瞬间充电外,其他属于 W 中的元件(均为无耗元件)还来不及有储能性响应。所以,在 $t=0^+$ 时,C_0 两端的电压为

$$u_C(0^+) = \frac{q}{C_0} = \frac{1}{C_0}\int_{0^-}^{0^+} \delta(t)\,\mathrm{d}t = \frac{1}{C_0} \tag{4.7.8}$$

因此,在 $t=0^+$ 时,在 C_0 中的储能为

$$W_C(0^+) = \frac{1}{2}C_0 u_C^2(0^+) = \frac{1}{2C_0} \tag{4.7.9}$$

这是在 $t=0^+$ 时整个系统中的储能,除此之外再无其他电抗性元件有储能。

在 $t=0^+$ 以后,电容 C_0 中的储能开始释放。由于 R_1 的存在,且 C_0 有一条直流放电路径,那么,在 $t\to\infty$ 时,整个系统中的储能将全部被 R_1 消耗掉。即在 $t=0^+$ 时 C_0 中的储能$\frac{1}{2C_0}$必定是全部消耗在电阻 R_1 上的。因此,R_1 上所消耗的能量显然为

$$\int_0^{+\infty} R_1 h^2(t)\,\mathrm{d}t = R_1\int_{-\infty}^{+\infty} h^2(t)\,\mathrm{d}t = \frac{1}{2C_0} \tag{4.7.10}$$

根据帕塞瓦尔定理,有

$$\int_{-\infty}^{+\infty} h^2(t)\,\mathrm{d}t = \frac{1}{2\pi}\int_{-\infty}^{+\infty} \mid H(\mathrm{j}\omega) \mid^2 \mathrm{d}\omega \tag{4.7.11}$$

代入式(4.7.10),得

$$\frac{1}{2\pi}\int_{-\infty}^{+\infty} \mid H(\mathrm{j}\omega) \mid^2 \mathrm{d}\omega = \frac{1}{2C_0R_1} \tag{4.7.12}$$

对于如图 4.8 所示的只含一个电阻的无源网络,利用奈奎斯特等效的热噪声电势源

$e_n(t)$的功率谱密度函数为

$$S_e(\omega) = 2kTR_1 \tag{4.7.13}$$

$e_n(t)$作用于图 4.8 的系统上,在电容 C_0 两端产生的噪声电压的功率谱密度为

$$S_{u_C}(\omega) = |H(\mathrm{j}\omega)|^2 S_e(\omega) = 2kTR_1 |H(\mathrm{j}\omega)|^2 \tag{4.7.14}$$

因此,电容 C_0 上的均方噪声电压为

$$\overline{u_0^2(t)} = \frac{1}{2\pi}\int_{-\infty}^{+\infty} S_{u_C}(\omega)\mathrm{d}\omega = 2kTR_1 \frac{1}{2\pi}\int_{-\infty}^{+\infty} |H(\mathrm{j}\omega)|^2 \mathrm{d}\omega$$

$$= 2kTR_1 \frac{1}{2C_0R_1} = \frac{kT}{C_0} \tag{4.7.15}$$

这个结果与前面由经典力学算出的结果相吻合。因此,奈奎斯特定理成立。

以上的证明是假设电路中只有一个电阻的情况。若电路中有多个电阻,如图 4.9 所示,再来计算这种情况的 $\overline{u_0^2(t)}$,看它与能量等配律的结果是否相等。

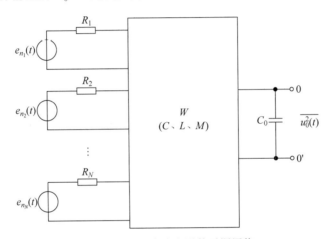

图 4.9　含有多个电阻的无源网络

设电路中共有 N 个电阻 $R_1, R_2, \cdots, R_N$。为了讨论方便,除一个独立电容支路 C_0 外,将所有无耗元件归在一起,放在图中方框内,而电阻放在方框外,各 $e_{n_1}(t), e_{n_2}(t), \cdots,$ $e_{n_N}(t)$ 是相应的奈奎斯特等效的热噪声电势源,各等效热噪声电势源的电压功率谱密度函数为分别 $S_{e_1}(\omega) = 2kTR_1, S_{e_2}(\omega) = 2kTR_2, \cdots, S_{e_N}(\omega) = 2kTR_N$。

在讨论 C_0 两端噪声电压的均方值之前,先来证明叠加原理。

叠加原理:当多个零均值的独立随机信号源同时作用于线性系统时,系统响应的自相关函数等于各随机信号源单独作用于系统时所产生的响应的自相关函数的总和;系统响应的功率谱密度等于各随机信号源单独作用于系统时所产生的响应的功率谱密度的总和;系统响应的均方值等于各随机信号源单独作用于系统时所产生的响应的均方值的总和。

证明:设独立源共有 N 个,分别记为 $X_1(t), X_2(t), \cdots, X_N(t)$,它们单独作用于在系统时产生的响应分别为 $Y_1(t), Y_2(t), \cdots, Y_N(t)$,且各 $Y_i(t)$ 相互独立。由于系统是线

性的,N 个独立源同时作用于系统的总响应为

$$Y(t) = \sum_{i=1}^{N} Y_i(t)$$

因为

$$E[X_i(t)] = 0 \quad (i = 1, 2, \cdots, N)$$

则由 $X_i(t)$ 引起的响应 $Y_i(t)$ 的均值为

$$E[Y_i(t)] = E[X_i(t)]H(0) = 0 \quad (i = 1, 2, \cdots, N)$$

设 $Y_i(t)$ 的自相关函数为 $B_i(\tau)$,根据式(4.4.6)和式(4.4.7)可知,系统输出响应 $Y(t)$ 的自相关函数为

$$B_Y(\tau) = \sum_{i=1}^{N} B_i(\tau)$$

系统输出响应 $Y(t)$ 的功率谱密度为

$$S_Y(\omega) = \sum_{i=1}^{N} S_i(\omega)$$

令 $\tau = 0$ 时,有

$$B_Y(0) = \sum_{i=1}^{N} B_i(0)$$

即

$$\overline{Y^2(t)} = \sum_{i=1}^{N} \overline{Y_i^2(t)}$$

叠加原理得证。

根据叠加原理,图 4.9 系统中电容 C_0 上噪声电压的功率谱密度函数为

$$S_{u_C}(\omega) = \sum_{i=1}^{N} |H_i(\mathrm{j}\omega)|^2 S_{e_i}(\omega) \tag{4.7.16}$$

式中,$H_i(\mathrm{j}\omega)$ 是 $u_0(t)$ 两端对于各 $e_{n_i}(t)$ 的传输函数。所以

$$\overline{u_0^2(t)} = \frac{1}{2\pi} \int_{-\infty}^{+\infty} S_{u_C}(\omega) \mathrm{d}\omega = \frac{1}{2\pi} \int_{-\infty}^{+\infty} \sum_{i=1}^{N} |H_i(\mathrm{j}\omega)|^2 2kTR_i \mathrm{d}\omega$$

$$= 2kT \sum_{i=1}^{N} R_i \frac{1}{2\pi} \int_{-\infty}^{+\infty} |H_i(\mathrm{j}\omega)|^2 \mathrm{d}\omega = 2kT \sum_{i=1}^{N} R_i \int_{-\infty}^{+\infty} h_i^2(t) \mathrm{d}t \tag{4.7.17}$$

式中,$h_i(t)$ 是 $H_i(\mathrm{j}\omega)$ 的傅里叶反变换。

与前面证明传递函数的能量积分定理时的条件一样:当 C_0 两端在 $t = 0$ 时受单位冲激电流源 $\delta(t)$ 作用后,在各个电阻 R_i 中分别激励起的响应电流为 $h_i(t)$。当 $t \to \infty$ 时,R_i 中消耗的能量是

$$\int_{-\infty}^{+\infty} R_i h_i^2(t) \mathrm{d}t$$

这些耗能之总和当然应该等于电容 C_0 在 $t = 0^+$ 时的储能 $\dfrac{1}{2C_0}$。即

$$\sum_{i=1}^{N} \int_{-\infty}^{+\infty} R_i h_i^2(t) \mathrm{d}t = W_C(0^+) = \frac{1}{2C_0} \tag{4.7.18}$$

代入式(4.7.17),得到

$$\overline{u_0^2(t)} = 2kT \frac{1}{2C_0} = \frac{kT}{C_0} \tag{4.7.19}$$

这就证明了在电路中有多个电阻时,奈奎斯特定理仍然成立。

图 4.9 分析热噪声的计算模型具有普遍意义,这种分析计算热噪声的方法不仅对于计算 $\overline{u_0^2(t)}$ 是正确的,而且对于计算电路中任意处的噪声电压或电流的均方值和自相关函数都是正确的。

例 4.5 在如图 4.10 所示的 RC 电路中,检验假设 $S_e(\omega) = 2kTR$ 是否满足能量等配律的结果。

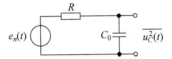

图 4.10 RC 电路的奈奎斯特等效电路

解:已知 $S_e(\omega) = 2kTR$

$$H(\mathrm{j}\omega) = \frac{1}{1 + \mathrm{j}\omega RC}$$

$$|H(\mathrm{j}\omega)|^2 = \frac{1}{1 + (\omega RC)^2} = \frac{\alpha^2}{\alpha^2 + \omega^2}$$

其中 $\alpha = \dfrac{1}{RC}$

$$S_C(\omega) = S_e(\omega)|H(\mathrm{j}\omega)|^2 = \frac{2kTR\alpha^2}{\alpha^2 + \omega^2}$$

$$\overline{u_C^2(t)} = B_C(0) = \frac{1}{2\pi} \int_{-\infty}^{+\infty} \frac{2kTR\alpha^2}{\alpha^2 + \omega^2} \mathrm{d}\omega = \frac{2kTR\alpha^2}{2\pi} \int_{-\infty}^{+\infty} \frac{1}{\alpha^2 + \omega^2} \mathrm{d}\omega$$

$$= \frac{kTR\alpha^2}{\pi} \frac{\pi}{\alpha} = \frac{kT}{C}$$

计算结果表明,$\overline{u_C^2(t)}$ 与能量等配律的结果是一致的。

4.7.2 广义奈奎斯特定理

在由电阻和电抗元件共同组成的二端网络中,它的端口等效阻抗可表示为

$$Z(\mathrm{j}\omega) = R(\omega) + \mathrm{j}X(\omega) \tag{4.7.20}$$

这个电路在温度 T 时,在其端口上当然也有热致的电压起伏。对外电路而言,在二端网络端口上表现出的热噪声可等效为虚拟的、与等效阻抗 $Z(\mathrm{j}\omega)$ 串联的白噪声电势源

$e_n(t)$，其功率谱密度为

$$S_e(\omega) = 2kTR(\omega) \tag{4.7.21}$$

这就是所谓的广义奈奎斯特定理。

证明：再回到图 4.9，不妨在端口 0-0′ 间考虑上述问题，这不失一般性。在 0-0′ 间有热噪声电压的功率密度谱为

$$S_0(\omega) = \sum_{i=1}^{N} |H_i(\mathrm{j}\omega)|^2 S_{e_i}(\omega) = \sum_{i=1}^{N} |H_i(\mathrm{j}\omega)|^2 2kTR_i = 2kT \sum_{i=1}^{N} R_i |H_i(\mathrm{j}\omega)|^2 \tag{4.7.22}$$

设在 $t=0$ 时，系统无初始储能。在 $t=0$ 时，用正弦电流 $I_0(\mathrm{j}\omega)$ 作用于 0-0′ 端，在第 i 个电阻 R_i 中有响应电流为

$$I_i(\mathrm{j}\omega) = H_i(\mathrm{j}\omega) I_0(\mathrm{j}\omega) \tag{4.7.23}$$

这个电流在 R_i 上消耗的功率为

$$|I_i(\mathrm{j}\omega)|^2 R_i = |H_i(\mathrm{j}\omega)|^2 |I_0(\mathrm{j}\omega)|^2 R_i \tag{4.7.24}$$

所有 N 个电阻共消耗的总功率为

$$\sum_{i=1}^{N} |H_i(\mathrm{j}\omega)|^2 |I_0(\mathrm{j}\omega)|^2 R_i = |I_0(\mathrm{j}\omega)|^2 \sum_{i=1}^{N} R_i |H_i(\mathrm{j}\omega)|^2 \tag{4.7.25}$$

现在，再把图 4.9 所示系统按前面所说的方法求出它的等效阻抗 $Z_{00'}$，即

$$Z_{00'}(\mathrm{j}\omega) = R(\omega) + \mathrm{j}X(\omega)$$

同样，用正弦电流 $I_0(\mathrm{j}\omega)$ 作用于 0-0′ 端，此时，该系统消耗的功率为 $|I_0(\mathrm{j}\omega)|^2 R(\omega)$。这个功率应该与前面所有的 N 个电阻消耗的总功率相等，即

$$|I_0(\mathrm{j}\omega)|^2 R(\omega) = |I_0(\mathrm{j}\omega)|^2 \sum_{i=1}^{N} R_i |H_i(\mathrm{j}\omega)|^2 \tag{4.7.26}$$

则

$$R(\omega) = \sum_{i=1}^{N} R_i |H_i(\mathrm{j}\omega)|^2 \tag{4.7.27}$$

式(4.7.27)代入式(4.7.22)，得

$$S_0(\omega) = 2kTR(\omega) \tag{4.7.28}$$

广义奈奎斯特定理得证。

例 4.6 用广义奈奎斯特定理计算 RC 电路中的 $\overline{u_C^2(t)}$。

解：电容 C 两端的等效阻抗为

$$Z(\mathrm{j}\omega) = \frac{R \dfrac{1}{\mathrm{j}\omega C}}{R + \dfrac{1}{\mathrm{j}\omega C}} = \frac{R}{1 + \mathrm{j}\omega RC} = \frac{R(1 - \mathrm{j}\omega RC)}{(1 + \mathrm{j}\omega RC)(1 - \mathrm{j}\omega RC)} = \frac{R}{1 + (\omega RC)^2} - \mathrm{j}\frac{\omega R^2 C}{1 + (\omega RC)^2}$$

所以，RC 电路的广义奈奎斯特等效电路如图 4.11 所示。

$$R(\omega) = \frac{R}{1 + (\omega RC)^2}$$

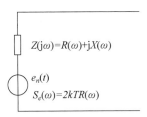

图 4.11　*RC* 电路的广义奈奎斯特等效电路

则

$$S_e(\omega) = 2kTR(\omega) = \frac{2kTR}{1+(\omega RC)^2}$$

$$\overline{u_C^2(t)} = \frac{1}{2\pi}\int_{-\infty}^{+\infty} S_e(\omega)\,\mathrm{d}\omega = \frac{2kTR}{2\pi}\int_{-\infty}^{+\infty}\frac{1}{1+(\omega RC)^2}\,\mathrm{d}\omega = \frac{kT}{C}$$

习题

4.1　已知系统的单位冲激响应 $h(t)=5\mathrm{e}^{-3t}u(t)$。设系统输入随机信号为 $X(t)=M+4\cos(2t+\theta)$，其中 M 和 θ 是相互独立的随机变量，且 θ 在 $(0,2\pi)$ 区间均匀分布，求系统输出响应的表达式。

4.2　设输入随机信号 $X(t)$ 的自相关函数 $B_X(\tau)=a^2+b\mathrm{e}^{-|\tau|}$，式中 a、b 为正实常数。系统的单位冲激响应为 $h(t)=\mathrm{e}^{-at}u(t)(\alpha>0)$，求该系统输出随机信号的均值。

4.3　设输入随机信号 $X(t)$ 的自相关函数 $B_X(\tau)=\dfrac{\beta N_0}{4}\mathrm{e}^{-\beta|\tau|}(\beta>0)$，系统的单位冲激响应 $h(t)=b\mathrm{e}^{-bt}u(t)(b>0$ 且 $b\neq\beta)$，求该系统输出随机信号的自相关函数。

4.4　已知系统的单位冲激响应 $h(t)=t\mathrm{e}^{-3t}u(t)$。设系统输入为功率谱密度为 $4\mathrm{V}^2/\mathrm{Hz}$ 的白噪声与 $2\mathrm{V}$ 直流分量之和，试求系统输出的均值、方差和均方值。

4.5　功率谱密度为 $\dfrac{N_0}{2}$ 的白噪声，输入到具有如题 4.5 图所示传输特性的滤波器中，求滤波器输出端的噪声功率。

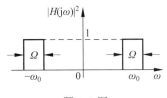

题 4.5 图

4.6　设系统的单位冲激响应 $h(t)=\delta(t)-2\mathrm{e}^{-2t}u(t)$，其输入随机信号的自相关函数 $B_X(\tau)=16+16\mathrm{e}^{-2|\tau|}$，试求系统输出端总的平均功率和交流平均功率。

4.7　设线性系统的单位冲激响应为 $h(t)=\alpha\mathrm{e}^{-at}u(t)(\alpha>0)$，输入随机相位正弦信号 $X(t)=\sin(\omega_0 t+\varphi)$，其中 ω_0 为正实常数，φ 是在 $(0,2\pi)$ 区间均匀分布的随机变量，试求系统输出随机信号的功率谱密度。

4.8　证明：系统冲激响应函数的自相关积分与其功率传输函数是一对傅里叶变换。

4.9　如题 4.9 图所示 *RL* 电路，设输入随机信号 $X(t)$ 为功率谱密度 $S_X(\omega)=S_0$

的白噪声,试求:(1)电路输出端 $Y(t)$ 的自相关函数和自相关时间;(2)输入输出的两个互相关函数。

4.10 如题 4.10 图所示 RC 电路,设输入随机信号 $X(t)$ 为功率谱密度 $S_X(\omega)=S_0$ 的白噪声,试求:(1)电路输出端 $Y(t)$ 的自相关函数和自相关时间;(2)输入、输出的两个互相关函数。

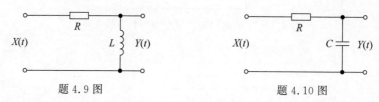

题 4.9 图   题 4.10 图

4.11 证明:若输入随机信号 $X(t)$ 是宽平稳的,则系统输出随机信号 $Y(t)$ 也是宽平稳的,且输入和输出是联合宽平稳的。

4.12 自相关函数为 $\dfrac{N_0}{2}\delta(\tau)$ 的白噪声通过如下传输函数的滤波器

$$H(\mathrm{j}\omega)=\frac{\omega_0}{\omega_0+\mathrm{j}\omega}$$

试求:(1)输出噪声的平均功率;(2)输出噪声的自相关时间和等效功率谱带宽。

4.13 设一个零均值平稳随机过程 $X(t)$ 加到一个单位冲激响应为

$$h(t)=\begin{cases}\alpha\mathrm{e}^{-at} & (0\leqslant t\leqslant T)\\ 0 & (\text{其他})\end{cases}$$

的线性滤波器的输入端,$X(t)$ 的功率谱密度为 $S_X(\omega)$,试求滤波器输出端的功率谱密度。

4.14 设线性系统的单位冲激响应 $h(t)=3\mathrm{e}^{-3t}u(t)$,其输入是自相关函数为 $B_X(\tau)=2\mathrm{e}^{-4|\tau|}$ 的随机信号。试求输出随机信号的自相关函数和平均功率。

4.15 如题 4.15 图所示线性系统。$X(t)$ 是零均值的宽平稳随机过程,其自相关函数 $B_X(\tau)=10\cos100\tau$,已知

$$h_1(t)=\delta(t-10)$$

$$h_2(t)=2\times10^3\,\frac{\sin10^3(t-3)}{10^3(t-3)}$$

试求:(1)$Y(t)$ 的自相关函数和平均功率;(2)$Z(t)$ 的自相关函数和平均功率。

$$X(t) \rightarrow \boxed{h_1(t)} \xrightarrow{Y(t)} \boxed{h_2(t)} \xrightarrow{Z(t)}$$

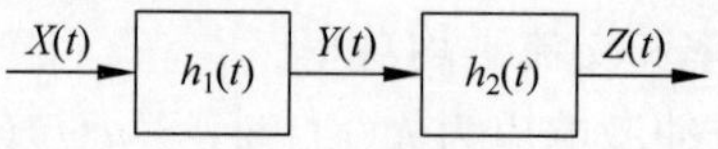

题 4.15 图

4.16 有一系统如题 4.16 图所示。$X(t)$ 是系统输入,$Z(t)$ 是系统输出。试用频域分析法求:(1)系统的传输函数;(2)当输入为功率谱密度为 S_0 的白噪声时,输出 $Z(t)$

的平均功率。$\left(提示：积分\int_0^{+\infty}\dfrac{\sin^2 ax}{x^2}\mathrm{d}x=\dfrac{\pi}{2}\mid a\mid\right)$

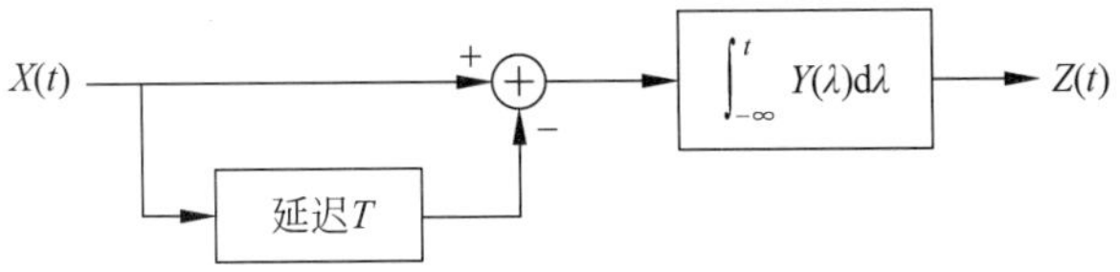

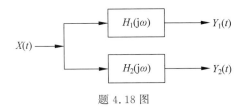

题 4.16 图

4.17 已知零均值平稳随机过程 $X(t)$ 的自相关函数 $B_X(\tau)=A^2\mathrm{e}^{-\alpha|\tau|}\cos\omega_0\tau$。试求 $Y(t)=aX(t)+b\dfrac{\mathrm{d}X(t)}{\mathrm{d}t}$ 的功率谱密度。（a、b 为常数）

4.18 某单输入、双输出的线性系统如题 4.18 图所示。若 $X(t)$ 为平稳随机过程，证明：输出 $Y_1(t)$ 和 $Y_2(t)$ 的互功率谱密度 $S_{Y_1Y_2}(\omega)=H_1^*(\mathrm{j}\omega)H_2(\mathrm{j}\omega)S_X(\omega)$。

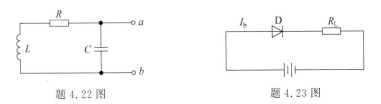

题 4.18 图

4.19 联合宽平稳过程 $X_1(t)$ 和 $X_2(t)$ 作用到冲激响应为 $h(t)$ 的线性时不变系统，输出响应为 $Y(t)$。若 $X_1(t)$ 和 $X_2(t)$ 是统计独立的。证明：$Y(t)$ 的功率谱为

$$S_Y(\omega)=\mid H(\mathrm{j}\omega)\mid^2\big[S_{X_1}(\omega)+S_{X_2}(\omega)+4\pi\overline{X_1(t)}\;\overline{X_2(t)}\delta(\omega)\big]$$

4.20 试求 RL 电路中噪声电流的均方根值。

4.21 试求流过串联 RLC 电路的噪声电流的功率谱密度。

4.22 如题 4.22 图所示 RLC 电路，在温度为 T 时，电路已处于热平衡状态。求 ab 两端的热噪声电压的功率谱密度。

4.23 如题 4.23 图所示，二极管运用于允许温度 20℃，$I_b=5\mathrm{mA}$，$R_L=10\mathrm{k}\Omega$。试求：（1）在 $10\mathrm{kHz}$ 带宽内，由二极管引起的 R_L 上的均方根噪声电压；（2）在 $10\mathrm{kHz}$ 带宽内，由电阻性负载引起的 R_L 上的均方根噪声电压；（3）在 $10\mathrm{kHz}$ 带宽内，R_L 上总的均方根噪声电压。

题 4.22 图   题 4.23 图

4.24 如题 4.24 图所示电路中，$i(t)$ 是白噪声电流源，放大器为无噪网络，其输入阻抗为无穷大。设白噪声电流源的功率谱密度为 $S_i(f)=10^{-20}\mathrm{A}^2/\mathrm{Hz}$，$C=0.1\mu\mathrm{f}$，$G=$

10^{-3} s,放大器增益为 10^3。试求：(1)放大器输入端的电压功率谱密度；(2)放大器输出端的均方根噪声电压。

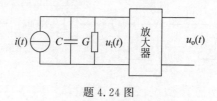

题 4.24 图

第5章

窄带系统和窄带随机信号

本章将要讨论一种特殊的线性系统和一种特殊的随机信号,即窄带系统和窄带随机信号。在电子系统中,窄带系统是很多的,如一般通信系统中的高频和中频放大器就是窄带系统。当随机信号通过窄带系统后,输出随机信号的功率谱密度函数常常被限制在窄带系统中心频率 ω_0 附近一个很窄的频率范围 $\Delta\omega$ 内(且 $\omega_0 \gg \Delta\omega$),这样的随机信号称为窄带随机信号或窄带随机过程,它是在雷达、通信中经常遇到并需要处理的一种极为重要的信号。

5.1 窄带系统及其特点

5.1.1 窄带系统及其包络线特性

窄带系统的幅频特性如图 5.1 所示。这种窄带系统只允许靠近高频 ω_0 附近的频率分量通过。

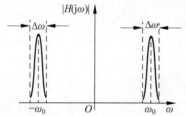

图 5.1 窄带系统的幅频特性

下面,用信号与系统里学过的复频域分析法,对窄带系统的系统函数 $H(s)$ 进行分析。一个实际的线性时不变系统的系统函数 $H(s)$,必是复变量 s 的实有理函数,这是系统函数的最基本的性质。

设窄带系统输入为 $x(t)$,输出为 $y(t)$,$x(t)$ 和 $y(t)$ 的拉普拉斯变换分别为 $X(s)$ 和 $Y(s)$。当系统结构已知时,其系统函数

$$H(s) = \frac{Y(s)}{X(s)} = A\,\frac{(s-z_1)(s-z_2)\cdots(s-z_m)}{(s-p_1)(s-p_2)\cdots(s-p_n)} \quad (m < n) \quad (5.1.1)$$

式中,分母多项式为零时方程的根 $p_1, p_2, \cdots, p_n$,称为系统函数 $H(s)$ 的极点,分子多项式为零时方程的根 $z_1, z_2, \cdots, z_m$ 称为系统函数 $H(s)$ 的零点。所以,极点和零点或者位于 s 平面的实轴上,或者成对地位于与实轴对称的位置上。

把系统函数的极点和零点标绘在 s 平面中,就成为系统函数的极零点分布图,简称极零图。极零图也和频率特性一样,能够用来表示系统的特性。

物理可实现的无源网络,其系统函数 $H(s)$ 的极点只能在左半平面或虚轴上。只有理想和纯电抗网络,才能在虚轴上有一阶极点,而实际的无源网络都是有损耗的,所以它的极点只能在左半平面上。

由于窄带系统是低耗的无源网络,因此,它的系统函数 $H(s)$ 的极点一定是靠近虚轴的。又因窄带系统有 $\omega_0 \gg 0$ 和 $\omega_0 \gg \Delta\omega$,则 $H(s)$ 的极点远离原点且各通带内极点紧密成簇。

若系统是窄带的,且其极点簇关于中心线 $j\omega = \pm j\omega_0$ 对称,则该系统为窄带对称系统。窄带对称系统的幅频特性和极点分布分别如图 5.1 和图 5.2 所示。

例如,如图 5.3 所示的 RLC 电路,该电路的频率特性具有对称的带通特性,若选择合适的参数,使其中心频率远大于它的带宽,则可构成一个窄带对称系统。下面以它为

例来说明窄带系统的包络线特性。

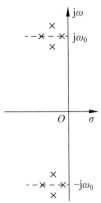

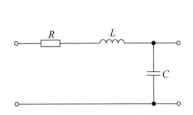

图 5.2　窄带对称系统函数的极点分布　　　　　图 5.3　RLC 电路

图 5.3 所示的 RLC 电路的系统函数为

$$H(s) = \frac{\dfrac{1}{sC}}{R + sL + \dfrac{1}{sC}} = \frac{1}{LC}\frac{1}{s^2 + \dfrac{R}{L}s + \dfrac{1}{LC}} = \frac{1}{LC}\frac{1}{(s-p_1)(s-p_2)} \quad (5.1.2)$$

其中,

$$p_{1,2} = \frac{-\dfrac{R}{L} \pm \sqrt{\left(\dfrac{R}{L}\right)^2 - 4\dfrac{1}{LC}}}{2} = -\frac{R}{2L} \pm \mathrm{j}\frac{1}{\sqrt{LC}}\sqrt{1 - \frac{CR^2}{4L}}$$

$$= -\alpha \pm \mathrm{j}\omega_0\sqrt{1 - \frac{1}{4Q_0^2}} \quad (5.1.3)$$

式中,$\alpha = \dfrac{R}{2L}$ 为电路的衰减因子,$\omega_0 = \dfrac{1}{\sqrt{LC}}$ 为电路的谐振频率,$Q_0 = \dfrac{1}{R}\sqrt{\dfrac{L}{C}}$ 为电路的品质因数。一般地,有 $Q_0 \gg 1$。所以

$$p_{1,2} \approx -\alpha \pm \mathrm{j}\omega_0 \quad (5.1.4)$$

所以

$$H(s) = \frac{1}{LC}\frac{1}{(s-p_1)(s-p_2)}$$

$$= \frac{1}{LC}\left[\frac{1}{p_1-p_2}\frac{1}{(s-p_1)} - \frac{1}{p_1-p_2}\frac{1}{(s-p_2)}\right] \quad (5.1.5)$$

则系统的冲激响应为

$$h(t) = \frac{1}{LC}\left[\frac{1}{p_1-p_2}(\mathrm{e}^{p_1 t} - \mathrm{e}^{p_2 t})\right]u(t)$$

$$= \frac{1}{LC}\frac{1}{\mathrm{j}2\omega_0}\left[\mathrm{e}^{(-\alpha+\mathrm{j}\omega_0)t} - \mathrm{e}^{(-\alpha-\mathrm{j}\omega_0)t}\right]u(t)$$

$$= \frac{1}{\mathrm{j}2LC\omega_0} \mathrm{e}^{-at} \left[\mathrm{e}^{\mathrm{j}\omega_0 t} - \mathrm{e}^{-\mathrm{j}\omega_0 t} \right] u(t)$$

$$= \frac{\omega_0^2}{\mathrm{j}2\omega_0} \mathrm{e}^{-at} 2\mathrm{j}\sin\omega_0 tu(t)$$

$$= \omega_0 \mathrm{e}^{-at} \sin\omega_0 tu(t) \tag{5.1.6}$$

由式(5.1.6)可知,RLC 电路的频率特性为

$$H(\mathrm{j}\omega) = \frac{\omega_0^2}{(\alpha + \mathrm{j}\omega)^2 + \omega_0^2} \tag{5.1.7}$$

只要选择合适参数,使 $\omega_0 \gg 0$,则 RLC 电路的幅频特性具有如图5.1所示的特性,即该电路为一个窄带对称系统。

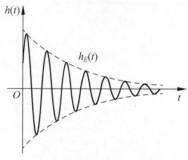

图 5.4 窄带对称系统的冲激响应

从式(5.1.6)可以看出,由 RLC 电路构成的窄带对称系统的冲激响应由慢变化的指数衰减部分 $\omega_0 \mathrm{e}^{-at} u(t)$ 和高频正弦振荡相乘构成。这一特点具有普遍意义。实际上,对于任何窄带对称系统,系统的冲激响应函数 $h(t)$ 总可以表示为

$$h(t) = h_E(t)\cos(\omega_0 t + \varphi) \tag{5.1.8}$$

也就是说,$h(t)$ 可以分解成慢变化部分 $h_E(t)$ 和快速变化部分 $\cos(\omega_0 t + \varphi)$,如图5.4所示。$h_E(t)$ 称为窄带对称系统冲激响应的包络。

5.1.2 窄带对称系统的包络线定理

由式(5.1.8)可知,窄带对称系统的冲激响应可以表示为一个包络 $h_E(t)$ 和高频正弦振荡 $\cos(\omega_0 t + \varphi)$ 相乘,那么,是否可以通过寻求包络 $h_E(t)$ 来确定窄带对称系统的冲激响应 $h(t)$ 呢? 包络线定理给出了解决这个问题的方法。

包络线定理的做法是先求得 $H(s)$,取出它的包络 $h_E(t)$ 所对应的 $H_E(s)$,对其进行拉普拉斯反变换,得到 $h_E(t)$,再用 $h_E(t)$ 恢复 $h(t)$。这里拉普拉斯反变换的对象是比 $H(s)$ 简单得多的 $H_E(s)$,当然问题被大大简化了。

包络线定理的证明比较复杂,这里只给出定理的具体步骤,而不予以证明。包络线定理的具体步骤是:

(1) 求出系统的系统函数 $H(s)$。例如,有一个三对共轭极点的系统,其系统函数为

$$H(s) = \frac{A}{(s-p_1)(s-p_2)(s-p_3)(s-p_1^*)(s-p_2^*)(s-p_3^*)} \tag{5.1.9}$$

(2) 求出 $H(s)$ 的极点分布图。式(5.1.9)的极点分布图如图5.5所示。

(3) 去掉一个极点簇(如去掉第三象限的极点簇),把余下的极点簇(如第二象限的极点簇)沿虚轴平移,使其极点簇中心对称线与实轴重合。例如,由图5.5可得到图5.6。图5.6就是 $H(s)$ 派生出来的包络线 $H_E(s)$ 的极点分布图,也称为 $H(s)$ 的包络平面。

根据包络平面可求得包络的系统函数

$$H_E(s) = \frac{1}{(s - p'_1)(s - p'_2)(s - p'_3)} \tag{5.1.10}$$

式中，$p'_1 = p_1 - j\omega_0$，$p'_2 = p_2 - j\omega_0$，$p'_3 = p_3 - j\omega_0$。

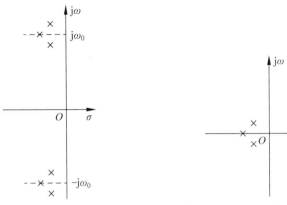

图 5.5　$H(s)$ 极点分布图　　　图 5.6　$H_E(s)$ 极点分布图

容易理解，$H_E(s)$ 是该窄带系统等效低通网络的系统函数。

（4）对 $H_E(s)$ 进行拉普拉斯反变换得到 $h_E(t)$。

$$h_E(t) = \mathcal{L}^{-1}[H_E(s)]\frac{2A}{|K|} \tag{5.1.11}$$

式中，$K = (j2\omega_0)^n$，n 是 $H_E(s)$ 的极点的数。

（5）由 $h_E(t)$ 求 $h(t)$。

$$h(t) = h_E(t)\cos(\omega_0 t - \theta_K)u(t) \tag{5.1.12}$$

式中，$\theta_K = \angle K$，即 K 的辐角。$u(t)$ 是单位阶跃函数。

包络线定理给出了一个求解窄带对称系统冲激响应的简单办法。特别是在许多情况下，只关心 $h(t)$ 的包络 $h_E(t)$，这时，包络线定理就显得更重要了。此时，并不需要首先从 $H(s)$ 求 $h(t)$，然后设法整理成式(5.1.8)的形式来求得 $h_E(t)$，而可以用包络线定理，从 $H(s)$ 的 s 平面导出 $H_E(s)$ 的 s 平面，然后根据式(5.1.11)求得 $h_E(t)$，省去很多麻烦的运算。

例如，用包络线定理的方法求图 5.3 所示的 RLC 电路的冲激响应 $h(t)$，可使计算大大简化。

根据图 5.3 所示的 RLC 电路的系统函数式(5.1.2)，画出 $H(s)$ 的极点分布图，如图 5.7 所示，再派生得到 $H_E(s)$ 的极点分布图，如图 5.8 所示。

因此，$H_E(s)$ 的极点为

$$p'_1 = p_1 - j\omega_0 = -\alpha$$

则

$$H_E(s) = \frac{1}{s - \alpha} \tag{5.1.13}$$

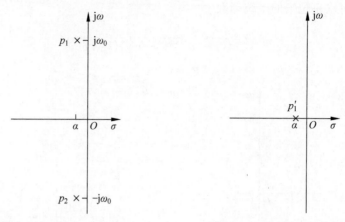

图 5.7 $H(s)$ 极点分布图   图 5.8 $H_E(s)$ 极点分布图

由式(5.1.13)知,$K = \mathrm{j}2\omega_0$,因而

$$|K| = 2\omega_0, \quad \theta_K = \angle K = \frac{\pi}{2}$$

所以

$$h_E(t) = \frac{2A}{|K|}\mathrm{e}^{-\alpha t}u(t) = \frac{2\omega_0^2}{2\omega_0}\mathrm{e}^{-\alpha t}u(t) = \omega_0\mathrm{e}^{-\alpha t}u(t) \tag{5.1.14}$$

由式(5.1.12)得

$$h(t) = h_E(t)\cos(\omega_0 t - \theta_K)u(t) = \omega_0\mathrm{e}^{-\alpha t}\sin\omega_0 t u(t) \tag{5.1.15}$$

可以看出,式(5.1.15)与式(5.1.6)是完全一样的。而用包络线定理的方法求 $h(t)$ 比直接由 $H(s)$ 求 $h(t)$ 简单得多。

5.2   窄带随机信号的基本概念

5.2.1   窄带随机信号的定义

窄带随机信号是在通信、雷达等电子系统中经常遇到并需要处理的一类特殊的随机信号。窄带随机信号的定义如下。

定义   一个平稳随机信号 $X(t)$,若它的功率谱密度函数 $S_X(\omega)$ 具有如下形式:

$$S_X(\omega) = \begin{cases} S_X(\omega) & \left(\omega_0 - \dfrac{\Delta\omega}{2} \leqslant |\omega| \leqslant \omega_0 + \dfrac{\Delta\omega}{2}\right) \\ 0 & （其他） \end{cases} \tag{5.2.1}$$

而且信号的带宽 $\Delta\omega$ 满足 $\Delta\omega \ll \omega_0$,则称此随机信号为窄带随机信号或窄带随机过程。$\omega_0$ 为窄带随机信号的中心频率。

图 5.9 给出了典型窄带随机信号的功率谱密度。

由此可知,窄带随机信号的功率谱分布在一个很窄的频率范围内,且它的频带宽度

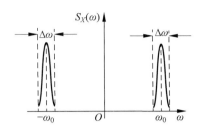

图 5.9　窄带随机信号的功率谱密度

远小于其中心频率。

　　显然,当具有均匀功率谱密度的白噪声通过窄带系统后,输出即为窄带随机信号。

5.2.2　窄带随机信号的准正弦振荡表示

　　从示波器上来观测窄带随机信号的样本函数波形,可看到如图 5.10 所示的类似于正弦波的波形,但此正弦波的幅度和相位都在缓慢地随机变化。因此,窄带随机信号表现为具有角频率 ω_0,幅度与相位对于角频率 ω_0 而言缓慢变化的正弦振荡形式。因此,可以把窄带随机信号表示为

$$n_0(t) = R(t)\cos[\omega_0 t + \theta(t)] \tag{5.2.2}$$

式中,$R(t)$ 是窄带随机信号的慢变化幅度,称为窄带随机信号的包络;$\theta(t)$ 是信号的慢变化相位,称为窄带随机信号的随机相位,它们都是随机过程。称式(5.2.2)为准正弦振荡。这看起来形似一个调幅的正弦波,调幅包络是一个随机起伏过程,频率的瞬时相位也不是确定的,这可以从图 5.10 中过横轴点之间的距离不相等看出来。

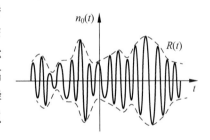

图 5.10　窄带随机信号的样本函数

　　下面通过分析具有均匀功率谱密度的理想白噪声通过窄带系统时发生的物理现象,来进一步说明窄带随机信号为什么可以表示为准正弦振荡。

　　如前所述,当窄带系统的输入端加入高斯白噪声 $n_i(t)$ 时,窄带系统输出即为窄带随机信号,如图 5.11 所示。

图 5.11　高斯白噪声输入窄带系统

　　高斯白噪声 $n_i(t)$ 是由大量 δ 型脉冲的随机叠加而成的,可表示为

$$n_i(t) = \sum_{k=1}^{N} a_k \delta(t - t_k) \tag{5.2.3}$$

当 δ 冲激函数作用于窄带系统时,由式(5.1.8)可知,窄带系统输出端的响应为

$$h(t) = h_E(t)\cos(\omega_0 t + \varphi) \tag{5.2.4}$$

根据线性时不变系统的性质,大量 δ 冲激函数,一个接一个地作用于窄带系统,其输出 $n_0(t)$ 为

$$n_0(t) = \sum_{k=1}^{N} a_k h(t - t_k) = \sum_{k=1}^{N} a_k h_E(t - t_k)\cos[\omega_0(t - t_k) + \varphi] \tag{5.2.5}$$

式中的每一项 $a_k h_E(t - t_k)\cos[\omega_0(t - t_k) + \varphi]$ 都是一个衰减的正弦振荡,其振荡频率等于窄带系统本身的中心频率 ω_0,振荡振幅由作用脉冲的面积 a_k 决定。由于 δ 型脉冲的面积一般情况下是随机的,因此,每一个衰减的正弦振荡的起始振荡振幅也将是随机的。此外,窄带系统是有损耗的,因此在这种窄带系统中的自由振荡将是衰减的。

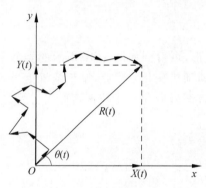

图 5.12 随机衰减矢量叠加示意图

根据电路理论的知识,可以用幅度衰减的旋转矢量来表示一个衰减的正弦振荡 $a_k h_E(t - t_k)\cos[\omega_0(t - t_k) + \varphi]$。这样,总和旋转矢量 $R(t)$ 就是这些幅度衰减的旋转矢量之和。这些旋转矢量都是相同的角速度 ω_0,并有相同的衰减规律。若坐标系以 ω_0 旋转,则旋转矢量可以画成并不旋转的矢量,如图 5.12 所示。

随着时间的推移,在随机的角度位置上,不断地会出现幅度为 $a_k h_E(t - t_k)$ 的新矢量,与原来的总和矢量相叠加,图 5.12 表示了这样的发展过程。

假定这个累加过程从 $t = 0$ 开始,这样,矢量的数量随着时间的增长而增多,它们的叠加构成总和矢量。

由于所有矢量都是衰减的,因此,总和矢量的长度 $R(t)$ 不会因为矢量个数的增加而无限地增长下去,而是当 $R(t)$ 增至一定长度时,趋于上升的倾向与自然衰减的倾向互相平衡,而达到相对稳定状态。

这个所谓相对稳定状态,并不是确定地稳定于一个值上的,有时有可能增长的因素大于衰减的因素,有时则可能出现相反的情况。但是,一旦振幅大于"相对稳定状态值",衰减的倾向就加强;而一旦振幅小于"相对稳定状态值",衰减的倾向就减弱。这将有利于使振幅回升到"相对稳定状态"。这些不断出现的新矢量,将不断地随机改变总和矢量的长度,它们在平均意义上补足总矢量的长度,并且也不断地随机地改变总矢量的方位角,但是,总的来说,总矢量基本上还是一个大体上稳定的旋转的矢量,它相当于一个振幅和相位不断缓慢随机起伏的正弦波,称为准正弦波。因此,窄带随机信号的波形是如图 5.10 所示的准正弦振荡的波形。

5.2.3 窄带随机信号的莱斯表示

为了后面的讨论方便,可以将图 5.12 中每一小矢量分解为水平方向和垂直方向的

两个矢量。同样,总和矢量 $R(t)$ 也可看成由水平方向分量 $X(t)$ 和垂直方向分量 $Y(t)$ 的矢量和。这样,总和矢量的水平方向长度 $X(t)$ 由各水平小矢量长度 $x_k(t)$ 累加而得,垂直方向分量长度 $Y(t)$ 由各垂直小矢量长度 $y_k(t)$ 累加而得。

设第 k 个小矢量的振幅为 $r_k(t)$,与横坐标之间的夹角为 $\theta_k(t)$,则有

$$X(t) = \sum_{k=1}^{N} x_k(t) = \sum_{k=1}^{N} r_k(t)\cos\theta_k(t) = R(t)\cos\theta(t) \tag{5.2.6}$$

$$Y(t) = \sum_{k=1}^{N} y_k(t) = \sum_{k=1}^{N} r_k(t)\sin\theta_k(t) = R(t)\sin\theta(t) \tag{5.2.7}$$

显然

$$R(t) = \sqrt{X^2(t) + Y^2(t)} \tag{5.2.8}$$

$$\theta(t) = \arctan\frac{Y(t)}{X(t)} \tag{5.2.9}$$

于是,窄带随机信号还可以表示为

$$\begin{aligned}
n_0(t) &= R(t)\cos[\omega_0 t + \theta(t)] \\
&= R(t)\cos\theta(t)\cos\omega_0 t - R(t)\sin\theta(t)\sin\omega_0 t \\
&= X(t)\cos\omega_0 t - Y(t)\sin\omega_0 t
\end{aligned} \tag{5.2.10}$$

称式(5.2.10)为窄带随机信号的莱斯表示式。

由于包络 $R(t)$ 和相位 $\theta(t)$ 都是时间的随机函数,所以 $X(t)$ 和 $Y(t)$ 也是时间的随机函数,它们分别也是随机过程。下面不加证明,给出随机过程 $X(t)$ 和 $Y(t)$ 的一些性质。设窄带随机信号 $n_0(t)$ 为零均值的宽平稳随机信号,那么

(1) $X(t)$ 和 $Y(t)$ 分别是宽平稳随机过程,且 $X(t)$ 和 $Y(t)$ 是联合宽平稳的;

(2) $X(t)$ 和 $Y(t)$ 的均值都为 0,即 $\overline{X(t)} = \overline{Y(t)} = 0 = \overline{n_0(t)}$;

(3) $X(t)$ 和 $Y(t)$ 的自相关函数相等,即 $B_X(\tau) = B_Y(\tau)$;

(4) $X(t)$ 和 $Y(t)$ 的功率谱密度相等,即 $S_X(\omega) = S_Y(\omega)$;

(5) $X(t)$ 和 $Y(t)$ 的平均功率相等,它们也等于窄带随机信号 $n_0(t)$ 的平均功率,即 $B_X(0) = B_Y(0) = B_{n_0}(0) = \sigma^2$;

(6) $B_{XY}(\tau) = -B_{YX}(\tau)$;

(7) $B_{XY}(0) = -B_{YX}(0) = 0$;

(8) $S_{XY}(\omega) = -S_{YX}(\omega)$。

由此可见,对于零均值的平稳窄带随机信号 $n_0(t)$,其包络的水平和垂直分量 $X(t)$ 和 $Y(t)$ 是零均值的平稳随机过程,$X(t)$ 与 $Y(t)$ 两个分量与 $n_0(t)$ 具有相同的平均功率,$X(t)$ 与 $Y(t)$ 有相同的自相关函数和功率谱密度函数。

5.3　窄带高斯随机信号的包络和相位的分布

窄带高斯随机信号是在电子信息和通信系统中最常遇到的窄带信号。在许多实际应用中,常常需要检测窄带随机信号包络或相位的信息。下面研究窄带高斯随机信号包

络和相位的统计特性。

5.3.1 窄带高斯随机信号的包络和相位的一维分布

在 5.2 节讲过,具有均匀功率谱密度的理想白噪声通过窄带系统,其输出 $n_0(t)$ 为窄带随机信号,可表示为

$$n_0(t) = \sum_{k=1}^{N} a_k h(t-t_k) = R(t)\cos[\omega_0 t + \theta(t)]$$
$$= X(t)\cos\omega_0 t - Y(t)\sin\omega_0 t \tag{5.3.1}$$

这里,设 $n_0(t)$ 为零均值的平稳窄带高斯信号,其方差为 σ^2(通常称为窄带高斯噪声)。

$$X(t) = \sum_{k=1}^{N} x_k(t) \tag{5.3.2}$$

$$Y(t) = \sum_{k=1}^{N} y_k(t) \tag{5.3.3}$$

由于各 δ 型脉冲相互独立,使得各 $a_k h(t-t_k)$ 也相互独立。所以,各 $x_k(t)$ 和各 $y_k(t)$ 也相互独立。根据中心极限定理:假设被研究的随机变量可以表示成大量独立随机变量之和,其中每一个随机变量对于总和只起微小的作用,则这个总和随机变量服从高斯分布。因此,$X(t)$ 和 $Y(t)$ 都服从高斯分布,且相互独立。即

$$X(t) \sim N(0, \sigma^2)$$
$$Y(t) \sim N(0, \sigma^2)$$

所以,$X(t)$ 和 $Y(t)$ 的一维概率密度函数分别为

$$f_{X1}(x) = \frac{1}{\sqrt{2\pi}\sigma} e^{-\frac{x^2}{2\sigma^2}} \quad (-\infty < x < +\infty) \tag{5.3.4}$$

$$f_{Y1}(y) = \frac{1}{\sqrt{2\pi}\sigma} e^{-\frac{y^2}{2\sigma^2}} \quad (-\infty < y < +\infty) \tag{5.3.5}$$

$X(t)$ 和 $Y(t)$ 的二维联合概率密度函数为

$$f_2(x,y) = f_{X1}(x)f_{Y1}(y) = \frac{1}{\sqrt{2\pi}\sigma} e^{-\frac{x^2}{2\sigma^2}} \frac{1}{\sqrt{2\pi}\sigma} e^{-\frac{y^2}{2\sigma^2}}$$
$$= \frac{1}{2\pi\sigma^2} e^{-\frac{x^2+y^2}{2\sigma^2}} \quad (-\infty < x < +\infty, -\infty < y < +\infty) \tag{5.3.6}$$

因为

$$X(t) = R(t)\cos\theta(t) \tag{5.3.7}$$
$$Y(t) = R(t)\sin\theta(t) \tag{5.3.8}$$

因此,随机过程 $X(t)$ 和 $Y(t)$ 在孤立时刻 t 所处的状态与随机过程 $R(t)$ 和 $\theta(t)$ 在孤立时刻 t 所处的状态满足如下函数关系:

$$x = R\cos\theta \tag{5.3.9}$$
$$y = R\sin\theta \tag{5.3.10}$$

通过二维随机变量的函数变换可求得 $R(t)$ 和 $\theta(t)$ 的二维联合概率密度 $\varphi_2(R,\theta)$。

根据概率密度函数的定义,有

$$\varphi_2(R,\theta)\mid \mathrm{d}S_{R\theta}\mid = f_2(x,y)\mid \mathrm{d}S_{xy}\mid \tag{5.3.11}$$

其中,$\mathrm{d}S_{xy}$ 是 xOy 平面的微面积,而 $\mathrm{d}S_{R\theta}$ 是 $RO\theta$ 平面的微面积。则

$$\varphi_2(R,\theta) = f_2(x,y)\left|\frac{\mathrm{d}S_{xy}}{\mathrm{d}S_{R\theta}}\right| = f_2(x,y)\mid J\mid \tag{5.3.12}$$

这里,J 是微面积变换关系的雅可比行列式

$$J = \begin{vmatrix} \dfrac{\partial X}{\partial R} & \dfrac{\partial Y}{\partial R} \\ \dfrac{\partial X}{\partial \theta} & \dfrac{\partial Y}{\partial \theta} \end{vmatrix} = \begin{vmatrix} \cos\theta & \sin\theta \\ -R\sin\theta & R\cos\theta \end{vmatrix} = R \tag{5.3.13}$$

所以

$$\varphi_2(R,\theta) = Rf_2(x,y) = \frac{R}{2\pi\sigma^2}\mathrm{e}^{-\frac{R^2}{2\sigma^2}} \quad (R\geqslant 0, 0\leqslant\theta\leqslant 2\pi) \tag{5.3.14}$$

因此,随机过程 $R(t)$ 的一维概率密度函数为

$$f_{R1}(R) = \int_0^{2\pi}\varphi_2(R,\theta)\mathrm{d}\theta = \int_0^{2\pi}\frac{R}{2\pi\sigma^2}\mathrm{e}^{-\frac{R^2}{2\sigma^2}}\mathrm{d}\theta = \frac{R}{\sigma^2}\mathrm{e}^{-\frac{R^2}{2\sigma^2}} \quad (R\geqslant 0) \tag{5.3.15}$$

式(5.3.15)表明,窄带高斯信号的包络的一维分布服从瑞利分布。

随机过程 $\theta(t)$ 的一维概率密度函数为

$$f_{\theta 1}(\theta) = \int_0^{+\infty}\varphi_2(R,\theta)\mathrm{d}R = \int_0^{+\infty}\frac{R}{2\pi\sigma^2}\mathrm{e}^{-\frac{R^2}{2\sigma^2}}\mathrm{d}R$$

令 $t = \dfrac{R^2}{2\sigma^2}$

$$f_{\theta 1}(\theta) = \int_0^{+\infty}\frac{1}{2\pi}\mathrm{e}^{-t}\mathrm{d}t = \frac{1}{2\pi} \quad (0\leqslant\theta\leqslant 2\pi) \tag{5.3.16}$$

式(5.3.16)表明,窄带高斯信号的相位的一维分布是均匀分布的。

比较式(5.3.14)、式(5.3.15)和式(5.3.16)可得

$$\varphi_2(R,\theta) = f_{R1}(R)f_{\theta 1}(\theta) \tag{5.3.17}$$

即窄带高斯信号的包络和相位在同一时刻的状态是两个统计独立的随机变量。但是,这并不意味着窄带高斯信号的包络 $R(t)$ 和相位 $\theta(t)$ 这两个随机过程是相互独立的。

5.3.2 窄带高斯随机信号的包络和相位的二维分布

按照 5.3.1 节推导窄带高斯随机过程包络和相位的一维分布的思路,可以首先求得包络和相位的四维联合概率密度函数 $\varphi_4(R_1,R_2;\theta_1,\theta_2)$,然后通过求边缘概率密度函数,推导出窄带高斯随机信号包络和相位的二维概率密度函数 $f_{R_1R_2}(R_1,R_2)$ 和 $f_{\theta_1\theta_2}(\theta_1,\theta_2)$。

当平稳窄带高斯信号 $n_0(t)$ 均值为零、方差为 σ^2 时,其包络的水平和垂直分量 $X(t)$ 和 $Y(t)$ 也是均值为零、方差为 σ^2 高斯平稳过程,且相互独立。

取任意两个不相等的时刻 t_1 和 t_2,则 $X(t_1)$、$X(t_2)$、$Y(t_1)$、$Y(t_2)$ 都是均值为零、方差为 σ^2 高斯随机变量,因此,有 $X(t_1)$、$X(t_2)$、$Y(t_1)$、$Y(t_2)$ 的四维联合概率密度函数为

$$f_4(x_1,x_2;\ y_1,y_2) = \frac{1}{(2\pi)^2 \mid C \mid^{1/2}} e^{-\frac{x^T c^{-1} x}{2}} \tag{5.3.18}$$

其中,$x=(x_1,x_2;\ y_1,y_2)^T$,C 是四阶协方差矩阵。

$$C = \begin{bmatrix} E[X(t_1)^2] & E[X(t_1)X(t_2)] & E[X(t_1)Y(t_1)] & E[X(t_1)Y(t_2)] \\ E[X(t_2)X(t_1)] & E[X(t_2)^2] & E[X(t_2)Y(t_1)] & E[X(t_2)Y(t_2)] \\ E[Y(t_1)X(t_1)] & E[Y(t_1)X(t_2)] & E[Y(t_1)^2] & E[Y(t_1)Y(t_2)] \\ E[Y(t_2)X(t_1)] & E[Y(t_2)X(t_2)] & E[Y(t_2)Y(t_1)] & E[Y(t_2)^2] \end{bmatrix}$$

根据上述条件,有

$$\begin{cases} E[X(t_1)^2] = E[X(t_2)^2] = E[Y(t_1)^2] = E[Y(t_2)^2] = \sigma^2 \\ E[X(t_i)Y(t_j)] = 0 \quad (i,j=1,2;\ i \neq j) \\ E[X(t_1)X(t_2)] = E[X(t_2)X(t_1)] = B_X(\tau) = \mathrm{Cov}_X(\tau) \\ E[Y(t_1)Y(t_2)] = E[Y(t_2)Y(t_1)] = B_Y(\tau) = \mathrm{Cov}_Y(\tau) \\ \mathrm{Cov}_X(\tau) = \mathrm{Cov}_Y(\tau) \end{cases}$$

则

$$C = \begin{bmatrix} \sigma^2 & \mathrm{Cov}_X(\tau) & 0 & 0 \\ \mathrm{Cov}_X(\tau) & \sigma^2 & 0 & 0 \\ 0 & 0 & \sigma^2 & \mathrm{Cov}_Y(\tau) \\ 0 & 0 & \mathrm{Cov}_Y(\tau) & \sigma^2 \end{bmatrix}$$

可以看出,矩阵 C 是一个对称矩阵,可方便地求出其行列式值 $|C|$ 和各代数余子式 C_{ij} 为

$$\mid C \mid = [\sigma^4 - \mathrm{Cov}_X^2(\tau)]^2$$

$$C_{11} = C_{22} = C_{33} = C_{44} = \sigma^2[\sigma^4 - \mathrm{Cov}_X^2(\tau)]$$

$$C_{12} = C_{21} = C_{34} = C_{43} = -\mathrm{Cov}_X(\tau)[\sigma^4 - \mathrm{Cov}_X^2(\tau)]$$

$$C_{13} = C_{31} = C_{14} = C_{41} = C_{23} = C_{32} = C_{24} = C_{42} = 0$$

所以,矩阵 C 的逆矩阵为

$$C^{-1} = \frac{C^*}{\mid C \mid} = \frac{1}{\sigma^4 - \mathrm{Cov}_X^2(\tau)} \begin{bmatrix} \sigma^2 & -\mathrm{Cov}_X(\tau) & 0 & 0 \\ -\mathrm{Cov}_X(\tau) & \sigma^2 & 0 & 0 \\ 0 & 0 & \sigma^2 & -\mathrm{Cov}_Y(\tau) \\ 0 & 0 & -\mathrm{Cov}_Y(\tau) & \sigma^2 \end{bmatrix}$$

因此

$$f_4(x_1, x_2; y_1, y_2) = \frac{1}{4\pi^2[\sigma^4 - \text{Cov}_X^2(\tau)]} e^{-\frac{\sigma^2(x_1^2 + x_2^2 + y_1^2 + y_2^2) - 2\text{Cov}_X(\tau)(x_1 x_2 + y_1 y_2)}{2[\sigma^4 - \text{Cov}_X^2(\tau)]}} \tag{5.3.19}$$

式中，$R_1 > 0$，$R_2 > 0$；$0 \leqslant \theta_1, \theta_2 \leqslant 2\pi$。

因此

$$\varphi_4(R_1, R_2; \theta_1, \theta_2) = |J| f_4(x_1, x_2; y_1, y_2) \tag{5.3.20}$$

由于

$$\begin{cases} x_1 = R_1 \cos\theta_1 \\ x_2 = R_2 \cos\theta_2 \\ y_1 = R_1 \sin\theta_1 \\ y_2 = R_2 \sin\theta_2 \end{cases} \tag{5.3.21}$$

可得

$$J = \begin{vmatrix} \dfrac{\partial x_1}{\partial R_1} & \dfrac{\partial x_2}{\partial R_1} & \dfrac{\partial y_1}{\partial R_1} & \dfrac{\partial y_2}{\partial R_1} \\[2mm] \dfrac{\partial x_1}{\partial R_2} & \dfrac{\partial x_2}{\partial R_2} & \dfrac{\partial y_1}{\partial R_2} & \dfrac{\partial y_2}{\partial R_2} \\[2mm] \dfrac{\partial x_1}{\partial \theta_1} & \dfrac{\partial x_2}{\partial \theta_1} & \dfrac{\partial y_1}{\partial \theta_1} & \dfrac{\partial y_2}{\partial \theta_1} \\[2mm] \dfrac{\partial x_1}{\partial \theta_2} & \dfrac{\partial x_2}{\partial \theta_2} & \dfrac{\partial y_1}{\partial \theta_2} & \dfrac{\partial y_2}{\partial \theta_2} \end{vmatrix}$$

$$= \begin{vmatrix} \cos\theta_1 & 0 & \sin\theta_1 & 0 \\ 0 & \cos\theta_2 & 0 & \sin\theta_2 \\ -R_1\sin\theta_1 & 0 & R_1\cos\theta_1 & 0 \\ 0 & -R_2\sin\theta_2 & 0 & R_2\cos\theta_2 \end{vmatrix} = R_1 R_2 \tag{5.3.22}$$

所以

$$\varphi_4(R_1, R_2; \theta_1, \theta_2) = \frac{R_1 R_2}{4\pi^2[\sigma^4 - \text{Cov}_X^2(\tau)]} e^{-\frac{\sigma^2(R_1^2 + R_2^2) - 2\text{Cov}_X(\tau)R_1 R_2 \cos(\theta_2 - \theta_1)}{2[\sigma^4 - \text{Cov}_X^2(\tau)]}} \tag{5.3.23}$$

对式(5.3.23)求边缘密度函数，可导出包络和相位的二维概率密度函数 $f_{R_1 R_2}(R_1, R_2)$ 和 $f_{\theta_1 \theta_2}(\theta_1, \theta_2)$。

$$f_{R_1 R_2}(R_1, R_2) = \int_0^{2\pi} \int_0^{2\pi} \varphi_4(R_1, R_2; \theta_1, \theta_2) \mathrm{d}\theta_1 \mathrm{d}\theta_2$$

$$= \frac{R_1 R_2}{\sigma^4 - \text{Cov}_X^2(\tau)} \text{I}_0 \left(\frac{R_1 R_2 \text{Cov}_X(\tau)}{\sigma^4 - \text{Cov}_X^2(\tau)} \right) e^{-\frac{\sigma^2(R_1^2 + R_2^2)}{2[\sigma^4 - \text{Cov}_X^2(\tau)]}} \quad (R_1 > 0, R_2 > 0)$$

$$\tag{5.3.24}$$

式中，$\text{I}_0(x) = \dfrac{1}{2\pi} \int_0^{2\pi} e^{x\cos\theta} \mathrm{d}\theta$ 是第一类零阶修正贝塞尔函数的积分表达式。

$$f_{\theta_1 \theta_2}(\theta_1, \theta_2) = \int_0^{+\infty} \int_0^{+\infty} \varphi_4(R_1, R_2; \theta_1, \theta_2) dR_1 dR_2$$

$$= \frac{\sigma^4 - \text{Cov}_X^2(\tau)}{4\pi\sigma^2} \left[\frac{(1-\lambda)^{\frac{1}{2}} + \lambda(\pi - \arccos\lambda)}{(1-\lambda^2)^{\frac{3}{2}}} \right] \quad (0 \leqslant \theta_1, \theta_2 \leqslant 2\pi)$$

$$(5.3.25)$$

其中，$\lambda = \dfrac{\text{Cov}_X(\tau)}{\sigma^2} \cos(\theta_2 - \theta_1)$。

若令 $\theta_1 = \theta_2$，代入式(5.3.23)、式(5.3.24)和式(5.3.25)，不难看出

$$\varphi_4(R_1, R_2; \theta_1, \theta_2) \neq f_{R_1 R_2}(R_1, R_2) f_{\theta_1 \theta_2}(\theta_1, \theta_2) \tag{5.3.26}$$

这说明，窄带高斯随机信号的包络和相位不是彼此独立的。

5.3.3 窄带高斯随机信号的包络平方的概率分布

在通信系统中，平方律检波是被广泛采用的小信号检波方式。平方律检波检测出的是输入信号包络的平方。为此，简要讨论窄带高斯信号包络平方的概率分布。

窄带高斯随机信号的包络服从瑞利分布，即

$$f_{R_1}(R) = \frac{R}{\sigma^2} e^{-\frac{R^2}{2\sigma^2}} \quad (R \geqslant 0) \tag{5.3.27}$$

设包络的平方为

$$A(t) = R^2(t) \quad (R \geqslant 0) \tag{5.3.28}$$

因此，仍然可用求随机变量函数的概率分布的方法求出包络平方的一维概率密度。

由式(5.3.28)可知，随机过程 $A(t)$ 在孤立时刻 t 所处的状态 a 与随机过程 $R(t)$ 在孤立时刻 t 所处的状态满足如下函数关系

$$a = R^2 \quad (R \geqslant 0) \tag{5.3.29}$$

即 a 与 R 是单调的函数关系。所以，随机过程 $A(t)$ 的一维概率密度为

$$f_{A_1}(a) = f_{R_1}(R) \left| \frac{dR}{da} \right|_{R = \sqrt{a}} = \frac{1}{2\sigma^2} e^{-\frac{a}{2\sigma^2}} \quad (a \geqslant 0) \tag{5.3.30}$$

式(5.3.30)表明，窄带高斯随机信号包络平方的一维分布服从指数分布。特别地，当 $\sigma^2 = 1$ 时，有

$$f_{A_1}(a) = \frac{1}{2} e^{-\frac{a}{2}} \quad (a \geqslant 0) \tag{5.3.31}$$

此时，其均值和方差分别为

$$E[A(t)] = 2$$
$$D[A(t)] = 4$$

5.4 窄带随机信号包络的自相关特性

由于在通信系统中，包络检波器应用得十分广泛，因此本节将讨论窄带随机信号 $n_0(t)$ 的包络线 $R(t)$ 的自相关特性。

以图 5.3 所示的 RLC 电路为例,来说明不自相关的白色过程作用于窄带系统,其输出窄带随机信号 $n_0(t)$ 为什么会有自相关性。

图 5.3 所示的系统的冲激响应为

$$h(t) = \omega_0 e^{-at} \sin \omega_0 t u(t) \tag{5.4.1}$$

这时的 $h(t)$ 有一个尾迹。它的衰减因子为 α,α 越大,衰减越快,$h(t)$ 的尾迹越短;反之,α_1 越小,衰减越慢,$h(t)$ 的尾迹拖得越长。

由于输入是白色过程,也就是说,一个接一个的 δ 冲激函数应用于该窄带系统,第一个冲激响应的尾迹还没衰减为 0,后续的冲激函数产生的输出冲激响应又来了,那么,各 $h(t)$ 的尾迹相叠加,使得 $n_0(t)$ 有了自相关性。

显然,冲激响应 $h(t)$ 的尾迹的长短体现在它的包络 $h_E(t)$ 上,各 $h_E(t)$ 的叠加,形成了窄带随机信号 $n_0(t)$ 的包络 $R(t)$,因此,包络线 $R(t)$ 的自相关性的强弱完全取决于 $h_E(t)$ 衰减的快慢。

冲激响应 $h(t)$ 的包络 $h_E(t)$ 衰减的快慢,由衰减因子 α 决定。而 $\alpha = \dfrac{R}{2L}$,也就是说,电阻 R 越大,系统的损耗越大,系统的通频带越宽,惯性越小,此时 $h_E(t)$ 的衰减就越快,那么,由各 $h_E(t)$ 的叠加形成的 $n_0(t)$ 的包络 $R(t)$ 起伏就越大,表示 $R(t)$ 的自相关性越弱。反之,系统损耗越小,系统的通频带就越窄,惯性越大,$h_E(t)$ 的衰减就越慢,那么,$R(t)$ 的起伏频繁程度就越低,这时,$R(t)$ 的自相关性就越强。

综上所述,$R(t)$ 自相关性的强弱只取决于 $h(t)$ 的包络 $h_E(t)$,而与其高频振动项 $\sin \omega_0 t$ 无关。这样一来,利用窄带对称系统的包络线定理的概念,若用冲激响应 $h_E(t)$ 的低通系统等效替代窄带系统,则该系统在白色过程的作用下,其输出响应必为 $R(t)$。因此,有

$$B_E(\tau) = B_X(\tau) * \beta_{h_E}(\tau) \tag{5.4.2}$$

式中,$B_E(\tau)$ 为 $n_0(t)$ 的包络 $R(t)$ 自相关函数,$\beta_{h_E}(\tau)$ 是冲激响应 $h(t)$ 的包络 $h_E(t)$ 的自相关积分。

$$\beta_{h_E}(\tau) = \int_{-\infty}^{+\infty} h_E(t) h_E(t+\tau) \mathrm{d}t \tag{5.4.3}$$

从上面的分析中也可以看出,$n_0(t)$ 自相关性由它的包络 $R(t)$ 决定,$R(t)$ 的自相关性越弱,$n_0(t)$ 变化越快;反之,$R(t)$ 的自相关性越强,$n_0(t)$ 变化越缓慢。那么,它们之间究竟存在一个什么关系呢? 下面通过两个例子来说明它们之间的关系。

例 5.1 如图 5.3 所示的 RLC 窄带网络,设输入白噪声的功率谱密度为 $\dfrac{N_0}{2}$。求:

(1) 输出窄带随机信号 $n_0(t)$ 的自相关函数 $B_0(\tau)$;

(2) 输出窄带随机信号包络 $R(t)$ 的自相关函数 $B_E(\tau)$。

解:(1) 由题知

$$S_X(\omega) = \frac{N_0}{2}$$

则
$$B_X(\tau) = \frac{N_0}{2}\delta(\tau)$$

$$h(t) = \omega_0 e^{-at}\sin\omega_0 t u(t) = h_E(t)\sin\omega_0 t u(t)$$

$$\beta_h(\tau) = \int_{-\infty}^{+\infty} h(t)h(t+\tau)dt$$

$$= \int_{-\infty}^{+\infty}\omega_0 e^{-at}\sin\omega_0 t u(t)\omega_0 e^{-\alpha(t+\tau)}\sin\omega_0(t+\tau)u(t+\tau)dt$$

当 $\tau \geqslant 0$ 时,有

$$\beta_h(\tau) = \omega_0^2 \int_0^{+\infty} e^{-at}\sin\omega_0 t e^{-\alpha(t+\tau)}\sin\omega_0(t+\tau)dt$$

$$= \omega_0^2 e^{-\alpha\tau}\int_0^{+\infty} e^{-2at}\left\{\frac{1}{2}\left[\cos\omega_0\tau - \cos\omega_0(2t+\tau)\right]\right\}dt$$

$$= \frac{1}{2}\omega_0^2 e^{-\alpha\tau}\left\{\cos\omega_0\tau\int_0^{+\infty} e^{-2at}dt - \int_0^{+\infty} e^{-2at}\cos\omega_0(2t+\tau)dt\right\}$$

当网络为窄带时,必有 $\omega_0 \gg |\alpha|$,则上式的前一积分 $\int_0^{+\infty} e^{-2at}dt$ 必定远大于后一积分 $\int_0^{+\infty} e^{-2at}\cos\omega_0(2t+\tau)dt$。 因为 $\cos(2\omega_0 t + \omega_0\tau)$ 因子的正负取值时的积分大体上是相抵消的,因此在窄带情况下,近似有

$$\beta_h(\tau) \approx \frac{1}{2}\omega_0^2 e^{-\alpha\tau}\cos\omega_0\tau\int_0^{+\infty} e^{-2at}dt = \frac{1}{2}\omega_0^2 e^{-\alpha\tau}\cos\omega_0\tau\frac{1}{2\alpha} = \frac{\omega_0^2}{4\alpha}e^{-\alpha\tau}\cos\omega_0\tau$$

由于自相关积分的偶对称性,则当 $\tau < 0$ 时,有

$$\beta_h(\tau) = \frac{\omega_0^2}{4\alpha}e^{\alpha\tau}\cos\omega_0\tau$$

所以,系统冲激响应的自相关积分为

$$\beta_h(\tau) = \frac{\omega_0^2}{4\alpha}e^{-\alpha|\tau|}\cos\omega_0\tau$$

系统输出窄带随机信号 $n_0(t)$ 的自相关函数为

$$B_0(\tau) = B_X(\tau) * \beta_h(\tau) = \frac{N_0}{2}\delta(\tau) * \frac{\omega_0^2}{4\alpha}e^{-\alpha|\tau|}\cos\omega_0\tau = \frac{N_0\omega_0^2}{4\alpha}e^{-\alpha|\tau|}\frac{\cos\omega_0\tau}{2}$$

$$\text{(5.4.4)}$$

(2)窄带系统冲激响应的包络为

$$h_E(t) = \omega_0 e^{-at}u(t)$$

则冲激响应包络的自相关积分为

$$\beta_{h_E}(\tau) = \int_{-\infty}^{+\infty} h_E(t)h_E(t+\tau)dt = \int_{-\infty}^{+\infty}\omega_0 e^{-at}u(t)\omega_0 e^{-\alpha(t+\tau)}u(t+\tau)dt$$

当 $\tau \geqslant 0$ 时,有

$$\beta_{h_E}(\tau) = \omega_0^2\int_0^{+\infty} e^{-at}e^{-\alpha(t+\tau)}dt = \omega_0^2 e^{-\alpha\tau}\int_0^{+\infty} e^{-2at}dt = \frac{\omega_0^2}{2\alpha}e^{-\alpha\tau}$$

所以
$$\beta_{h_E}(\tau) = \frac{\omega_0^2}{2\alpha}e^{-\alpha|\tau|}$$

根据式(5.4.2),窄带随机信号包络 $R(t)$ 的自相关函数为

$$B_E(\tau) = B_X(\tau) * \beta_{h_E}(\tau) = \frac{N_0 \omega_0^2}{4\alpha} e^{-\alpha|\tau|} \tag{5.4.5}$$

比较式(5.4.4)和式(5.4.5),可以看出

$$B_0(\tau) = B_E(\tau) \frac{\cos\omega_0\tau}{2} \tag{5.4.6}$$

图 5.13 给出了该窄带随机信号的自相关函数。此图表示 $B_0(\tau)$ 是包络线 $B_E(\tau)$ 乘以 $\dfrac{\cos\omega_0\tau}{2}$,而该包络线 $B_E(\tau)$ 正是窄带网络输出 $n_0(t)$ 的包络线 $R(t)$ 的自相关函数。

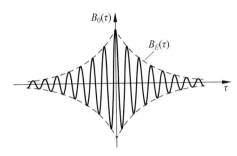

图 5.13 *RLC* 窄带网络输出窄带随机信号的自相关函数

例 5.2 如图 5.14 所示理想带通滤波器,在通带内,$|H(j\omega)|$ 值为 1,通带宽度 $2\Delta \ll \omega_0$,设输入白噪声的功率谱密度为 $\dfrac{N_0}{2}$。求:(1)输出窄带随机信号 $n_0(t)$ 的自相关函数 $B_0(\tau)$;(2)输出窄带随机信号包络 $R(t)$ 的自相关函数 $B_E(\tau)$。

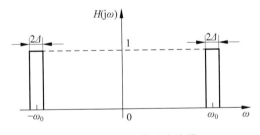

图 5.14 理想带通滤波器

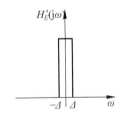

图 5.15 等效低通特性

解:(1)由题知

$$H(j\omega) = \begin{cases} 1 & (\omega_0 - \Delta \leqslant |\omega| \leqslant \omega_0 + \Delta) \\ 0 & (其他) \end{cases}$$

$\beta_h(\tau)$ 与 $|H(j\omega)|^2$ 互为傅里叶变换对,即

$$\beta_h(\tau) = \frac{1}{\pi} \int_0^{+\infty} |H(j\omega)|^2 \cos\omega\tau \, d\omega = \frac{1}{\pi} \int_{\omega_0-\Delta}^{\omega_0+\Delta} \cos\omega\tau \, d\omega$$

$$= \frac{1}{\pi\tau} \{ \sin[(\omega_0 + \Delta)\tau] - \sin[(\omega_0 - \Delta)\tau] \}$$

$$= \frac{1}{\pi\tau} 2\cos\omega_0\tau\sin\Delta\tau = \frac{4\Delta}{\pi}\mathrm{Sa}(\Delta\tau)\frac{\cos\omega_0\tau}{2}$$

输入白噪声的自相关函数为

$$B_X(\tau) = \frac{N_0}{2}\delta(\tau)$$

所以,输出窄带随机信号的自相关函数为

$$B_0(\tau) = B_X(\tau) * \beta_h(\tau) = \frac{2N_0\Delta}{\pi}\mathrm{Sa}(\Delta\tau)\frac{\cos\omega_0\tau}{2} \tag{5.4.7}$$

(2) 由于理想带通滤波器的通带宽度 $2\Delta \ll \omega_0$,则此理想带通滤波器为窄带系统。由包络线定理可知,理想带通滤波器冲激响应包络的等效低通特性 $H'_E(\mathrm{j}\omega)$ 如图 5.15 所示,则

$$H'_E(\mathrm{j}\omega) = \begin{cases} 1 & (|\omega| \leqslant \Delta) \\ 0 & (\text{其他}) \end{cases}$$

由式(5.1.11)知,冲激响应包络 $h_E(t)$ 与 $H'_E(\mathrm{j}\omega)$ 不构成一个傅里叶变换对,而差一个常数 $\frac{2A}{|K|}$。而本题没有给出具体的网络,不能得到它的系统函数 $H(s)$,也就无法知道 $H(s)$ 极点数,因此不可能找出常数 $\frac{2A}{|K|}$,暂令该常数为 C,这样就有

$$h_E(t) = \frac{1}{2\pi}\int_{-\infty}^{+\infty} CH'_E(\mathrm{j}\omega)\mathrm{e}^{\mathrm{j}\omega t}\,\mathrm{d}\omega$$

$h_E(t)$ 的能量谱密度为 $C^2|H'_E(\mathrm{j}\omega)|^2$,$h_E(t)$ 自相关积分与它的能量谱密度互为傅里叶变换对,所以,有

$$\beta_{h_E}(\tau) = \frac{1}{\pi}\int_0^{+\infty} |CH'_E(\mathrm{j}\omega)|^2\cos\omega\tau\,\mathrm{d}\omega = \frac{C^2}{\pi}\int_0^{\Delta}\cos\omega\tau\,\mathrm{d}\omega$$

$$= \frac{C^2}{\pi\tau}\sin\Delta\tau = \frac{C^2\Delta}{\pi}\mathrm{Sa}(\Delta\tau)$$

所以,输出窄带随机信号包络的自相关函数为

$$B_E(\tau) = B_X(\tau) * \beta_{h_E}(\tau) = \frac{N_0 C^2\Delta}{2\pi}\mathrm{Sa}(\Delta\tau) \tag{5.4.8}$$

比较式(5.4.7)和式(5.4.8),不难发现,若常数 $C=2$,同样可得到式(5.4.6)的结果。现在就来看看,常数 C 该不该等于 2 呢? 若常数 $C=2$,表示什么意义呢?

由包络线定理可知,若一个窄带系统的传输特性是 $H(\mathrm{j}\omega)$,则 $H'_E(\mathrm{j}\omega)$ 是其等效低通网络的传输特性。容易理解,等效低通网络的带宽只有窄带系统的带宽的一半,若要窄带系统与其等效低通网络等效,则它们的输出功率应相等,在带宽减小一半的情况下,只有把 $H'_E(\mathrm{j}\omega)$ 的幅度增大一倍,两个系统的输出功率才可能相等。这样常数 C 应该为 2。图 5.16 给出了等效的示意图。图 5.16(a)为窄带系统的传输特性 $H(\mathrm{j}\omega)$,图 5.16(b)为其等效低通的传输特性 $H_E(\mathrm{j}\omega)$,对于窄带系统输出窄带随机信号的包络而言,两系统的输出功率相等。

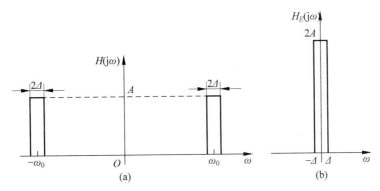

图 5.16 窄带系统及其等效低通系统的传输特性

因此,可以得出这样的结论:白色过程通过窄带线性系统后,输出准正弦过程包络的自相关函数等于该过程的自相关函数的包络。即

$$B_0(\tau) = B_E(\tau)\frac{\cos\omega_0\tau}{2} \tag{5.4.9}$$

5.5 正弦信号叠加窄带高斯噪声的包络和相位的分布

设随机相位的正弦信号为

$$S(t) = P\cos(\omega_0 t + \psi) \tag{5.5.1}$$

式中,P、ω_0 为常数,ψ 是在 $[0, 2\pi]$ 区间均匀分布的随机变量。

均值为 0、方差为 σ^2 的窄带高斯噪声可表示为

$$n_0(t) = R(t)\cos[\omega_0 t + \theta(t)] = X(t)\cos\omega_0 t - Y(t)\sin\omega_0 t \tag{5.5.2}$$

此时,正弦信号与窄带高斯噪声的叠加成为

$$\begin{aligned}
n_0(t) + S(t) &= X(t)\cos\omega_0 t - Y(t)\sin\omega_0 t + P\cos(\omega_0 t + \psi) \\
&= X(t)\cos\omega_0 t - Y(t)\sin\omega_0 t + P\cos\omega_0 t\cos\psi - P\sin\omega_0 t\sin\psi \\
&= [P\cos\psi + X(t)]\cos\omega_0 t - [P\sin\psi + Y(t)]\sin\omega_0 t
\end{aligned} \tag{5.5.3}$$

令

$$\begin{cases} \xi(t) = P\cos\psi + X(t) \\ \eta(t) = P\sin\psi + Y(t) \end{cases} \tag{5.5.4}$$

则

$$n_0(t) + S(t) = \xi(t)\cos\omega_0 t - \eta(t)\sin\omega_0 t \tag{5.5.5}$$

式(5.5.5)可表示为

$$n_0(t) + S(t) = Q(t)\cos[\omega_0 t + \theta_Q(t)] \tag{5.5.6}$$

其中,

$$\begin{cases} Q(t) = \sqrt{\xi^2(t) + \eta^2(t)} \\ \theta_Q(t) = \arctan\dfrac{\eta(t)}{\xi(t)} \end{cases} \tag{5.5.7}$$

从式(5.5.6)可以看出,准正弦随机过程叠加上正弦信号后的合成信号仍然是准正弦随机信号,合成信号的包络 $Q(t)$ 和初始相位 $\theta_Q(t)$ 也是在作随机变化的随机过程。

$n_0(t)$ 的两个正交分量 $X(t)$ 和 $Y(t)$ 为

$$X(t)=R(t)\cos\theta(t)$$

$$Y(t)=R(t)\sin\theta(t)$$

它们是独立且同分布的,即 $X(t)$ 和 $Y(t)$ 都服从均值为零、方差为 σ^2 的高斯分布。因而对于给定的 $\psi=\varphi$ 值,$\xi(t)$ 和 $\eta(t)$ 也必然是高斯分布的,而且相互独立。在给定的 $\psi=\varphi$ 的条件下,$\xi(t)$ 和 $\eta(t)$ 的均值和方差为

$$E[\xi(t)\mid\psi=\varphi]=P\cos\varphi \tag{5.5.8}$$

$$E[\eta(t)\mid\psi=\varphi]=P\sin\varphi \tag{5.5.9}$$

$$D[\xi(t)\mid\psi=\varphi]=D[\eta(t)\mid\psi=\varphi]=\sigma^2 \tag{5.5.10}$$

所以有

$$\xi\sim N(P\cos\varphi,\sigma^2)$$

$$\eta\sim N(P\sin\varphi,\sigma^2)$$

在给定的 $\psi=\varphi$ 的条件下,$\xi(t)$ 和 $\eta(t)$ 的一维概率密度分别为

$$f_{\xi 1}(\xi\mid\varphi)=\frac{1}{\sqrt{2\pi\sigma^2}}e^{-\frac{(\xi-P\cos\varphi)^2}{2\sigma^2}}\quad(-\infty<\xi<+\infty) \tag{5.5.11}$$

$$f_{\eta 1}(\eta\mid\varphi)=\frac{1}{\sqrt{2\pi\sigma^2}}e^{-\frac{(\eta-P\sin\varphi)^2}{2\sigma^2}}\quad(-\infty<\eta<+\infty) \tag{5.5.12}$$

因此,在信号相位 $\psi=\varphi$ 为条件下,$\xi(t)$ 和 $\eta(t)$ 的二维联合概率密度函数为

$$f_2(\xi,\eta\mid\varphi)=\frac{1}{\sqrt{2\pi\sigma^2}}e^{-\frac{(\xi-P\cos\varphi)^2}{2\sigma^2}}\frac{1}{\sqrt{2\pi\sigma^2}}e^{-\frac{(\xi-P\cos\varphi)^2}{2\sigma^2}}$$

$$=\frac{1}{2\pi\sigma^2}e^{-\frac{(\xi-P\cos\varphi)^2+(\xi-P\cos\varphi)^2}{2\sigma^2}}\quad(-\infty<\xi<+\infty,-\infty<\eta<+\infty)$$

$$\tag{5.5.13}$$

利用式(5.5.7)给出的 $\xi(t)$、$\eta(t)$ 和合成信号包络 $Q(t)$、相位 $\theta_Q(t)$ 在同一时刻的关系式,有

$$Q=\sqrt{\xi^2+\eta^2}\quad(Q\geqslant 0) \tag{5.5.14}$$

$$\theta_Q=\arctan\frac{\eta}{\xi} \tag{5.5.15}$$

则

$$\xi=Q\cos\theta_Q \tag{5.5.16}$$

$$\eta=Q\sin\theta_Q \tag{5.5.17}$$

通过二维随机变量的函数变换,可得合成包络 $Q(t)$ 和相位 $\theta_Q(t)$ 的二维联合概率密度函数

$$g_2(Q, \theta_Q \mid \varphi) = \mid J \mid f_2(\xi, \eta \mid \varphi) \tag{5.5.18}$$

其中,

$$J = \begin{vmatrix} \dfrac{\partial \xi}{\partial Q} & \dfrac{\partial \eta}{\partial Q} \\ \dfrac{\partial \xi}{\partial \theta_Q} & \dfrac{\partial \eta}{\partial \theta_Q} \end{vmatrix} = \begin{vmatrix} \cos\theta_Q & \sin\theta_Q \\ -Q\sin\theta_Q & Q\cos\theta_Q \end{vmatrix} = Q$$

所以

$$g_2(Q, \theta_Q \mid \varphi) = Qf_2(\xi, \eta \mid \varphi) = \frac{Q}{2\pi\sigma^2} \mathrm{e}^{-\frac{Q^2 - 2PQ\cos(\theta_Q - \varphi) + P^2}{2\sigma^2}} \quad (Q \geqslant 0, \quad 0 \leqslant \theta_Q \leqslant 2\pi) \tag{5.5.19}$$

于是,在信号相位 $\psi = \varphi$ 为条件下,合成信号包络 $Q(t)$ 的一维概率密度函数为

$$f_{Q1}(Q \mid \varphi) = \int_0^{2\pi} g_2(Q, \theta_Q \mid \varphi) \mathrm{d}\theta_Q = \frac{Q}{2\pi\sigma^2} \mathrm{e}^{-\frac{Q^2 + P^2}{2\sigma^2}} \int_0^{2\pi} \mathrm{e}^{\frac{PQ\cos(\theta_Q - \varphi)}{\sigma^2}} \mathrm{d}\theta_Q$$

$$= \frac{Q}{\sigma^2} \mathrm{e}^{-\frac{Q^2 + P^2}{2\sigma^2}} \mathrm{I}_0\left(\frac{PQ}{\sigma^2}\right) \quad (Q \geqslant 0) \tag{5.5.20}$$

式中,$\mathrm{I}_0\left(\dfrac{PQ}{\sigma^2}\right)$ 是零阶修正贝塞尔函数,即

$$\mathrm{I}_0\left(\frac{PQ}{\sigma^2}\right) = \frac{1}{2\pi} \int_0^{2\pi} \mathrm{e}^{\frac{PQ\cos(\theta_Q - \varphi)}{\sigma^2}} \mathrm{d}\theta_Q \tag{5.5.21}$$

贝塞尔函数 $\mathrm{I}_0(x)$ 可用无穷级数表示为

$$\mathrm{I}_0(x) = \sum_{n=0}^{+\infty} \frac{x^{2n}}{2^{2n}(n!)^2} = 1 + \left(\frac{x}{2}\right)^2 + \frac{1}{4}\left(\frac{x}{2}\right)^4 + \cdots \tag{5.5.22}$$

且

$$\mathrm{I}_0(0) = 1 \tag{5.5.23}$$

当 $x \ll 1$ 时,有

$$\mathrm{I}_0(x) \approx \mathrm{e}^{\frac{x^2}{4}} \tag{5.5.24}$$

当 $x \gg 1$ 时,有

$$\mathrm{I}_0(x) \approx \frac{\mathrm{e}^x}{\sqrt{2\pi x}} \tag{5.5.25}$$

由式(5.5.20)可以看出,合成信号包络 $Q(t)$ 的一维概率分布与 φ 无关,所以式(5.5.20)可以直接写成

$$f_{Q1}(Q) = \frac{Q}{\sigma^2} \mathrm{e}^{-\frac{Q^2 + P^2}{2\sigma^2}} \mathrm{I}_0\left(\frac{PQ}{\sigma^2}\right) \quad (Q \geqslant 0) \tag{5.5.26}$$

式(5.5.26)称为莱斯分布的概率密度函数。也就是说随机相位正弦信号与窄带高斯噪声叠加的合成信号包络服从莱斯分布。

为了下面的作图和讨论方便,引入下列变量。

令

$$v = \frac{Q}{\sigma}, \quad a = \frac{P}{\sigma} \tag{5.5.27}$$

则式(5.5.26)变为

$$f_{Q1}(\sigma v) = \frac{v}{\sigma} e^{-\frac{v^2+a^2}{2}} I_0(av) \tag{5.5.28}$$

以 a 为参变量的 v-$f_{Q1}(\sigma v)$ 曲线如图 5.17 所示。

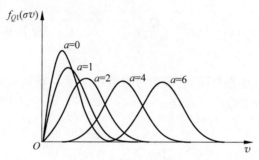

图 5.17   随机相位正弦信号与窄带高斯噪声叠加合成包络的分布

下面分三种情况对式(5.5.28)进行讨论。

(1) 当 $a=0$ 时,即 $P=0$,此时无信号,而噪声总是有的,有

$$f_{Q1}(\sigma v) = \frac{v}{\sigma} e^{-\frac{v^2}{2}} I_0(0) = \frac{v}{\sigma} e^{-\frac{v^2}{2}} \tag{5.5.29}$$

即

$$f_{Q1}(Q) = \frac{Q}{\sigma^2} e^{-\frac{Q^2}{2\sigma^2}} \quad (Q \geqslant 0) \tag{5.5.30}$$

这是瑞利分布的概率密度形式。也就是说,此时合成包络服从瑞利分布。

(2) 当 a 不大时,说明信号和噪声互相都不能忽略,此时合成包络服从莱斯分布。

(3) 当 $a \gg 1$,即 $\frac{P}{\sigma} \gg 1$ 时,此时说明信噪比大,信号比噪声强得多,输出合成包络主要取决于信号振幅 P。

当 $a \gg 1$ 时,有 $P \approx Q$,则有 $av \gg 1$。由式(5.5.25)得

$$I_0(av) \approx \frac{e^{av}}{\sqrt{2\pi av}} \tag{5.5.31}$$

把它代入式(5.5.28),得到

$$f_{Q1}(\sigma v) \approx \frac{v}{\sigma} e^{-\frac{v^2+a^2}{2}} \frac{e^{av}}{\sqrt{2\pi av}} = \frac{1}{\sqrt{2\pi}\,\sigma} \sqrt{\frac{v}{a}} e^{-\frac{(v-a)^2}{2}}$$

$$= \frac{1}{\sqrt{2\pi}\,\sigma} \sqrt{\frac{\frac{Q}{\sigma}}{\frac{P}{\sigma}}} e^{-\frac{(v-\frac{P}{\sigma})^2}{2}} = \frac{1}{\sqrt{2\pi}\,\sigma} \sqrt{\frac{Q}{P}} e^{-\frac{(\sigma v-P)^2}{2\sigma^2}}$$

$$\approx \frac{1}{\sqrt{2\pi}\,\sigma}\mathrm{e}^{-\frac{(Q-P)^2}{2\sigma^2}} \tag{5.5.32}$$

此时,合成包络趋于以 P 为均值的高斯分布。

通过上面的分析看到,当一个随机相位正弦波受到零均值平稳窄带高斯噪声干扰时,其合成信号的包络服从莱斯分布。当信噪比很低时,其包络的分布将趋于瑞利分布;而当信噪比很高时,其包络的分布将趋于以 P 为均值的高斯分布。

类似地,可以得到在信号相位 $\psi=\varphi$ 为条件下,相位 $\theta_Q(t)$ 的一维概率密度函数

$$f_{\theta_{Q1}}(\theta_Q \mid \varphi)=\int_0^{+\infty} g_2(Q,\theta_Q \mid \varphi)\mathrm{d}Q=\int_0^{+\infty} \frac{Q}{2\pi\sigma^2}\mathrm{e}^{-\frac{Q^2-2PQ\cos(\theta_Q-\varphi)+P^2}{2\sigma^2}}\mathrm{d}Q$$

$$=\int_0^{+\infty} \frac{Q}{2\pi\sigma^2}\mathrm{e}^{-\frac{Q^2-2PQ\cos(\theta_Q-\varphi)+[P\cos(\theta_Q-\varphi)]^2-[P\cos(\theta_Q-\varphi)]^2+P^2}{2\sigma^2}}\mathrm{d}Q$$

$$=\frac{1}{2\pi}\mathrm{e}^{-\frac{P^2-[P\cos(\theta_Q-\varphi)]^2}{2\sigma^2}}\int_0^{+\infty} \frac{Q}{\sigma^2}\mathrm{e}^{-\frac{[Q-P\cos(\theta_Q-\varphi)]^2}{2\sigma^2}}\mathrm{d}Q \tag{5.5.33}$$

经积分运算后,得

$$f_{\theta_{Q1}}(\theta_Q \mid \varphi)=\frac{1}{2\pi}\mathrm{e}^{-\frac{P^2}{2\sigma^2}}+\frac{P\cos(\theta_Q-\varphi)}{\sigma\sqrt{2\pi}}\Phi\left[\frac{P\cos(\theta_Q-\varphi)}{\sigma}\right]\mathrm{e}^{-\frac{P^2-[P\cos(\theta_Q-\varphi)]^2}{2\sigma^2}} \tag{5.5.34}$$

其中,$\Phi(x)$ 是标准高斯分布函数

$$\Phi(x)=\frac{1}{\sqrt{2\pi}}\int_x^{+\infty}\mathrm{e}^{-\frac{t^2}{2}}\mathrm{d}t \tag{5.5.35}$$

利用式(5.5.27)进行变量代换,得

$$f_{\theta_{Q1}}(\theta_Q \mid \varphi)=\frac{1}{2\pi}\mathrm{e}^{-\frac{a^2}{2}}+\frac{a\cos(\theta_Q-\varphi)}{\sqrt{2\pi}}\Phi[a\cos(\theta_Q-\varphi)]\mathrm{e}^{-\frac{a^2\sin^2(\theta_Q-\varphi)}{2}} \quad (0\leqslant\theta_Q\leqslant 2\pi) \tag{5.5.36}$$

下面讨论两种特殊情况。

(1) 当 $a=0$ 时,即 $P=0$,此时无信号,则有

$$f_{\theta_{Q1}}(\theta_Q \mid \varphi)=\frac{1}{2\pi} \quad (0\leqslant\theta_Q\leqslant 2\pi) \tag{5.5.37}$$

这时,相位分布为 $[0,2\pi]$ 区间的均匀分布,信号中只包含窄带高斯噪声。

(2) 当 $a\gg 1$ 时,信噪比很大,有 $\Phi[a\cos(\theta_Q-\varphi)]\approx 1$,则相位的条件概率密度近似为

$$f_{\theta_{Q1}}(\theta_Q \mid \varphi)\approx\frac{a\cos(\theta_Q-\varphi)}{\sqrt{2\pi}}\mathrm{e}^{-\frac{a^2\sin^2(\theta_Q-\varphi)}{2}} \quad (0\leqslant\theta_Q\leqslant 2\pi) \tag{5.5.38}$$

式(5.5.38)说明,在大信噪比情况下,正弦信号叠加窄带高斯噪声的相位主要集中在信号相位 φ 附近。图 5.18 给出了合成信号相位的概率分布与信噪比的关系。

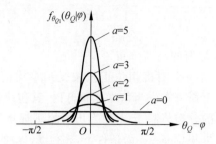

图 5.18 随机相位正弦信号叠加窄带高斯噪声的相位分布

习题

5.1 对于均值为零、方差为 1 的窄带平稳随机信号 $X(t) = R(t)\cos[\omega_0 t + \theta(t)]$，试求包络 $R(t)$ 在任意时刻所给出的随机变量的均值和方差。

5.2 设均值为零、方差为 σ^2 的窄带平稳高斯随机信号 $X(t) = R(t)\cos[\omega_0 t + \theta(t)]$，令随机过程 $Y(t) = R^2(t)$，求随机过程 $Y(t)$ 的一维概率密度函数。

5.3 窄带高斯噪声的包络超过其均方值 3 倍的概率是多少？

5.4 对于窄带随机信号

$$n(t) = X(t)\cos\omega_0 t - Y(t)\sin\omega_0 t$$

证明：$B_n(\tau) = B_X(\tau)\cos\omega_0\tau + B_{XY}(\tau)\sin\omega_0\tau$。

5.5 如题 5.5 图所示电路，设无噪网络输入阻抗为无穷大，它的传输函数 $H(j\omega)$ 也如图中所示，且 $\omega_0 \gg 2\Delta$，求网络输出端噪声电压的自相关函数和噪声电压的均方值。

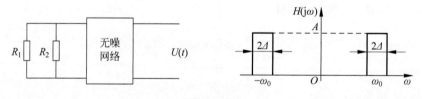

题 5.5 图

5.6 将一功率谱密度函数为 $N_0/2$ 的白噪声输入到一单位冲激响应如下的滤波器

$$h(t) = \alpha e^{-at}\cos\omega_0 t u(t) \quad (\alpha > 0, \omega_0 \gg 0)$$

试求输出噪声的自相关函数和平均功率。

5.7 功率谱密度为 S_0 的平稳白噪声经电容耦合加到矩形带通滤波器，滤波器的中心频率为 f_0，通带宽度为 B，通带内的电压增益为 A。在滤波器后加有一理想线性包络检波器，求检波器输出波形的一维概率密度函数以及其均值和均方值。

5.8 某一噪声过程 $N(t)$ 的功率谱密度如题 5.8 图所示，且 $f_0 \gg B$，将 $N(t)$ 作用于一个理想线性包络检波器，试求检波器输出波形的一维概率密度函数、均值和均方值。

5.9 如题 5.9 图所示系统，$X(t)$ 为白噪声，测得 $Y(t)$ 的平均功率为 1W。试求

$Z(t)<\sqrt{2}$ V 时的概率。

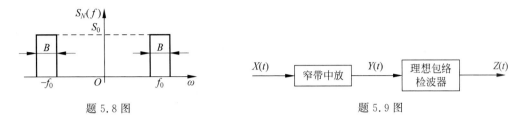

题 5.8 图　　　　　　　　　　题 5.9 图

5.10　如题 5.10 图所示同步检波器。设 $X(t)$ 为窄带平稳噪声，其自相关函数为
$$B_X(\tau)=\sigma^2 e^{-\beta|\tau|}\cos\omega_0\tau \quad (\beta\ll\omega_0)$$
而 $Y(t)=A\sin(\omega_0 t+\varphi)$，其中 A 为常数，φ 是与 $X(t)$ 独立的且在 $(0,2\pi)$ 区间均匀分布的随机变量。试求该检波器输出的自相关函数和平均功率。

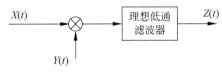

题 5.10 图

5.11　如题 5.11 图(a)所示系统，已知随机相位正弦波 $X(t)=\cos(\omega_0 t+\theta)$，其中 θ 为 $(0,2\pi)$ 区间均匀分布的随机变量，白噪声 $N(t)$ 的功率谱密度为 $N_0/2$，带通滤波器特性 $|H(j\omega)|^2$ 如题 5.11 图(b)所示，且 $\omega_0\gg\Delta$。试求：(1)$Y(t)$ 的功率谱密度和自相关函数；(2)$Z(t)$ 的一维概率密度函数。

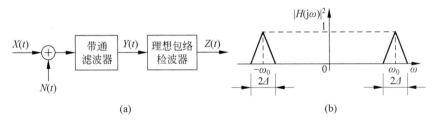

(a)　　　　　　　　　　(b)

题 5.11 图

第6章

随机信号通过非线性系统

6.1　引言

在电子系统中,存在着大量的非线性系统,如常用的检波器、限幅器、变频器等都是非线性系统。由于非线性系统不满足叠加原理,因此,不能采用前面讨论的随机信号通过线性系统的分析方法。本章将讨论随机信号通过非线性系统的问题,即根据已知的输入随机信号的统计特性及系统的非线性特性,求输出随机信号的统计特性。

非线性系统通常又分为有惯性与无惯性两大类。若在某一给定时刻,系统的输出响应 $y(t)$ 只取决于同一时刻的输入激励 $x(t)$ 而与 $x(t)$ 的任何过去值无关,或者说 $y(t)$ 可以表示成同一时刻系统的输入 $x(t)$ 的函数

$$y(t) = g[x(t)] \tag{6.1.1}$$

则这个系统就是无惯性非线性系统。这里,$y = g(x)$ 常称为非线性系统的传输特性,它是一个仅取决于 x 的函数,代表某种非线性关系。显然,对一般非线性系统而言并不是这种情况,实际上,凡在一个非线性系统中,只要有储能元件存在,就构成有惯性非线性系统。此时,在某一给定时刻,系统的输出响应 $y(t)$,不仅取决于同时刻的输入,而且还与以前所有时间内的输入有关。一般而言,这种非线性系统的动态特性要用非线性微分方程来描述,这样处理起来就很复杂了。但在有些情况下,可以把非线性系统中的储能元件,归并到与非线性系统相连的输入及输出的线性系统中去。换句话说,即使遇到一个有惯性的非线性系统,往往可以作某种折合或等效,把非线性系统的储能元件,归并到与非线性系统相连的输入及输出的线性系统中去,或者并入后级的输入电路,或者并入前级的输出电路。在这种情况下,仍然可以采用无惯性非线性系统的分析方法,解决随机信号通过非线性系统的问题。

对非线性系统的研究,一般来说要比线性系统复杂得多,而有惯性的情况又要比无惯性的情况困难。特别是在输入是随机信号的情况下,问题就更加复杂化了。实际上,随机信号的非线性系统理论至今仍没有达到完善的程度,目前比较成熟的还只是对随机信号通过无惯性非线性系统的分析和研究。

对于无惯性非线性系统的非线性传输特性 $y = g(x)$,就一般情况而言,往往要通过实验方法获得(如半导体器件的伏安特性曲线),然后采用适当的渐近方法,如用多项式、折线或指数等来逼近,以便分析计算。本章针对无惯性的时不变非线性系统,介绍几种常用的随机信号通过非线性系统分析方法。

对于时不变非线性系统,系统的非线性特性并不改变随机信号的平稳性,即当输入激励是平稳随机信号时,非线性系统的响应也是平稳的。

6.2　直接法

所谓直接分析法,就是运用概率论中有关随机变量函数变换的分析方法及各种结果来分析随机信号通过非线性系统的问题。这种方法的特点是简单、直观。当已知非线性

系统的传输特性 $y=g(x)$ 以及输入统计特性时,如何确定输出响应的统计特性的问题,从原理上讲,这就是一个简单的随机变量函数变换的问题。

若已知输入随机信号 $X(t)$ 的概率密度函数,则根据非线性系统的传输特性 $y=g(x)$,采用第 1 章求解随机变量函数的概率分布的方法,确定输出随机信号 $Y(t)$ 的概率密度函数。

设输入随机信号 $X(t)$ 的一维概率密度函数为 $f_{X1}(x)$,若非线性系统的传输特性 $y=g(x)$ 是单调函数,则输出随机信号 $Y(t)$ 的一维概率密度函数为

$$\varphi_{Y1}(y)=f_{X1}(x)\frac{|\mathrm{d}x|}{|\mathrm{d}y|}=f[h(y)]|h'(y)| \quad (y\in\{\min(g(x)),\max(g(x))\})$$

$$(6.2.1)$$

式中, $x=h(y)$ 是 $y=g(x)$ 的反函数。若传输特性 $y=g(x)$ 是非单调函数,可将传输特性分为 n 个单调的函数区间,则输出随机信号 $Y(t)$ 的一维概率密度函数为

$$\varphi_{Y1}(y)=f_{X1}(x_1)\frac{|\mathrm{d}x_1|}{|\mathrm{d}y|}+f_{X1}(x_2)\frac{|\mathrm{d}x_2|}{|\mathrm{d}y|}+\cdots+f_{X1}(x_n)\frac{|\mathrm{d}x_n|}{|\mathrm{d}y|}$$

$$=f[h_1(y)]|h'_1(y)|+f[h_2(y)]|h'_2(y)|+\cdots+f[h_n(y)]|h'_n(y)|$$

$$(y\in\{\min(g(x)),\max(g(x))\})$$

$$(6.2.2)$$

式中, $x_i=h_i(y)$ 是第 i 个单调的函数区间的反函数 $(i=1,2,\cdots,n)$ 。

类似地,输出随机信号 $Y(t)$ 的均值和自相关函数也可以由输入随机信号的概率密度函数确定。其均值为

$$E[Y(t)]=\int_{-\infty}^{+\infty}g(x)f_{X1}(x;t)\mathrm{d}x$$

$$(6.2.3)$$

同理,可得输出随机信号 $Y(t)$ 的 n 阶矩为

$$E[Y^n(t)]=\int_{-\infty}^{+\infty}g^n(x)f_{X1}(x;t)\mathrm{d}x$$

$$(6.2.4)$$

输出随机信号 $Y(t)$ 的自相关函数为

$$B_Y(t_1,t_2)=\int_{-\infty}^{+\infty}\int_{-\infty}^{+\infty}g(x_1)g(x_2)f_{X2}(x_1,x_2;t_1,t_2)\mathrm{d}x_1 x_2$$

$$(6.2.5)$$

式中, $f_{X2}(x_1,x_2;t_1,t_2)$ 为输入随机信号的二维概率密度函数。若输入随机过程是一个平稳随机过程,则自相关函数可以写成

$$B_Y(\tau)=\int_{-\infty}^{+\infty}\int_{-\infty}^{+\infty}g(x_1)g(x_2)f_{X2}(x_1,x_2;\tau)\mathrm{d}x_1 x_2$$

$$(6.2.6)$$

式中, $\tau=t_2-t_1$ 。

若输入随机信号的二维概率密度函数已知,就可以求得输出信号的自相关函数和功率谱密度。当输入为高斯信号且系统的传输特性又比较简单时,这种方法相当有效。但是,当输入过程的概率分布以及传输特性都比较复杂时,积分计算是相当烦琐的。

下面举两个例子来说明直接分析法。

例 6.1 设一个双边平方律检波器的传输特性为

$$y=ax^2 \quad (a \text{ 为正实常数})$$

其输入随机信号 $X(t)$ 为零均值高斯平稳信号,其一维概率密度函数为

$$f_{X1}(x) = \frac{1}{\sqrt{2\pi}\sigma} \mathrm{e}^{-\frac{x^2}{2\sigma^2}} \quad (-\infty < x < +\infty)$$

式中，σ 为给定常数值。又设 $X(t)$ 的功率密度函数 $S_X(f)$ 如图 6.1 所示。试求该检波器的输出信号 $Y(t)$ 的一维概率密度函数、均值、方差、均方值、自相关函数及功率谱密度函数。（设 $f_0 \gg B$）

解：(1) 求 $Y(t)$ 的概率密度函数 $\varphi_{Y1}(y)$

$y = ax^2$ 不是单调函数，该函数可划分为两个单调区间 $(-\infty, 0)$，$(0, +\infty)$，在这两个区间上它的反函数分别为

$$x_1 = -\sqrt{\frac{y}{a}} \quad x_1 \in (-\infty, 0)$$

$$x_2 = \sqrt{\frac{y}{a}} \quad x_2 \in (0, +\infty)$$

如图 6.2 所示。

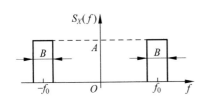

图 6.1　随机信号 $X(t)$ 的功率谱密度函数　　图 6.2　双边平方律检波器的传输特性 $y = ax^2$

对于 $y \leqslant 0$，$Y(t)$ 的分布函数 $F_{Y1}(y) = 0$，则
$$\varphi_{Y1}(y) = 0$$
对于 $y > 0$

$$\varphi_{Y1}(y) = f_{X1}(x_1) \left| \frac{\mathrm{d}x_1}{\mathrm{d}y} \right| + f_{X1}(x_2) \left| \frac{\mathrm{d}x_2}{\mathrm{d}y} \right|$$

$$= f_{X1}\left(-\sqrt{\frac{y}{a}}\right) \frac{1}{2\sqrt{ay}} + f_{X1}\left(\sqrt{\frac{y}{a}}\right) \frac{1}{2\sqrt{ay}}$$

$$= \frac{1}{2\sqrt{ay}} \left[\frac{1}{\sqrt{2\pi}\sigma} \mathrm{e}^{-\frac{y}{2a\sigma^2}} + \frac{1}{\sqrt{2\pi}\sigma} \mathrm{e}^{-\frac{y}{2a\sigma^2}} \right]$$

$$= \frac{1}{\sqrt{2\pi a y}\sigma} \mathrm{e}^{-\frac{y}{2a\sigma^2}}$$

所以

$$\varphi_{Y1}(y) = \begin{cases} \dfrac{1}{\sqrt{2\pi a y}\sigma} \mathrm{e}^{-\frac{y}{2a\sigma^2}} & (y > 0) \\ 0 & (y \leqslant 0) \end{cases}$$

(2) 求 $Y(t)$ 的均值、方差和均方值。

有了 $Y(t)$ 的概率密度函数 $\varphi_{Y1}(y)$，要求它的各阶矩就很容易了。但也可以不用 $\varphi_{Y1}(y)$ 来求 $Y(t)$ 的数字特征，而用 $f_{X1}(x)$ 以及函数关系 $y=ax^2$ 来求 $Y(t)$ 的各阶矩。

$$E[Y(t)]=E[aX^2(t)]=aE[X^2(t)]=a\sigma^2$$

$$E[Y^2(t)]=E[a^2X^4(t)]=a^2E[X^4(t)]=a^2\int_{-\infty}^{+\infty}x^4f_1(x)\mathrm{d}x$$

$$=a^2\int_{-\infty}^{+\infty}x^4\frac{1}{\sqrt{2\pi}\sigma}\mathrm{e}^{-\frac{x^2}{2\sigma^2}}\mathrm{d}x=2a^2\int_{0}^{+\infty}x^4\frac{1}{\sqrt{2\pi}\sigma}\mathrm{e}^{-\frac{x^2}{2\sigma^2}}\mathrm{d}x$$

令 $t=\dfrac{x^2}{2\sigma^2}$，有

$$E[Y^2(t)]=\frac{4a^2\sigma^4}{\sqrt{\pi}}\int_{0}^{+\infty}t^{\frac{3}{2}}\mathrm{e}^{-t}\mathrm{d}t=\frac{4a^2\sigma^4}{\sqrt{\pi}}\Gamma\left(\frac{5}{2}\right)=3a^2\sigma^4$$

$$D[Y(t)]=E[Y^2(t)]-E^2[Y(t)]=2a^2\sigma^4$$

(3) 求 $Y(t)$ 的自相关函数 $B_Y(\tau)$ 及功率谱密度函数 $S_Y(f)$。

$$B_Y(\tau)=E[Y(t)Y(t+\tau)]=E[aX^2(t)aX^2(t+\tau)]$$

$$=a^2E[X(t)X(t)X(t+\tau)X(t+\tau)]$$

式中，$X(t)$ 和 $X(t+\tau)$ 可看作相应时刻的零均值的高斯分布的随机变量。这里，引入一个有用的公式。设 X_1、X_2、X_3、X_4 分别是具有高斯分布的随机变量，且它们的均值都是零，则有

$$E[X_1X_2X_3X_4]=E[X_1X_2]E[X_3X_4]+E[X_1X_3]E[X_2X_4]+E[X_1X_4]E[X_2X_3]$$

此公式的证明可参看 A. D. 惠伦的《噪声中信号的检测》。于是

$$B_Y(\tau)=a^2\{E[X^2(t)]E[X^2(t+\tau)]+2E^2[X(t)X(t+\tau)]\}$$

$$=a^2[\sigma^2\sigma^2+2B_X^2(\tau)]=a^2\sigma^4+2a^2B_X^2(\tau)$$

其中，

$$B_X(\tau)=\frac{1}{\pi}\int_{0}^{+\infty}S_X(\omega)\cos\omega\tau\mathrm{d}\omega$$

$$=\frac{1}{\pi}\int_{0}^{+\infty}S_X(f)\cos2\pi f\tau\mathrm{d}(2\pi f)=2\int_{f_c-\frac{B}{2}}^{f_c+\frac{B}{2}}A\cos2\pi f\tau\mathrm{d}f$$

$$=\frac{2A}{2\pi\tau}\left\{\sin\left[2\pi\left(f_c+\frac{B}{2}\right)\tau\right]-\sin\left[2\pi\left(f_c-\frac{B}{2}\right)\tau\right]\right\}$$

$$=\frac{A}{\pi\tau}2\cos(2\pi f_c\tau)\sin(\pi B\tau)=2AB\mathrm{Sa}(\pi B\tau)\cos(2\pi f_c\tau)$$

所以

$$B_Y(\tau)=a^2\sigma^4+2a^2B_X^2(\tau)=a^2\sigma^4+8a^2A^2B^2\mathrm{Sa}^2(\pi B\tau)\cos^2(2\pi f_c\tau)$$

由维纳-辛钦定理可知，$S_Y(f)$ 与 $B_Y(\tau)$ 是傅里叶变换对的关系，但采用上式进行傅里叶变换计算比较复杂。注意，随机信号 $X(t)$ 的功率谱密度 $S_X(f)$ 具有简单的图形，所以采用表示式

$$B_Y(\tau) = a^2\sigma^4 + 2a^2 B_X^2(\tau)$$

计算 $Y(t)$ 的功率谱密度 $S_Y(f)$，则有

$$S_Y(f) = a^2\sigma^4\delta(f) + 2a^2\int_{-\infty}^{+\infty} B_X^2(\tau)e^{-j2\pi f\tau}\,d\tau$$

其中，

$$
\begin{aligned}
\int_{-\infty}^{+\infty} B_X^2(\tau)e^{-j2\pi f\tau}\,d\tau &= \int_{-\infty}^{+\infty} B_X(\tau)B_X(\tau)e^{-j2\pi f\tau}\,d\tau \\
&= \int_{-\infty}^{+\infty}\left[\iint_{-\infty}^{+\infty} S_X(f')e^{j2\pi f'\tau}\,df'\right]B_X(\tau)e^{-j2\pi f\tau}\,d\tau \\
&= \int_{-\infty}^{+\infty} S_X(f')\,df'\int_{-\infty}^{+\infty} B_X(\tau)e^{-j2\pi(f-f')\tau}\,d\tau \\
&= \int_{-\infty}^{+\infty} S_X(f')S_X(f-f')\,df'
\end{aligned}
$$

所以

$$S_Y(f) = a^2\sigma^4\delta(f) + 2a^2\int_{-\infty}^{+\infty} S_X(f')S_X(f-f')\,df' = \overline{S}_Y(f) + \widetilde{S}_Y(f)$$

于是得到了平方律检波器输出端功率谱密度的一般公式，它是由直流和交流两部分组成。直流部分为

$$\overline{S}_Y(f) = a^2\sigma^4\delta(f)$$

交流部分为

$$\widetilde{S}_Y(f) = 2a^2\int_{-\infty}^{+\infty} S_X(f')S_X(f-f')\,df'$$

$X(t)$ 的功率密度函数 $S_X(f)$ 为已知

$$S_X(f) = \begin{cases} A & \left(f_0 - \dfrac{B}{2} < |f| < f_0 + \dfrac{B}{2}\right) \\ 0 & \text{（其他）} \end{cases}$$

可求得 $X(t)$ 的方差为

$$\sigma^2 = 2AB$$

所以

$$\overline{S}_Y(f) = 4a^2 A^2 B^2\delta(f)$$

$Y(t)$ 的交流部分功率谱密度实际上就是 $S_X(f)$ 的自相关积分再乘以 $2a^2$。它应是 $S_X(f)$ 与 $S_X(f)$ 的卷积，但由于 $S_X(f)$ 是偶函数，两个偶函数的卷积积分与它们的相关积分相等。下面就来计算相关积分。

(1) 当 $0 \leqslant f < B$ 时

$$\widetilde{S}_Y(f) = 2a^2\left[\int_{f+(-f_0-\frac{B}{2})}^{-f_0+\frac{B}{2}} A^2\,df' + \int_{f+f_0-\frac{B}{2}}^{f_0+\frac{B}{2}} A^2\,df'\right] = 2a^2 A^2(B-f)$$

(2) 当 $B \leqslant f < 2f_0 - B$ 时

$$\widetilde{S}_y(f) = 0$$

（3）当 $2f_0-B\leqslant f<2f_0$ 时

$$\widetilde{S}_Y(f)=2a^2\int_{f_0-\frac{B}{2}}^{f-(f_0-\frac{B}{2})}A^2\mathrm{d}f'=2a^2A^2(f+B-2f_0)$$

（4）当 $2f_0\leqslant f<2f_0+B$ 时

$$\widetilde{S}_Y(f)=2a^2\int_{f-(f_0+\frac{B}{2})}^{f_0+\frac{B}{2}}A^2\mathrm{d}f'=2a^2A^2(-f+B+2f_0)$$

（5）当 $f>2f_0+B$ 时

$$\widetilde{S}_Y(f)=0$$

因为 $\widetilde{S}_Y(f)$ 为偶函数，$f<0$ 部分的功率谱密度可以根据 $f>0$ 部分的功率谱密度通过偶对称关系得到。所以有

$$\widetilde{S}_Y(f)=\begin{cases}4a^2A^2(B-|f|) & (|f|<B)\\2a^2A^2(B-||f|-2f_c|) & (2f_0-B<|f|<2f_0+B)\\0 & (其他)\end{cases}$$

平方律检波器输出端功率谱密度 $S_Y(f)$ 的图形如图 6.3 所示。

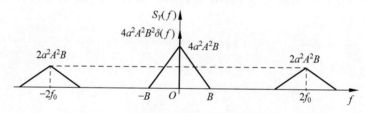

图 6.3 平方律检波器输出端功率谱密度

例 6.2 设平方律检波器的传输特性为

$$y=ax^2$$

式中，a 为正常数，检波器后接一个理想低通滤波器，如图 6.4 所示。现设输入信号为一个零均值窄带高斯信号，表示为

$$X(t)=R(t)\cos[\omega_0 t+\theta(t)]$$

式中，ω_0 是输入信号频谱的中心角频率，且 $\omega_0\gg0$。求理想低通滤波器输出 $Z(t)$ 的概率密度函数以及它的均值、方差和均方值。

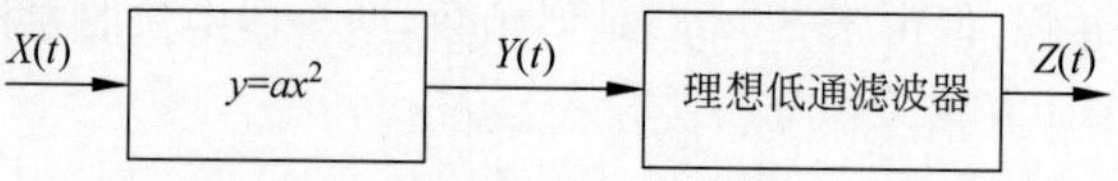

$$X(t)\longrightarrow \boxed{y=ax^2}\xrightarrow{Y(t)}\boxed{\text{理想低通滤波器}}\xrightarrow{Z(t)}$$

图 6.4 例 6.2 图

解：（1）求 $Z(t)$ 的概率密度函数。首先求 $Y(t)$ 的表示式。因为

$$Y(t)=aX^2(t)=aR^2(t)\cos^2[\omega_0 t+\theta(t)]$$

$$= \frac{a}{2}R^2(t) + \frac{a}{2}R^2(t)\cos[2\omega_0 t + 2\theta(t)]$$

式中,第一项是以零频为中心的低频成分,第二项属于 $2\omega_0$ 为中心的高频成分(因为 $\omega_0 \gg 0$),故理想低通滤波器输出 $Z(t)$ 为式中的第一项,即

$$Z(t) = \frac{a}{2}R^2(t) \quad (R \geqslant 0)$$

$R(t)$ 是零均值窄带高斯信号 $X(t)$ 的包络,所以它服从瑞利分布

$$f_{R1}(R) = \frac{R}{\sigma^2}e^{-\frac{R^2}{2\sigma^2}} \quad (R \geqslant 0)$$

由于 $Z(t)$ 和 $R(t)$ 之间满足单调的函数关系,所以 $Z(t)$ 的概率密度函数为

$$\varphi_{Z1}(z) = f_{R1}[R(z)] \mid R'(z) \mid = \frac{1}{\sigma^2}\sqrt{\frac{2z}{a}}e^{-\frac{1}{2\sigma^2}\cdot\frac{2z}{a}}\frac{1}{\sqrt{2az}}$$

$$= \frac{1}{a\sigma^2}e^{-\frac{z}{a\sigma^2}} \quad (z \geqslant 0)$$

即

$$\varphi_{Z1}(z) = \begin{cases} \dfrac{1}{a\sigma^2}e^{-\frac{z}{a\sigma^2}} & (z \geqslant 0) \\ 0 & (z < 0) \end{cases}$$

(2) 求 $Z(t)$ 的均值、方差和均方值。

$$E[Z(t)] = E\left[\frac{a}{2}R^2(t)\right] = \frac{a}{2}E[R^2(t)] = a\sigma^2$$

$$E[Z^2(t)] = \frac{a^2}{4}E[R^4(t)] = \frac{a^2}{4}\int_{-\infty}^{+\infty}R^4 f_1(R)\mathrm{d}R = \frac{a^2}{4}\int_0^{+\infty}\frac{R^5}{\sigma^2}e^{-\frac{R^2}{2\sigma^2}}\mathrm{d}R$$

令 $t = \dfrac{R^2}{2\sigma^2}$,有

$$E[Z^2(t)] = a^2\sigma^4\int_0^{+\infty}t^2 e^{-t}\mathrm{d}t = a^2\sigma^4\Gamma(3) = 2a^2\sigma^4$$

$$D[Z(t)] = E[Z^2(t)] - E^2[Z(t)] = 2a^2\sigma^4 - a^2\sigma^4 = a^2\sigma^4$$

6.3　特征函数法

6.3.1　转移函数

若 $y = g(x)$ 为某非线性系统的传输特性,函数 $g(x)$ 在任意有限区间分段光滑(即 $g'(x)$ 分段连续),且满足绝对可积条件,即

$$\int_{-\infty}^{+\infty} \mid g(x) \mid \mathrm{d}x < \infty \tag{6.3.1}$$

则传输特性 $g(x)$ 的傅里叶变换 $F(\mathrm{j}\omega)$ 存在，且

$$F(\mathrm{j}\omega)=\int_{-\infty}^{+\infty} g(x)\mathrm{e}^{-\mathrm{j}\omega x}\,\mathrm{d}x \tag{6.3.2}$$

于是，非线性系统的输出特性可以借助傅里叶反变换得到

$$y=g(x)=\frac{1}{2\pi}\int_{-\infty}^{+\infty} F(\mathrm{j}\omega)\mathrm{e}^{\mathrm{j}\omega x}\,\mathrm{d}\omega \tag{6.3.3}$$

称 $F(\mathrm{j}\omega)$ 为该非线性系统的转移函数。

在许多重要情况中，例如半波线性检波器，其传输特性 $g(x)$ 不绝对可积，因而它的傅里叶变换不存在，当然也就无法用式(6.3.2)来定义转移函数。例如，当 $x<0$ 时，$g(x)=0$，但

$$\int_{-\infty}^{+\infty} |g(x)|\,\mathrm{d}x=\int_{0}^{+\infty} |g(x)|\,\mathrm{d}x$$

不收敛，因而无法直接用式(6.3.2)来定义转移函数。此时，可以将 $g(x)$ 乘以 $\mathrm{e}^{-\sigma x}$ $(\sigma>0)$，使辅助函数 $g(x)\mathrm{e}^{-\sigma x}$ 满足绝对可积条件(注意，当 $x<0$ 时，$g(x)\mathrm{e}^{-\sigma x}=0$)。因此，辅助函数 $g(x)\mathrm{e}^{-\sigma x}$ 的转移函数 $F_\sigma(\mathrm{j}\omega)$ 存在，有

$$\begin{aligned}F_\sigma(\mathrm{j}\omega)&=\int_{-\infty}^{+\infty} g(x)\mathrm{e}^{-\sigma x}\mathrm{e}^{-\mathrm{j}\omega x}\,\mathrm{d}x\\&=\int_{0}^{+\infty} g(x)\mathrm{e}^{-(\sigma+\mathrm{j}\omega)x}\,\mathrm{d}x\end{aligned} \tag{6.3.4}$$

这样，对式(6.3.4)令 $\sigma\to0$，则原传输特性 $g(x)$ 的转移函数 $F(\mathrm{j}\omega)$ 为

$$F(\mathrm{j}\omega)=\lim_{\sigma\to0}F_\sigma(\mathrm{j}\omega)=\lim_{\sigma\to0}\int_{0}^{+\infty} g(x)\mathrm{e}^{-(\sigma+\mathrm{j}\omega)x}\,\mathrm{d}x \tag{6.3.5}$$

下面举例说明这种情况。

设 $g(x)$ 为单位阶跃函数，如图6.5所示。其表示式为

$$g(x)=\begin{cases}1 & (x>0)\\0 & (x<0)\end{cases} \tag{6.3.6}$$

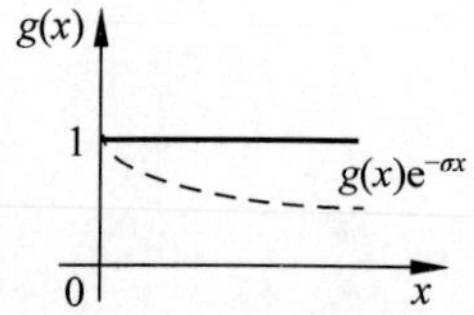

图6.5　单位阶跃函数

显而易见，积分 $\int_{-\infty}^{+\infty} |g(x)|\,\mathrm{d}x$ 是发散的。但辅助函数 $g(x)\mathrm{e}^{-\sigma x}$(如图6.5中虚线所示)的转移函数存在，按式(6.3.4)有

$$F_\sigma(\mathrm{j}\omega)=\int_{0}^{+\infty} g(x)\mathrm{e}^{-\sigma x}\mathrm{e}^{-\mathrm{j}\omega x}\,\mathrm{d}x=\int_{0}^{+\infty}\mathrm{e}^{-(\sigma+\mathrm{j}\omega)x}\,\mathrm{d}x=\frac{1}{\sigma+\mathrm{j}\omega} \tag{6.3.7}$$

所以，根据式(6.3.5)，$g(x)$ 的转移函数为

$$F(\mathrm{j}\omega)=\lim_{\sigma\to0}\frac{1}{\sigma+\mathrm{j}\omega}=\frac{1}{\mathrm{j}\omega} \tag{6.3.8}$$

上例说明，在引入了因子 $\mathrm{e}^{-\sigma x}$ 以后，原来的 $g(x)$ 便满足了绝对可积的条件，于是可以在式(6.3.4)中，令 $s=\sigma+\mathrm{j}\omega$，记作 $F_\sigma(\mathrm{j}\omega)=F(s)$，式(6.3.4)可写为

$$F(s)=\int_{0}^{+\infty} g(x)\mathrm{e}^{-sx}\,\mathrm{d}x \tag{6.3.9}$$

式(6.3.9)即是 $g(x)$ 的单边拉普拉斯变换。

利用傅里叶反变换可得

$$g(x)\mathrm{e}^{-\sigma x} = \frac{1}{2\pi}\int_{-\infty}^{+\infty}F_\sigma(\mathrm{j}\omega)\mathrm{e}^{\mathrm{j}\omega x}\,\mathrm{d}\omega \tag{6.3.10}$$

式(6.3.10)两端各乘以 $\mathrm{e}^{\sigma x}$，可得

$$g(x) = \frac{1}{2\pi}\int_{-\infty}^{+\infty}F_\sigma(\mathrm{j}\omega)\mathrm{e}^{(\sigma+\mathrm{j}\omega)x}\,\mathrm{d}\omega \tag{6.3.11}$$

由于 $s = \sigma + \mathrm{j}\omega$，当选定 σ 为常量时，有 $\mathrm{d}s = \mathrm{j}\mathrm{d}\omega$，代入式(6.3.11)得

$$g(x) = \frac{1}{2\pi\mathrm{j}}\int_{\sigma-\mathrm{j}\infty}^{\sigma+\mathrm{j}\infty}F(s)\mathrm{e}^{sx}\,\mathrm{d}s \tag{6.3.12}$$

式(6.3.12)即为拉普拉斯反变换。

综上所述，对当 $x<0$ 时，$g(x)=0$ 的传输特性，其转移函数可定义为 $g(x)$ 的单边拉普拉斯变换，如式(6.3.9)所表示的 $F(s)$。

此外，在实际中，还存在非线性系统的传输特性在 $(-\infty, +\infty)$ 上不绝对可积，且当 $x<0$ 时 $g(x)$ 不为零的情况。这时，式(6.3.4)就不能用了。因为该式是在傅里叶积分的下限限制为零的前提下引入了衰减因子 $\mathrm{e}^{-\sigma x}$ $(\sigma>0)$ 后得出的，否则，在 $x<0$ 的范围内 $\mathrm{e}^{-\sigma x}$ 变成增长因子，不但不起收敛作用，反而使积分更快地发散。这种情况下，可定义半波传输特性为

$$g_+(x) = \begin{cases} g(x) & (x>0) \\ 0 & (x\leqslant 0) \end{cases} \tag{6.3.13}$$

$$g_-(x) = \begin{cases} 0 & (x>0) \\ g(x) & (x\leqslant 0) \end{cases} \tag{6.3.14}$$

于是有

$$g(x) = g_+(x) + g_-(x) \tag{6.3.15}$$

对十分广泛的函数 $g_+(x)$ 和 $g_-(x)$，单边拉普拉斯变换是存在的，有

$$F_+(s) = \int_0^{+\infty}g(x)\mathrm{e}^{-sx}\,\mathrm{d}x \tag{6.3.16}$$

它在 $\mathrm{Re}(s)=\sigma>a$ 时收敛，常数 a 称为收敛轴。即式(6.3.16)在收敛轴右方的复平面内积分收敛，在收敛轴左方积分发散。而

$$F_-(s) = \int_{-\infty}^0 g(x)\mathrm{e}^{-sx}\,\mathrm{d}x \tag{6.3.17}$$

它在 $\mathrm{Re}(s)=\sigma<b$ 时收敛，这样，给定系统的转移函数可看作一对函数 $F_+(s)$ 和 $F_-(s)$，而传输特性为

$$g(x) = \frac{1}{2\pi\mathrm{j}}\int_{\sigma_1-\mathrm{j}\infty}^{\sigma_1+\mathrm{j}\infty}F_+(s)\mathrm{e}^{sx}\,\mathrm{d}s + \frac{1}{2\pi\mathrm{j}}\int_{\sigma_2-\mathrm{j}\infty}^{\sigma_2+\mathrm{j}\infty}F_-(s)\mathrm{e}^{sx}\,\mathrm{d}s \tag{6.3.18}$$

式中，$\sigma_1>a$，$\sigma_2<b$。若 $a<b$ 成立，则在 $a<\mathrm{Re}(s)<b$ 内，$F_+(s)$ 与 $F_-(s)$ 将同时收敛。在这种情况下，可以相应地定义系统的转移函数为 $g(x)$ 的双边拉普拉斯变换，即

$$F(s) = F_+(s) + F_-(s) = \int_{-\infty}^{+\infty}g(x)\mathrm{e}^{-sx}\,\mathrm{d}x \tag{6.3.19}$$

$F(s)$ 在 s 平面的带状区域内（即 $a<\mathrm{Re}(s)<b$）收敛。现在举例说明这个问题。

例 6.3 已知非线性系统的传输特性为

$$g(x) = \begin{cases} 1 & (x > 0) \\ e^x & (x \leqslant 0) \end{cases}$$

讨论系统转移函数的收敛域。

解：令

$$g_+(x) = \begin{cases} 1 & (x > 0) \\ 0 & (x \leqslant 0) \end{cases}$$

$$g_-(x) = \begin{cases} 0 & (x > 0) \\ e^x & (x \leqslant 0) \end{cases}$$

那么

$$g(x) = g_+(x) + g_-(x)$$

对于 $g_+(x)$，其拉普拉斯变换为

$$F_+(s) = \int_0^{+\infty} e^{-sx} dx = \frac{1}{s}(1 - e^{-sx})\mid_{x \to +\infty} = \frac{1}{s} \quad (\sigma > 0)$$

即 $\text{Re}(s) = \sigma > 0(a = 0)$ 时，$F_+(s)$ 存在。

对于 $g_-(x)$，其拉普拉斯变换为

$$F_-(s) = \int_{-\infty}^0 e^x e^{-sx} dx = \frac{1}{1-s} e^{(1-s)x}\mid_{-\infty}^0$$

因为 $s = \sigma + j\omega$，则

$$F_-(s) = \frac{1}{1-\sigma-j\omega} e^{(1-\sigma-j\omega)x}\mid_{-\infty}^0 = \frac{1}{1-s} \quad (\sigma < 1)$$

显然，$\text{Re}(s) = \sigma < 1(b = 1)$ 时，$F_-(s)$ 存在。

所以，当 $0 < \sigma < 1$ 时，$F_+(s)$ 与 $F_-(s)$ 同时存在，即双边拉普拉斯变换 $F(s)$ 存在

$$F(s) = \int_{-\infty}^{+\infty} g(x) e^{-sx} dx$$

$F(s)$ 的收敛域如图 6.6 所示。

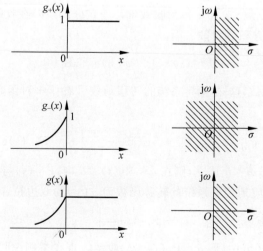

图 6.6 双边拉普拉斯变换的收敛域

综上所述,运用非线性系统的传输特性 $g(x)$ 求转移函数时,应视 $g(x)$ 的性质而决定采用傅里叶变换、单边拉普拉斯变换还是双边拉普拉斯变换。

6.3.2 非线性系统输出的自相关函数

根据自相关函数的定义,非线性系统输出端的相关函数为

$$B_Y(\tau) = E[Y(t)Y(t+\tau)] \tag{6.3.20}$$

非线性系统的传输特性为

$$y = g(x) = \frac{1}{2\pi} \int_{-\infty}^{+\infty} F(j\omega) e^{j\omega x} \, d\omega \tag{6.3.21}$$

那么,非线性系统的输出 $Y(t)$ 可表示为

$$Y(t) = \frac{1}{2\pi} \int_{-\infty}^{+\infty} F(j\omega) e^{j\omega X(t)} \, d\omega \tag{6.3.22}$$

因此,非线性系统输出端的相关函数为

$$B_Y(\tau) = E\left[\frac{1}{2\pi} \int_{-\infty}^{+\infty} F(ju) e^{juX(t)} \, du \, \frac{1}{2\pi} \int_{-\infty}^{+\infty} F(jv) e^{jvX(t+\tau)} \, dv\right]$$

$$= \frac{1}{4\pi^2} \int_{-\infty}^{+\infty} F(ju) \, du \int_{-\infty}^{+\infty} F(jv) E\left[e^{juX(t)+jvX(t+\tau)}\right] dv \tag{6.3.23}$$

式中,$E\left[e^{juX(t)+jvX(t+\tau)}\right]$ 为随机信号 $X(t)$ 的二维特征函数。

$$M_{X2}(u, v; \tau) = E\left[e^{juX(t)+jvX(t+\tau)}\right] \tag{6.3.24}$$

所以,$B_Y(\tau)$ 又可以写成

$$B_Y(\tau) = \frac{1}{4\pi^2} \int_{-\infty}^{+\infty} F(ju) \, du \int_{-\infty}^{+\infty} F(jv) M_{X2}(u, v; \tau) dv \tag{6.3.25}$$

式中的转移函数是用傅里叶变换表示的。若需用拉普拉斯变换表示转移函数,则 $B_Y(\tau)$ 可以写成

$$B_Y(\tau) = \frac{1}{(2\pi j)^2} \oint_D F(s_1) \oint_D F(s_2) M_{X2}(s_1, s_2; \tau) ds_1 ds_2 \tag{6.3.26}$$

式中,s_1、s_2 是用复变量表示的关系式,D 代表在复平面上积分路线的选取方法。采用式(6.3.25)和式(6.3.26)分析随机信号通过非线性系统的方法,常称为特征函数法。这是因为在表示式中,出现了随机信号的二维特征函数。这种方法也称为变换法,因为在表示式中,出现了传输特性所变换的转移函数。

下面来看非线性系统输入端仅有正态噪声的情况。

当输入 $X(t)$ 是零均值的正态噪声时,它的二维特征函数为

$$M_{X2}(s_1, s_2; \tau) = e^{\frac{1}{2}[s_1^2 + s_2^2 + 2s_1 s_2 B_X(\tau)]} \tag{6.3.27}$$

为了分析简便,设 $E[X^2(t)]=1$,$E[X(t)]=0$。将式(6.3.27)代入式(6.3.26)得

$$B_Y(\tau) = \frac{1}{(2\pi j)^2} \oint_D F(s_1) \oint_D F(s_2) e^{\frac{1}{2}[s_1^2 + s_2^2 + 2s_1 s_2 B_X(\tau)]} ds_1 ds_2 \tag{6.3.28}$$

将 $\mathrm{e}^{s_1 s_2 B_X(\tau)}$ 展成级数

$$\mathrm{e}^{s_1 s_2 B_X(\tau)} = \sum_{k=0}^{+\infty} \frac{B_X^k(\tau)}{k!}(s_1 s_2)^k \tag{6.3.29}$$

因此,当输入是零均值的高斯噪声时,非线性系统输出端的自相关函数可以写成

$$B_Y(\tau) = \sum_{k=0}^{+\infty} \frac{B_X^k(\tau)}{k!(2\pi\mathrm{j})^2} \oint_D F(s_1) s_1^k \mathrm{e}^{\frac{s_1^2}{2}} \mathrm{d}s_1 \oint_D F(s_2) s_2^k \mathrm{e}^{\frac{s_2^2}{2}} \mathrm{d}s_2 \tag{6.3.30}$$

下面以线性检波器为例,运用上面分析的结果计算非线性设备输出端的统计特性。

例 6.4 设线性检波器的传输特性为

$$g(x) = \begin{cases} bx & (x \geqslant 0) \\ 0 & (x < 0) \end{cases}$$

输入 $X(t)$ 是零均值、方差为 1 的平稳高斯白噪声,用特征函数法求检波器输出的自相关函数。

解:系统的转移函数为

$$F(s) = \int_0^{+\infty} g(x) \mathrm{e}^{-sx} \mathrm{d}x = \int_0^{+\infty} bx \mathrm{e}^{-sx} \mathrm{d}x = \frac{b}{s^2}$$

输入 $X(t)$ 的二维特征函数为

$$M_{X2}(s_1, s_2; \tau) = \mathrm{e}^{\frac{1}{2}[s_1^2 + s_2^2 + 2s_1 s_2 B_X(\tau)]}$$

现引入自相关系数 $r(\tau)$,它表征随机信号 $X(t)$ 在两个不同时刻的取值之间的线性关联程度。实际上,$r(\tau)$ 是将 $B_Y(\tau)$ 归一化或标准化。

$$r(\tau) = \frac{B_X(\tau) - E^2[X(t)]}{B_X(0) - E^2[X(t)]} = \frac{B_X(\tau) - 0}{1 - 0} = B_X(\tau)$$

显然

$$r(0) = 1, \quad |r(\tau)| \leqslant 1$$

于是,输入随机信号 $X(t)$ 的二维特征函数为

$$M_{X2}(s_1, s_2; \tau) = \mathrm{e}^{\frac{1}{2}[s_1^2 + s_2^2 + 2s_1 s_2 r(\tau)]}$$

把它们代入式(6.3.30),得到

$$\begin{aligned} B_Y(\tau) &= \sum_{k=0}^{\infty} \frac{r^k(\tau)}{k!(2\pi\mathrm{j})^2} \oint_D \frac{b}{s_1^2} s_1^k \mathrm{e}^{\frac{s_1^2}{2}} \mathrm{d}s_1 \oint_D \frac{b}{s_2^2} s_2^k \mathrm{e}^{\frac{s_2^2}{2}} \mathrm{d}s_2 \\ &= -\frac{b^2}{4\pi^2} \sum_{k=0}^{+\infty} \frac{r^k(\tau)}{k!} \oint_D s_1^{k-2} \mathrm{e}^{\frac{s_1^2}{2}} \mathrm{d}s_1 \oint_D s_2^{k-2} \mathrm{e}^{\frac{s_2^2}{2}} \mathrm{d}s_2 \\ &= -\frac{b^2}{4\pi^2} \sum_{k=0}^{+\infty} \frac{r^k(\tau)}{k!} \left[\int_{\sigma-\mathrm{j}\infty}^{\sigma+\mathrm{j}\infty} s^{k-2} \mathrm{e}^{\frac{s^2}{2}} \mathrm{d}s \right]^2 \\ &= -\frac{b^2}{4\pi^2} \sum_{k=0}^{+\infty} \frac{r^k(\tau)}{k!} I_k^2 \end{aligned}$$

式中,$I_k = \int_{\sigma-\mathrm{j}\infty}^{\sigma+\mathrm{j}\infty} s^{k-2} \mathrm{e}^{\frac{s^2}{2}} \mathrm{d}s$。

显然，$B_Y(\tau)$ 被展开成了幂级数的形式，I_k^2 就是幂级数的系数，k 代表幂的次数。下面来求不同幂次 k 时的 I_k 值。

当 $k > 2$ 时，I_k 中的被积函数在复平面上是解析的，因而根据柯西-古萨定理，沿图 6.7 所示封闭曲线 D 的积分为零，当 $\omega \rightarrow \infty$ 时可推得

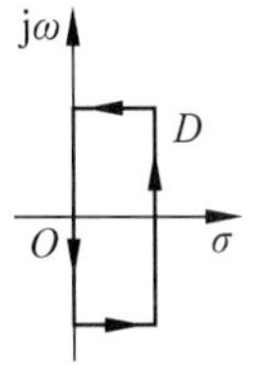

$$I_k = \int_{\sigma-\mathrm{j}\infty}^{\sigma+\mathrm{j}\infty} s^{k-2} \mathrm{e}^{\frac{s^2}{2}} \mathrm{d}s = \int_{-\mathrm{j}\infty}^{+\mathrm{j}\infty} s^{k-2} \mathrm{e}^{\frac{s^2}{2}} \mathrm{d}s = \mathrm{j}^{k-1} \int_{-\infty}^{+\infty} \omega^{k-2} \mathrm{e}^{-\frac{\omega^2}{2}} \mathrm{d}\omega$$

图 6.7 积分回线

式中，$s = \mathrm{j}\omega$。当 k 为奇数时，由于被积函数为奇数，所以有 $I_k = 0$。
当 k 为偶数时，由于有

$$\int_0^{+\infty} x^{2n} \mathrm{e}^{-bx^2} \mathrm{d}x = \frac{1 \times 3 \times 5 \times \cdots \times (2n-1)}{2^{n+1} b^n} \sqrt{\frac{\pi}{b}}$$

所以

$$I_k = 2\mathrm{j}^{k-1} \int_0^{+\infty} \omega^{k-2} \mathrm{e}^{-\frac{\omega^2}{2}} \mathrm{d}\omega = 2\mathrm{j}^{k-1} \frac{1 \times 3 \times 5 \times \cdots \times (k-2-1)}{2^{\frac{k-2}{2}+1} \left(\frac{1}{2}\right)^{\frac{k-2}{2}}} \sqrt{2\pi}$$

$$= \mathrm{j}^{k-1} (k-3)!! \sqrt{2\pi}$$

当 $k = 2$ 时，有

$$I_k = 2\mathrm{j} \int_0^{+\infty} \mathrm{e}^{-\frac{\omega^2}{2}} \mathrm{d}\omega = \mathrm{j}\sqrt{2\pi}$$

当 $k < 2$ 时，被积函数在原点处不可积，需采用复变函数的积分进行计算。利用柯西积分公式，得到

$$I_0 = \int_{\sigma-\mathrm{j}\infty}^{\sigma+\mathrm{j}\infty} s^{-2} \mathrm{e}^{\frac{s^2}{2}} \mathrm{d}s = -\mathrm{j}\sqrt{2\pi}$$

$$I_1 = \int_{\sigma-\mathrm{j}\infty}^{\sigma+\mathrm{j}\infty} s^{-1} \mathrm{e}^{\frac{s^2}{2}} \mathrm{d}s = \mathrm{j}\pi$$

将 I_0、I_1、I_2、I_k 代入 $B_Y(\tau)$，得到

$$B_Y(\tau) = -\frac{b^2}{4\pi^2} \left[(-\mathrm{j}\sqrt{2\pi})^2 + (\mathrm{j}\pi)^2 r(\tau) + (\mathrm{j}\sqrt{2\pi})^2 \frac{r^2(\tau)}{2} + \right.$$
$$\left. \sum_{\substack{k=4 \\ k \text{为偶数}}}^{+\infty} \frac{r^k(\tau)}{k!} (\mathrm{j}^{k-1}(k-3)!! \sqrt{2\pi})^2 \right]$$

令 $k = 2n+2$，可得

$$B_Y(\tau) = \frac{b^2}{2\pi} + \frac{b^2}{4} r(\tau) + \frac{b^2}{4\pi} r^2(\tau) + \frac{b^2}{2\pi} \sum_{n=1}^{+\infty} \frac{(2n-1)!! r^{2n+2}(\tau)}{(2n+2)!!(2n+1)}$$

6.4 级数展开法

这种方法是将非线性系统的传输特性展开成多项式的形式，以使非线性系统输出随机信号 $Y(t)$ 的矩函数，可以用输入随机信号 $X(t)$ 的各阶矩函数的线性组合来表示。

设非线性系统的传输特性 $y = g(x)$ 在点 $x = 0$ 具有任意阶的导数,则可以将传输特性按麦克劳林级数展开为

$$g(x) = a_0 + a_1 x + a_2 x^2 + \cdots + a_k x^k + \cdots = \sum_{i=0}^{+\infty} a_i x^i \qquad (6.3.31)$$

其中, $a_k = \dfrac{g^{(k)}(x)}{k}\bigg|_{x=0}$。

设输入随机信号为 $X(t)$,于是,非线性系统输出随机信号 $Y(t)$ 可表示为

$$Y(t) = g[X(t)] = a_0 + a_1 X(t) + a_2 X^2(t) + \cdots + a_k X^k(t) + \cdots = \sum_{i=0}^{+\infty} a_i X^i(t)$$
$$(6.3.32)$$

因此,输出随机信号 $Y(t)$ 的均值为

$$E[Y(t)] = a_0 + a_1 E[X(t)] + a_2 E[X^2(t)] + \cdots + a_k E[X^k(t)] + \cdots = \sum_{i=0}^{+\infty} a_i E[X^i(t)]$$
$$(6.3.33)$$

输出随机信号 $Y(t)$ 的均方值为

$$E[Y^2(t)] = E\left\{ \left[\sum_{i=0}^{+\infty} a_i X^i(t) \right] \left[\sum_{j=0}^{+\infty} a_j X^j(t) \right] \right\}$$
$$= \sum_{i=0}^{+\infty} \sum_{j=0}^{+\infty} a_i a_j E[X^i(t) X^j(t)] \qquad (6.3.34)$$

输出随机信号 $Y(t)$ 的自相关函数为

$$B_Y(\tau) = E[Y(t)Y(t+\tau)] = E\left\{ \left[\sum_{i=0}^{+\infty} a_i X^i(t) \right] \left[\sum_{j=0}^{+\infty} a_j X^j(t+\tau) \right] \right\}$$
$$= \sum_{i=0}^{+\infty} \sum_{j=0}^{+\infty} a_i a_j E[X^i(t) X^j(t+\tau)] \qquad (6.3.35)$$

用类似的方法可以求出输出随机信号 $Y(t)$ 的其他矩函数。

可以看出,非线性系统输出信号的均值、均方值、自相关函数等可以用输入随机信号各阶矩函数的无穷级数来表示。在工程实际中,应根据需要取前若干项进行近似计算。

习题

6.1 非线性系统的传输特性为

$$y = g(x) = b e^x$$

其中 b 为正实常数。已知输入 $X(t)$ 为平稳高斯信号,其一维概率分布服从标准正态分布。试求:(1)输出随机信号 $Y(t)$ 的一维概率密度函数;(2)输出随机信号 $Y(t)$ 的均值和平均功率。

6.2 非线性系统的传输特性为

$$y = g(x) = 2|x|$$

已知输入 $X(t)$ 是一个均值为 0、方差为 1 的平稳高斯噪声。试求：(1)输出随机信号 $Y(t)$ 的一维概率密度函数；(2)输出随机信号 $Y(t)$ 的平均功率。

6.3 如题 6.3 图所示非线性系统，设输入 $X(t)$ 为零均值平稳高斯信号，其功率谱密度为 $S_X(f)$。试证：$S_Y(f) = \left[\int_{-\infty}^{+\infty} S_X(f) \mathrm{d}f \right]^2 \delta(f) + 2S_X(f) * S_X(f)$。

题 6.3 图

6.4 单向线性检波器的传输特性为

$$y = g(x) = \begin{cases} bx & (x > 0) \\ 0 & (x \leqslant 0) \end{cases}$$

设输入 $X(t)$ 为零均值的平稳高斯随机过程，其自相关函数为 $B_X(\tau)$。求检波器输出随机过程 $Y(t)$ 的均值和方差。

6.5 设有非线性系统如题 6.5 图所示。输入随机过程 $X(t)$ 为高斯白噪声，其功率谱密度为 $S_X(\omega) = \dfrac{N_0}{2}$。若电路本身热噪声忽略不计，且平方律检波器的输入阻抗为无穷大。试求输出随机过程 $Y(t)$ 的自相关函数和功率谱密度函数。

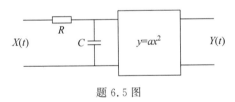

题 6.5 图

6.6 非线性系统的传输特性为

$$y = g(x) = \begin{cases} 2\mathrm{e}^x & (x \geqslant 0) \\ 0 & (x < 0) \end{cases}$$

已知输入 $X(t)$ 服从标准正态分布，其自相关函数为 $B_X(\tau)$。试采用特征函数法求输出随机信号 $Y(t)$ 的自相关函数。

第 7 章

马尔可夫过程简介

马尔可夫过程是一类十分重要的随机过程,在信息处理、通信、自动控制、物理、生物以及社会公共事业等方面有着广泛的应用。

一般情况下,随机过程在某时刻上所处的状态受邻近时刻过程所处的状态影响较大,而受远离时刻过程所处的状态影响较小,甚至没有影响。在数学上经过抽象形成模型,可得到马尔可夫过程:当过程在时刻 t_k 所处的状态已知的条件下,过程在时刻 $t(t>t_k)$ 处的状态,只与过程在时刻 t_k 的状态有关,而与过程在时刻 t_k 以前所处的状态无关。这种随机过程称为马尔可夫过程。马尔可夫过程的这种特性称为无后效性。

马尔可夫过程按照其状态和时间参数是离散还是连续,可以分为四类:

(1) 时间离散、状态离散的马尔可夫过程,常称为马尔可夫链;

(2) 时间连续、状态离散的马尔可夫过程,常称为纯不连续马尔可夫过程;

(3) 时间离散、状态连续的马尔可夫过程,常称为马尔可夫序列;

(4) 时间连续、状态连续的马尔可夫过程,常称为连续马尔可夫过程或扩展过程。

本章将主要讨论马尔可夫链,对其他的马尔可夫过程只做概念性的介绍。

7.1 马尔可夫链

7.1.1 马尔可夫链的定义

马尔可夫链就是时间和状态均离散的马尔可夫过程。

定义 设随机过程 $X(t)$ 在每一时刻 $t_n(n=1,2,3,\cdots)$ 的状态为 $X_n=X(t_n)$,它可以取状态 $a_1,a_2,\cdots,a_N$ 之一,而且过程的状态只在 $t_1,t_2,\cdots,t_n,\cdots$ 可列个时刻发生状态转移。在这种情况下,若过程在时刻 t_{m+k} 变成任一状态 $a_i(i=1,2,\cdots,N)$ 的概率,只与该过程在时刻 t_m 的状态有关,而与时刻 t_m 以前过程所处的状态无关,即

$$P\{X_{m+k}=a_{i_{m+k}} \mid X_m=a_{i_m}, X_{m-1}=a_{i_{m-1}}, \cdots, X_1=a_{i_1}\}$$
$$=P\{X_{m+k}=a_{i_{m+k}} \mid X_m=a_{i_m}\} \tag{7.1.1}$$

则称该过程为马尔可夫链,简称为马氏链。式中 $a_{i_l}(l=m+k,m,m-1,\cdots,1)$ 为状态 $a_1,a_2,\cdots,a_N$ 之一。

例 7.1 设一盒中装有 5 个红球和 10 个白球,现从盒中按如下规则取球:每次从盒中任取一球,等到从盒中再取出一球后,将上一次取出的球放回箱中。这样继续进行下去,每取出一球作为一次试验。

设每次试验的时刻为 $t_1,t_2,\cdots,t_n,\cdots$,试验结果用随机变量序列 $X_1,X_2,\cdots,X_n,\cdots$ 表示,其中第 n 次试验结果记为

$$X_n=X(t_n)=\begin{cases}1 & (\text{取出红球}) \\ 0 & (\text{取出白球})\end{cases}$$

则根据上述取球的规则,在任何一次试验中,取得红球或白球的概率仅与上一次取得什么颜色的球有关,而与更早的取球结果无关。这样,随机变量序列 $X_1,X_2,\cdots,X_n,\cdots$ 就是一个马尔可夫链。

7.1.2 马尔可夫链的转移概率矩阵

马尔可夫链在时刻 t_m 出现 $X_m = a_i$ 的条件下,在时刻 t_{m+k} 出现 $X_{m+k} = a_j$ 的条件概率称为转移概率,记为 $p_{ij}(m, m+k)$,即

$$p_{ij}(m, m+k) = P\{X_{m+k} = a_j \mid X_m = a_i\} \tag{7.1.2}$$

式中,m, k 都是正整数,$i, j = 1, 2, \cdots, N$。

一般而言,$p_{ij}(m, m+k)$ 与 i, j, m, k 都有关。若 $p_{ij}(m, m+k)$ 与 m 无关,则称这个马尔可夫链是齐次的。下面,仅讨论齐次马氏链,并且习惯上常将"齐次"二字省去。

当 $k = 1$ 时,转移概率 $p_{ij}(m, m+1)$ 称为一步转移概率,记为 p_{ij}。它表示马氏链由状态 a_i 经一次转移到达状态 a_j 的转移概率,即

$$p_{ij} = p_{ij}(m, m+1) = P\{X_{m+1} = a_j \mid X_m = a_i\} \tag{7.1.3}$$

这样,所有一步转移概率 p_{ij} 可以构成一个一步转移概率矩阵

$$\boldsymbol{P} = \begin{bmatrix} p_{11} & p_{12} & \cdots & p_{1N} \\ p_{21} & p_{22} & \cdots & p_{2N} \\ \vdots & \vdots & \ddots & \vdots \\ p_{N1} & p_{N2} & \cdots & p_{NN} \end{bmatrix} \tag{7.1.4}$$

显然

$$0 \leqslant p_{ij} \leqslant 1 \tag{7.1.5}$$

$$\sum_{j=1}^{N} p_{ij} = 1 \tag{7.1.6}$$

通常称满足式(7.1.5)和式(7.1.6)的矩阵为随机矩阵,其所有元素为非负元素且每行元素之和为 1。故式(7.1.4)是随机矩阵。它决定了马尔可夫链所取状态转移过程的概率法则。

类似地,当 $k = n$ 时,可得 n 步转移概率 $p_{ij}(n)$ 为

$$p_{ij}(n) = p_{ij}(m, m+n) = P\{X_{m+n} = a_j \mid X_m = a_i\} \tag{7.1.7}$$

相应的 n 步转移概率矩阵为

$$\boldsymbol{P}(n) = \begin{bmatrix} p_{11}(n) & p_{12}(n) & \cdots & p_{1N}(n) \\ p_{21}(n) & p_{22}(n) & \cdots & p_{2N}(n) \\ \vdots & \vdots & \ddots & \vdots \\ p_{N1}(n) & p_{N2}(n) & \cdots & p_{NN}(n) \end{bmatrix} \tag{7.1.8}$$

同样

$$0 \leqslant p_{ij}(n) \leqslant 1 \tag{7.1.9}$$

$$\sum_{j=1}^{N} p_{ij}(n) = 1 \tag{7.1.10}$$

显然,式(7.1.8)也是随机矩阵。

7.1.3 马尔可夫链的切普曼-柯尔莫哥洛夫方程

对于马尔可夫链,其 n 步转移概率满足如下关系:

$$p_{ij}(n) = p_{ij}(l+k) = \sum_{r=1}^{N} p_{ir}(l) p_{rj}(k) \tag{7.1.11}$$

式(7.1.11)称为马尔可夫链的切普曼-柯尔莫哥洛夫方程。

证明:根据转移概率的定义,有

$$p_{ij}(l+k) = P\{X_{m+l+k} = a_j \mid X_m = a_i\}$$

$$= \frac{P\{X_m = a_i, X_{m+l+k} = a_j\}}{P\{X_m = a_i\}}$$

$$= \sum_{r=1}^{N} \frac{P\{X_m = a_i, X_{m+l+k} = a_j, X_{m+l} = a_r\}}{P\{X_m = a_i, X_{m+l} = a_r\}} \frac{P\{X_m = a_i, X_{m+l} = a_r\}}{P\{X_m = a_i\}}$$

$$= \sum_{r=1}^{N} P\{X_{m+l+k} = a_j \mid X_m = a_i, X_{m+l} = a_r\} P\{X_{m+l} = a_r \mid X_m = a_i\}$$

利用马尔可夫链的无后效性与齐次性,有

$$P\{X_{m+l+k} = a_j \mid X_m = a_i, X_{m+l} = a_r\} = P\{X_{m+l+k} = a_j \mid X_{m+l} = a_r\} = p_{rj}(k)$$

$$P\{X_{m+l} = a_r \mid X_m = a_i\} = p_{ir}(l)$$

所以

$$p_{ij}(n) = p_{ij}(l+k) = \sum_{r=1}^{N} p_{ir}(l) p_{rj}(k)$$

故式(7.1.11)得证。

切普曼-柯尔莫哥洛夫方程是一个重要方程。它表明:由于马尔可夫链的无后效性,马尔可夫链由状态 a_i 经过 n 步转移到达状态 a_j 的过程,可以看成先经过 $l(0<l<n)$ 步转移到达某个状态 $a_r(r=1,2,\cdots,N)$,再由状态 a_r 经过 $k(k=n-l)$ 步转移到达状态 a_j。

将式(7.1.11)的切普曼-柯尔莫哥洛夫方程用矩阵形式可表示为

$$\boldsymbol{P}(n) = \boldsymbol{P}(l+k) = \boldsymbol{P}(l)\boldsymbol{P}(k) \tag{7.1.12}$$

当 $n=2$ 时,则有

$$\boldsymbol{P}(2) = \boldsymbol{P}(1)\boldsymbol{P}(1) = \big[\boldsymbol{P}(1)\big]^2$$

当 $n=3$ 时,则有

$$\boldsymbol{P}(3) = \boldsymbol{P}(1)\boldsymbol{P}(2) = \big[\boldsymbol{P}(1)\big]^3$$

因此,当 n 为任意正整数时,则有

$$\boldsymbol{P}(n) = \big[\boldsymbol{P}(1)\big]^n \tag{7.1.13}$$

式(7.1.13)表明,n 步转移概率矩阵等于一步转移概率矩阵自乘 n 次。

利用式(7.1.11),可以用一步转移概率来表示 n 步转移概率。令 $l=1$,则有

$$p_{ij}(k+1)=\sum_r p_{ir}p_{rj}(k)=\sum_r p_{ir}(k)p_{rj} \tag{7.1.14}$$

式中，p_{ir} 和 p_{rj} 都是一步转移概率。

通常，还规定

$$p_{ij}(0)=\delta_{ij}=\begin{cases}1 & (i=j)\\0 & (i\neq j)\end{cases}$$

由上述讨论可见，一步转移概率构成的转移概率矩阵 $\boldsymbol{P}$ 完全决定了马尔可夫链状态转移过程的概率法则。这就是说，在已知 $X_m=a_i$ 条件下，$X_{m+n}=a_j$ 的条件概率可由一步转移概率矩阵求出。但是，转移概率矩阵 $\boldsymbol{P}$ 决定不了初始概率分布，即 $X_0=a_i$ 的概率不能由 $\boldsymbol{P}$ 求出。因此，必须引入初始概率

$$p_i=P(X_0=a_i)$$

并称 $\{p_i\}=(p_0,p_1,p_2,\cdots)$ 为初始分布。显然

$$0\leqslant p_i\leqslant 1$$
$$\sum_i p_i=1$$

这样，马尔可夫链的概率法则完全由 $\{p_i\}$ 及 $\boldsymbol{P}$ 决定。于是马尔可夫链的有限维分布可表示为

$$P\{X_0=a_{i_0},X_1=a_{i_1},\cdots,X_n=a_{i_n}\}$$
$$=P\{X_0=a_{i_0}\}P\{X_1=a_{i_1}\mid X_0=a_{i_0}\}\cdots P\{X_n=a_{i_n}\mid X_{n-1}=a_{i_{n-1}}\}$$
$$=p_{i_0}p_{i_0 i_1}p_{i_1 i_2}\cdots p_{i_{n-1}i_n} \tag{7.1.15}$$

因此，利用初始分布和一步转移概率矩阵能完整地描述马尔可夫链的统计特性。

例7.2 考虑贝努利试验，每次试验有两种状态：$A_1=a$，$A_2=\bar{a}$。由于试验是独立的，且 $P(A_1)=p$，$P(A_2)=q=1-p$。因此，在第 k 次试验出现 A_j（用 $X_k=i$ 表示）的条件下，第 $k+1$ 次试验出现 A_j 的条件概率与 k 无关且等于 $P(A_j)$。这说明贝努利试验构成一个齐次马尔可夫链，并且有

$$p_{11}=p_{21}=p$$
$$p_{12}=p_{22}=q$$

一步转移概率矩阵为

$$\boldsymbol{P}(1)=\begin{bmatrix}P_{11}&P_{12}\\P_{21}&P_{22}\end{bmatrix}$$
$$=\begin{bmatrix}p&q\\p&q\end{bmatrix}$$

并可算出

$$\boldsymbol{P}(2)=\boldsymbol{P}(1)\boldsymbol{P}(1)$$
$$=\begin{bmatrix}p&q\\p&q\end{bmatrix}$$
$$=\boldsymbol{P}(1)$$

因此,更一般地,n 步转移概率矩阵为

$$P(n)=\begin{bmatrix} p & q \\ p & q \end{bmatrix}=P(1)$$

例 7.3　设基本的二进制传输信道传输 0、1 两种信号,因为存在噪声,传输会形成一定的错误,如图 7.1 所示。若将若干这样的信道级联构成二进制传输信道,则前一节的输出即为后一节的输入。每节信道是彼此独立的,因此,在给定第 n 节输出的情况下,第 $n+1$ 节的输出不再依赖第 $n-1$ 节以及以前若干节的输出结果,则每级输入状态和输出状态构成了一个两状态的马尔可夫链,它的一步转移概率矩阵为

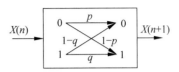

图 7.1　基本的二进制传输信道

$$P(1)=\begin{bmatrix} p & 1-p \\ 1-q & q \end{bmatrix}$$

若将两级这样的信道级联,则二步转移概率矩阵为

$$P(2)=P(1)P(1)-\begin{bmatrix} p^2+(1-p)(1-q) & p(1-p)+q(1-p) \\ p(1-q)+q(1-q) & (1-p)(1-q)+q^2 \end{bmatrix}$$

以此类推,可得到 n 级这样的信道级联的 n 步转移概率矩阵。

例 7.4　考虑一个质点在直线上做随机游动,如图 7.2 所示,假定它只能停在 1、2、3、4、5 点上,并且只在 $t_1,t_2,\cdots$ 等时刻发生随机移动。移动的规则是:移动前若在 2、3、4 点,则以概率 $p(0<p<1)$ 向前移动一步,或以概率 $q(p+q=1)$ 向后移动一步,且经过一个单位时间,它必须向前或向后移动一步;若质点在 1 或 5 点上,则以概率 1 移动到 2 点或 4 点。若以 $X_n=i(i=1,2,3,4,5)$ 表示质点在时刻 t_n 时位于 $i(i=1,2,3,4,5)$ 点,则 $X_1,X_2,\cdots$ 是一个齐次马尔可夫链,其一步转移概率为

$$p_{ij}=\begin{cases} p & (j=i+1 \text{ 且 } 2\leqslant i\leqslant 4) \\ q & (j=i-1 \text{ 且 } 2\leqslant i\leqslant 4) \\ 1 & (i=1,j=2 \text{ 或 } i=5,j=4) \\ 0 & (\text{其他}) \end{cases}$$

所以,质点游动的转移概率矩阵为

$$P=\begin{bmatrix} 0 & 1 & 0 & 0 & 0 \\ q & 0 & p & 0 & 0 \\ 0 & q & 0 & p & 0 \\ 0 & 0 & q & 0 & p \\ 0 & 0 & 0 & 1 & 0 \end{bmatrix}$$

由于质点不能越过 1 和 5 两点,上述这种移动称为带有两个反射壁的随机游动。

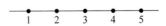

图 7.2　质点随机游动直线

若改变上述质点的移动规则,可以得到许多不同的随机游动。例如,保留以上六部分规则,只把其中在 1 和 5 点处的规则改变一下,变为质点一旦到达 1 或 5 点就不动了,犹如被吸住一般,于是,这种游动称为带有吸收壁的随机游动。它也是一个齐次马尔可夫链,其转移概率矩阵为

$$\boldsymbol{P} = \begin{bmatrix} 1 & 0 & 0 & 0 & 0 \\ q & 0 & p & 0 & 0 \\ 0 & q & 0 & p & 0 \\ 0 & 0 & q & 0 & p \\ 0 & 0 & 0 & 0 & 1 \end{bmatrix}$$

7.1.4 马尔可夫链中状态分类

1. 状态可达与相通

若对于两个状态 a_i 与 a_j,存在某个 $n \geqslant 1$,使 $p_{ij}(n) > 0$,即从状态 a_i 出发,经 n 步转移以正的概率到达状态 a_j,则称从状态 a_i 可达状态 a_j,并记为 $a_i \rightarrow a_j$。反之,若从状态 a_i 不可达状态 a_j,记为 $a_i \nrightarrow a_j$。此时,对一切 $n \geqslant 1$,总有 $p_{ij}(n) = 0$。

对于两个状态 a_i 与 a_j,若从状态 a_i 可达状态 a_j,即 $a_i \rightarrow a_j$,且从状态 a_j 也可达状态 a_i,即 $a_j \rightarrow a_i$,则称状态 a_i 和状态 a_j 相通,并记为 $a_i \leftrightarrow a_j$。

定理 1 若从状态 a_i 可达状态 a_k,从状态 a_k 可达状态 a_j,则从状态 a_i 可达状态 a_j。即状态可达具有传递性。

证明:若 $a_i \rightarrow a_k, a_k \rightarrow a_j$,则根据定义,存在 $r \geqslant 1$ 和 $n \geqslant 1$,使

$$p_{ik}(r) > 0 \quad \text{和} \quad p_{kj}(n) > 0$$

根据切普曼-柯尔莫哥洛夫方程,有

$$p_{ij}(r+n) = \sum_{m \in I} p_{im}(r) p_{mj}(n) \geqslant p_{ik}(r) p_{kj}(n) > 0 \quad (k \in \mathbf{I})$$

所以

$$a_i \rightarrow a_j$$

定理 2 若状态 a_i 和状态 a_k 相通,状态 a_k 和状态 a_j 相通,则状态 a_i 和状态 a_j 相通,即状态相通具有传递性。

定理 2 的证明方法同上。

不难看出,对于质点的随机游动,所有状态只要不带吸收状态,它与自己相邻的非吸收状态都是相通的。这样,在不带吸收壁的随机游动中,所有状态都是相通的。而在带有吸收壁的随机游动中,除吸收状态外,其他状态也都是相通的。

2. 常返态与非常返态

对于任意两个状态 a_i 和 a_j,在事件 $\{X_0 = a_i\}$ 上引入随机变量

$$T_{ij} = \min\{n: X_0(\omega) = a_i, X_n(\omega) = a_j, n \geqslant 1\} \tag{7.1.16}$$

即 T_{ij} 表示从状态 a_i 出发,首次进入状态 a_j 的时间,或者说是使 $X_n = a_j$ 的最小正值 n, ω 表示某一样本。

对于某个样本 ω, $X_n(\omega)$ 可能永远不会为 a_j,即 $\omega \in \{X_0(\omega) = a_i, X_n(\omega) \neq a_j, n \geqslant 1\}$。那么在式(7.1.16)中就不会存在一个 n,并且 T_{ij} 对那个 ω 没有真正的意义。在这一情况下,规定 $T_{ij}(\omega) = +\infty$,这时"永不出现"可以理解为"终身等待"。按照这种规定,$T_{ij}(\omega)$ 是一个可以取值为 $+\infty$ 的随机变量。把集合 $\{1, 2, \cdots, \infty\}$ 记为 $\{N_\infty\}$,于是 T_{ij} 取值于 $\{N_\infty\}$。

此外,定义从状态 a_i 出发,经 n 步首次到达状态 a_j 的概率为

$$f_{ij}(n) = P\{T_{ij} = n \mid X_0 = a_i\} \geqslant 0 \tag{7.1.17}$$

显然

$$\begin{aligned} f_{ij}(n) &= P\{X_n = a_j; X_m \neq a_j, m = 1, 2, \cdots, n-1 \mid X_0 = a_i\} \\ &= \sum_{i_1 \neq j} \cdots \sum_{i_{n-1} \neq j} p_{ii_1} p_{i_1 i_2} \cdots p_{i_{n-1} i_n} \quad (n \geqslant 1) \end{aligned} \tag{7.1.18}$$

式(7.1.18)表示一个从状态 a_i 开始,到达状态 a_j 的马尔可夫链的概率关系。因此

$$f_{ij}(1) = p_{ij} = P\{X_1 = a_j \mid X_0 = a_i\} \tag{7.1.19}$$

$$f_{ij}(\infty) = P\{X_m \neq a_j, \text{对一切 } m \geqslant 1 \mid X_0 = a_i\} \tag{7.1.20}$$

再定义

$$f_{ij} = \sum_{1 \leqslant n < \infty} f_{ij}(n) = \sum_{1 \leqslant n < \infty} P\{T_{ij} = n \mid X_0 = a_i\} = P\{T_{ij} < \infty\} \tag{7.1.21}$$

它表示系统从状态 a_i 出发,迟早要到达状态 a_j 的概率。注意,式(7.1.21)中求和时上标不包括 ∞。所以有

$$f_{ij}(\infty) = P\{T_{ij} = \infty\} = 1 - P\{T_{ij} < \infty\} = 1 - f_{ij} \tag{7.1.22}$$

显然有

$$0 \leqslant f_{ij}(n) \leqslant f_{ij} \leqslant 1$$

定理 3 对任意的 $i, j \in \mathbf{I}$ 及 $1 \leqslant n < \infty$,有

$$p_{ij}(n) = \sum_{k=1}^{n} f_{ij}(k) p_{jj}(n-k) \tag{7.1.23}$$

证明:
$$\begin{aligned} p_{ij}(n) &= P\{X_n = a_j \mid X_0 = a_i\} = P\{T_{ij} \leqslant n, X_n = a_j \mid X_0 = a_i\} \\ &= \sum_{k=1}^{n} P\{T_{ij} = k, X_n = a_j \mid X_0 = a_i\} \\ &= \sum_{k=1}^{n} P\{T_{ij} = k \mid X_0 = a_i\} P\{X_n = a_j \mid T_{ij} = v, X_0 = a_i\} \\ &= \sum_{k=1}^{n} P\{T_{ij} = k \mid X_0 = a_i\} P\{X_n = a_j \mid X_0 = a_i, X_1 \neq a_j, \\ &\qquad X_2 \neq a_j, \cdots, X_{k-1} \neq a_j, X_k = a_j\} \\ &= \sum_{k=1}^{n} P\{T_{ij} = k \mid X_0 = a_i\} P\{X_n = a_j \mid X_k = a_j\} \\ &= \sum_{k=1}^{n} f_{ij}(k) p_{jj}(n-k) \end{aligned}$$

定理 3 给出了 $f_{ij}(n)$ 和 $p_{ij}(n)$ 相联系的公式。$f_{ij}(n)$ 表示从状态 a_i 出发经 n 步首先进入状态 a_j 的概率；$p_{ij}(n)$ 表示从状态 a_i 出发经 n 步转移处于状态 a_j 的概率。

定理 4 $f_{ij}>0$ 的充要条件是 $a_i \to a_j$。

证明：证明充分性。

若 $a_i \to a_j$，根据状态可达的定义，则有某一个 $n \geqslant 1$，使 $p_{ij}(n)>0$。所以由式(7.1.23)，有

$$p_{ij}(n) = \sum_{k=1}^{n} f_{ij}(k) p_{jj}(n-k) > 0$$

从而可知，$f_{ij}(1), f_{ij}(2), \cdots, f_{ij}(n)$ 中至少有一个是大于零的。所以有

$$f_{ij} = \sum_{1 \leqslant n < \infty} f_{ij}(n) > 0$$

证明必要性。

若 $f_{ij}>0$，因 $f_{ij} = \sum\limits_{1 \leqslant n < \infty} f_{ij}(n)$，则至少有一个 $n \geqslant 1$，使 $f_{ij}(n)>0$。又由式(7.1.23)得

$$p_{ij}(n) = \sum_{v=1}^{n} f_{ij}(v) p_{jj}(n-v) \geqslant f_{ij}(v) p_{jj}(0) = f_{ij}(n) > 0$$

于是有 $a_i \to a_j$。

根据定理 4 可知，a_i 和 a_j 相通的充要条件是 $f_{ij}>0$ 和 $f_{ji}>0$。

从上面的讨论分析中得知，当 $a_j = a_i$ 时，T_{ii} 便是从状态 a_i 出发，首次返回状态 a_i 所需时间。而 f_{ii} 则是从状态 a_i 出发，在有限步内迟早要返回状态 a_i 的概率，显然它是 $0 \sim 1$ 的一个数。

根据 f_{ii} 取值的情况，可把状态分成如下两类：

(1) 若 $f_{ii} = 1$，则称状态 a_i 是常返态；

(2) 若 $f_{ii} < 1$，则称状态 a_i 是非常返态，有时也称为滑过态。

下面给出有关定理。

定理 5 状态 a_i 是常返态的充要条件是

$$\sum_{n=0}^{+\infty} p_{ii}(n) = \infty \tag{7.1.24}$$

若状态 a_i 是非常返态，则有

$$\sum_{n=0}^{+\infty} p_{ii}(n) = \frac{1}{1-f_{ii}} < \infty \tag{7.1.25}$$

定理 6 设状态 a_i 和 a_j 是马尔可夫链的两个相通的状态。若状态 a_i 是常返态，则状态 a_j 也是常返态。

定理 7 若状态 a_j 是非常返态，则对于每一个状态 a_i，有

$$\sum_{n=0}^{+\infty} p_{ij}(n) < \infty \quad \text{且} \lim_{n \to \infty} p_{ij}(n) = 0 \tag{7.1.26}$$

上述三个定理的证明从略。

对于马尔可夫链中同一类的各状态都是相通的，所以只要其中有一个是常返态，则同类的各态均为常返态。反之，若同一类中有一个是非常返态，则同类中各态均为非常

返态。可见,常返态和非常返态均与一个类有关,故可以把常返、非常返称为类的特性。

3. 状态空间的分解

由一些状态组成的集合 C,若对于任意一个状态 $a_i \in C$,从状态 a_i 出发,不能到达 C 以外的任何状态 $a_j(a_j \bar{\in} C)$,则称状态集合 C 为闭集。

显然,若 C 是状态空间 I 的一个子集,且是闭集,则对于任意状态 $a_i \in C, a_j \bar{\in} C$,有 $p_{ij}=0$,由此可推出

$$p_{ij}(2) = \sum_{a_r \in I} p_{ir} p_{rj}$$

$$= \sum_{a_r \in C} p_{ir} p_{rj} + \sum_{a_r \bar{\in} C} p_{ir} p_{rj} = 0 \quad (a_i \in C, a_j \bar{\in} C) \quad (7.1.27)$$

应用数学归纳法,可以证明

$$p_{ij}(n) = 0 \quad (a_i \in C, a_j \bar{\in} C) \quad (7.1.28)$$

即对于 $a_i \in C, a_j \bar{\in} C$,从状态 a_i 出发不能到达状态 a_j。

进一步可得,对一切 $n \geq 1$ 和 $a_i \in C$,有

$$\sum_{a_j \in C} p_{ij}(n) = 1 \quad (7.1.29)$$

一个闭集可以包含一个或多个状态。若单个状态 a_i 构成一个闭集,则称此闭集为吸收态。此时有 $p_{ij}=0(i \neq j), p_{ii}=1$。

很明显,整个状态空间 I 构成一个闭集,这是一个较大的闭集。吸收状态也构成一个闭集,这是一个较小的闭集。

在一个闭集内,若不包含任何子闭集,则称该闭集为不可约的。于是,除整个状态空间外,没有别的闭集的马尔可夫链称为是不可约的,这时所有状态之间都是相通的。

因此,由状态组成的集合 C 是闭集的充要条件是:当 $a_i \in C, a_j \bar{\in} C$ 时,恒有 $p_{ij}(n)=0, n \geq 1$。

定理 8 所有常返态构成一个闭集 C。

定理 9 在一个马尔可夫链中,所有常返态可分为若干互不相交的闭集 $\{C_k, k=1, 2, 3, \cdots\}$ 且有

(1) C_k 中任意两个状态相通。

(2) C_k 中的任一状态和 C_l 中的任一状态,当 $k \neq l$ 时,互不相通。

通常,称 $C_1, C_2, \cdots$ 为基本常返闭集。

根据上述定理,可将整个状态空间 I 分解为

$$I = N + \{C_k, k=1,2,3,\cdots\} \quad (7.1.30)$$

式中,N 是所有非常返态组成的集合,$\{C_n\}$ 都是由常返态组成的闭集,这些常返闭集内部是相互相通的,但两个常返闭集之间是互不相通的。

例 7.5 设有四个状态 $\{0,1,2,3\}$ 的马尔可夫链,它的一步转移概率矩阵为

$$P = \begin{bmatrix} \dfrac{1}{3} & \dfrac{2}{3} & 0 & 0 \\[2mm] \dfrac{1}{3} & \dfrac{2}{3} & 0 & 0 \\[2mm] \dfrac{1}{4} & \dfrac{1}{4} & \dfrac{1}{4} & \dfrac{1}{4} \\[2mm] 0 & 0 & 0 & 1 \end{bmatrix}$$

试对其状态进行分类。

解：在该马尔可夫链中，$p_{33}=1$，$p_{30}=p_{31}=p_{32}=0$，因此，状态 3 是一个闭集，它为吸收态。显然由状态 3 不可能到达任何其他状态。

从状态 2 出发可以到达 0、1、3 三个状态，但从 0、1、3 三个状态出发都不能到达状态 2，所以，0、1 两个状态和状态 2 是不相通的，0、1 两个状态也构成一个闭集，而且

$$\begin{bmatrix} p_{00} & p_{01} \\ p_{01} & p_{11} \end{bmatrix} = \begin{bmatrix} \dfrac{1}{3} & \dfrac{2}{3} \\[2mm] \dfrac{1}{3} & \dfrac{2}{3} \end{bmatrix}$$

构成一个随机矩阵。于是，该马尔可夫链有两个闭集 $\{0,1\}$ 和 $\{3\}$。

该过程的状态传递图如图 7.3 所示。

例 7.6 设有三个状态 $\{0,1,2\}$ 的马尔可夫链，它的一步转移概率矩阵为

$$P = \begin{bmatrix} \dfrac{1}{2} & \dfrac{1}{2} & 0 \\[2mm] \dfrac{1}{3} & \dfrac{1}{3} & \dfrac{1}{3} \\[2mm] 0 & \dfrac{1}{3} & \dfrac{2}{3} \end{bmatrix}$$

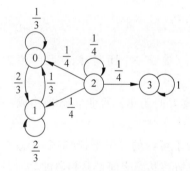

图 7.3 例 7.5 的状态传递图

研究其各状态之间的关系。

解：由过程的一步转移概率矩阵 P 可得其状态传递图如图 7.4 所示。

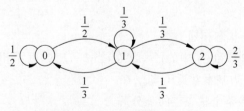

图 7.4 例 7.6 的状态传递图

由图 7.4 可知，状态 0 可到达状态 2，即从状态 0 以概率 1/2 到达状态 1，再从状态 1 以概率 1/3 到达状态 2，即 0→2；同样，状态 2 也可到达状态 0，2→0。因为状态 0、1、2 均

相通,所以,此马尔可夫链是不可约的。

例 7.7 设有 5 个状态 $\{0,1,2,3,4\}$ 的马尔可夫链,它的一步转移概率矩阵为

$$\boldsymbol{P} = \begin{bmatrix} \dfrac{2}{5} & \dfrac{3}{5} & 0 & 0 & 0 \\[2mm] \dfrac{1}{2} & \dfrac{2}{2} & 0 & 0 & 0 \\[2mm] 0 & 0 & \dfrac{1}{3} & \dfrac{2}{3} & 0 \\[2mm] 0 & 0 & \dfrac{1}{4} & \dfrac{3}{4} & 0 \\[2mm] \dfrac{1}{4} & \dfrac{1}{4} & 0 & 0 & \dfrac{1}{2} \end{bmatrix}$$

试对其状态进行分类,并指出哪些状态为常返态,哪些状态为非常返态。

解:由过程的一步转移概率矩阵 $\boldsymbol{P}$ 可得其状态传递图如图 7.5 所示。

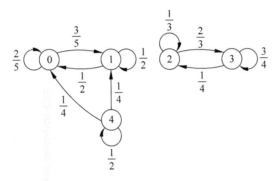

图 7.5 例 7.7 的状态传递图

该过程是一个有限状态的马尔可夫链。由图 7.5 可知状态 2 和状态 3 相通。而它们不能与其他状态相通,所以 $\{2,3\}$ 构成一个闭集。若过程初始就处于状态 2 或状态 3,则过程永远处于状态 2 或状态 3,故状态 $\{2,3\}$ 为常返态。状态 0 与状态 1 相通,状态 4 虽然能转移可达状态 $0,1$,但状态 $0,1$ 却不能到达状态 4,故 $\{0,1\}$ 也构成一个闭集。一旦过程进入状态 $0,1$,它就永远处于状态 $0,1$,所以状态 $0,1$ 同为常返态,而状态 4 却是非常返态。

4. 周期性状态和非周期性状态

若有正整数 $t(t>1)$,仅在 $n=t,2t,3t,\cdots$ 时,$p_{ii}(n)>0$,即在 n 不能被 t 整除时,$p_{ii}(n)=0$,则称状态 a_i 是具有周期为 t 的周期性状态。当不存在上述的 t 时,状态 a_i 称为非周期性状态。

例如,马尔可夫链从状态 a_i 出发,若仅当 $n=2,4,6,\cdots$ 时,过程有可能返回状态 a_i,则取 $2,4,6,\cdots$ 的最大公约数 $t=2$,则 $t=2$ 是该马尔可夫链的周期,这时,称马尔可夫链是周期性的或者说状态 a_i 是周期性状态。

所以，若 a_i 是周期为 t 的周期性状态，则仅当 $n \in \{0,t,2t,3t,\cdots\}$ 时，才存在 $p_{ii}(n) > 0$，或者说，除 $n \in \{0,t,2t,3t,\cdots\}$ 外，则 $p_{ii}(n)=0$。

若除了 $t=1$ 外，各 n 值中没有其他公约数能使 $p_{ii}(n)>0$，则状态 a_i 是非周期性的。

例 7.8 设 X 为一马尔可夫链。其状态空间为
$$I = \{1,2,3,4,5,6,7,8\}$$
一步转移概率矩阵为

$$\boldsymbol{P} = \begin{bmatrix} 0 & \frac{1}{4} & \frac{1}{2} & \frac{1}{4} & 0 & 0 & 0 & 0 \\ 0 & 0 & 0 & 0 & \frac{1}{2} & \frac{1}{2} & 0 & 0 \\ 0 & 0 & 0 & 0 & \frac{1}{3} & \frac{2}{3} & 0 & 0 \\ 0 & 0 & 0 & 0 & 0 & 1 & 0 & 0 \\ 0 & 0 & 0 & 0 & 0 & 0 & 1 & 0 \\ 0 & 0 & 0 & 0 & 0 & 0 & \frac{1}{2} & \frac{1}{2} \\ 1 & 0 & 0 & 0 & 0 & 0 & 0 & 0 \\ 1 & 0 & 0 & 0 & 0 & 0 & 0 & 0 \end{bmatrix}$$

试画出其状态传递图，并问此过程是否具有周期性。

解：该马尔可夫链的状态传递图如图 7.6 所示。

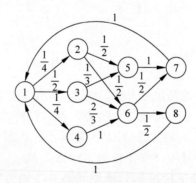

图 7.6　例 7.8 的状态传递图

8 个状态可以分成 4 个子集，即 $\{1\}$、$\{2,3,4\}$、$\{5,6\}$、$\{7,8\}$，它们是互不相交的子集。它们的并集是该马尔可夫链的整个状态空间。该过程具有确定性的周期转移
$$\{1\} \rightarrow \{2,3,4\} \rightarrow \{5,6\} \rightarrow \{7,8\} \rightarrow \{1\}\cdots$$
故此马尔可夫链具有周期性，其周期 $t=4$。

7.1.5　遍历性和平稳分布

遍历性是马尔可夫链理论中的一个重要问题。

若齐次马尔可夫链对一切状态 a_i、a_j 存在不依赖于 a_i 的极限

$$\lim_{n \to \infty} p_{ij}(n) = p_j \tag{7.1.31}$$

则称该马尔可夫链具有遍历性。式中 $p_{ij}(n)$ 为该马尔可夫链的 n 步转移概率。

由上述定义可知,在 $n \to \infty$ 时,转移概率 $p_{ij}(n)$ 趋于一个与初始状态 a_i 无关的极限 p_j,也就是说,过程无论从哪个状态 a_i 出发,当转移步数 n 足够大时,转移到达状态 a_j 的概率都趋于 p_j,并且 p_j 为一个概率分布 $\{p_j\}$。可以理解为:系统经过一段时间后将走到平稳状态,此后系统的宏观状态不再随时间而变化。从数学上可以证明这个极限分布正是一个平稳分布。

下面给出马尔可夫链具有遍历性的充分条件以及求 p_j 的方法。

定理 对有限马尔可夫链,若存在正整数 k,使

$$p_{ij}(k) > 0 \quad (i, j = 1, 2, \cdots, N) \tag{7.1.32}$$

则此马尔可夫链是遍历的,而且

$$\{p_j\} = \{p_1, p_2 \cdots p_N\}$$

是以下方程组

$$p_j = \sum_{i=1}^{n} p_i p_{ij} \quad (j = 1, 2, \cdots, N) \tag{7.1.33}$$

在满足如下条件的唯一解。

$$p_j > 0, \quad \sum_{j=1}^{n} p_j = 1 \tag{7.1.34}$$

一个不可约的、非周期性的、有限状态的马尔可夫链一定是遍历的。

为了帮助理解上述概念,下面给出两个例子。

例 7.9 设马尔可夫链有三个状态 $\{1, 2, 3\}$,它的一步转移概率矩阵为

$$\boldsymbol{P} = \begin{bmatrix} q & p & 0 \\ q & 0 & p \\ 0 & q & p \end{bmatrix}$$

其中 $0 < p < 1, q = 1 - p$。试证该马尔可夫链具有遍历性,并求出极限分布 $\{p_j\}$。

解:(1) 先证明该马尔可夫链具有遍历性。

显然,当 $k = 1$ 时,有 $\boldsymbol{P}(1) = \boldsymbol{P}$,因为 $p_{13} = p_{22} = p_{31} = 0$,所以式(7.1.32)不能满足。但当 $k = 2$ 时,有

$$\boldsymbol{P}(2) = [\boldsymbol{P}(1)]^2$$

$$= \begin{bmatrix} q^2 + pq & pq & p^2 \\ q^2 & 2pq & p^2 \\ q^2 & pq & pq + p^2 \end{bmatrix}$$

其所有元素均大于零。故在 $k = 2$ 时,式(7.1.32)满足,因此该马尔可夫链具有遍历性,即

$$\lim_{n \to \infty} p_{ij}(n) = p_j \quad (i, j = 1, 2, 3)$$

（2）求 p_j。

由式（7.1.33）和式（7.1.34），可列出如下方程组：

$$\begin{cases} p_1 = p_{11}p_1 + p_{21}p_2 + p_{31}p_3 \\ p_2 = p_{12}p_1 + p_{22}p_2 + p_{32}p_3 \\ p_3 = p_{13}p_1 + p_{23}p_2 + p_{33}p_3 \\ p_1 + p_2 + p_3 = 1 \end{cases}$$

代入已知条件，整理得

$$\begin{cases} p_1 = qp_1 + qp_2 \\ p_2 = pp_1 + qp_3 \\ p_3 = pp_2 + pp_3 \\ p_1 + p_2 + p_3 = 1 \end{cases}$$

若 $p = q = \dfrac{1}{2}$，则解得

$$p_1 = p_2 = p_3 = \frac{1}{3}$$

若 $p \neq q$，则解得

$$p_j = \frac{1 - \dfrac{p}{q}}{1 - \left(\dfrac{p}{q}\right)^3} \left(\frac{p}{q}\right)^{j-1} \quad (j = 1, 2, 3)$$

例 7.10　设有两个状态的马尔可夫链，其一步转移概率矩阵为

$$\boldsymbol{P} = \begin{bmatrix} 1 & 0 \\ 0 & 1 \end{bmatrix}$$

问其遍历性是否成立？

解：由于

$$\boldsymbol{P}(1) = \boldsymbol{P} = \begin{bmatrix} 1 & 0 \\ 0 & 1 \end{bmatrix}$$

则

$$\boldsymbol{P}(n) = [\boldsymbol{P}(1)]^n = \boldsymbol{P}(1) = \begin{bmatrix} 1 & 0 \\ 0 & 1 \end{bmatrix}$$

所以不满足式（7.1.32），故该马尔可夫链的遍历性不成立。

7.2　马尔可夫序列

7.2.1　马尔可夫序列的定义

事实上，马尔可夫序列是一个离散过程 $X_1, X_2, \cdots, X_n$。将随机过程 $X(t)$ 仅在整数

时刻 $t_1, t_2, \cdots, t_n$ 取值,便可获得一个随机变量序列。

定义 一个随机变量序列 X_n,若对于任意的 n,有

$$F(x_n \mid x_{n-1}, x_{n-2}, \cdots, x_1) = F(x_n \mid x_{n-1}) \tag{7.2.1}$$

则称此随机序列为马尔可夫序列。其中 $x_1, x_2, \cdots, x_n$ 分别为随机变量序列 $X_1, X_2, \cdots, X_n$ 的取值。称 $F(x_n \mid x_{n-1})$ 为转移概率分布函数。若随机变量序列是连续的,而条件概率密度函数存在,则式(7.2.1)可以变成

$$f(x_n \mid x_{n-1}, x_{n-2}, \cdots, x_1) = f(x_n \mid x_{n-1}) \tag{7.2.2}$$

利用条件概率的性质,容易得到马尔可夫序列的联合概率密度函数

$$f(x_1, x_2, \cdots, x_n) = f(x_n \mid x_{n-1}) f(x_{n-1} \mid x_{n-2}) \cdots f(x_2 \mid x_1) f(x_1) \tag{7.2.3}$$

从式(7.2.3)可知,马尔可夫序列的联合概率密度函数是由概率密度 $f(x_1)$ 和转移概率 $f(x_k \mid x_{k-1})$ 确定的。

7.2.2 马尔可夫序列的性质

(1) 马尔可夫序列的子序列也是马尔可夫序列。

若给定 m 个任意整数,$1 \leqslant k_1 < k_2 < \cdots < k_m < n$,根据式(7.2.2)有

$$f(x_{k_m} \mid x_{k_{m-1}}, x_{k_{m-2}}, \cdots, x_{k_1}) = f(x_{k_m} \mid x_{k_{m-1}})$$

可以看出,马尔可夫序列的子序列也是马尔可夫序列。

(2) 马尔可夫序列的逆序列也是马尔可夫序列。即对于任意的整数 n 和 k,有

$$f(x_n \mid x_{n+1}, x_{n+2}, \cdots, x_{n+k}) = f(x_n \mid x_{n+1}) \tag{7.2.4}$$

证明:$\displaystyle f(x_n \mid x_{n+1}, x_{n+2}, \cdots, x_{n+k}) = \frac{f(x_n, x_{n+1}, \cdots, x_{n+k})}{f(x_{n+1}, x_{n+2}, \cdots, x_{n+k})}$

$$= \frac{f(x_{n+k} \mid x_{n+k-1}) \cdots f(x_{n+2} \mid x_{n+1}) f(x_{n+1} \mid x_n) f(x_n)}{f(x_{n+k} \mid x_{n+k-1}) \cdots f(x_{n+2} \mid x_{n+1}) f(x_{n+1})}$$

$$= \frac{f(x_{n+1} \mid x_n) f(x_n)}{f(x_{n+1})} = f(x_n \mid x_{n+1})$$

(3) 由马尔可夫序列的定义可得

$$E[X_n \mid X_{n-1}, X_{n-2}, \cdots, X_1] = E[X_n \mid X_{n-1}] \tag{7.2.5}$$

(4) 在马尔可夫序列中,若已知现在,则过去和将来相互独立。这意味着当 $n > r > s$ 时,有

$$f(x_n, x_s \mid x_r) = f(x_n \mid x_r) f(x_s \mid x_r) \tag{7.2.6}$$

证明:由式(7.2.3)可得

$$f(x_n, x_s \mid x_r) = \frac{f(x_n, x_r, x_s)}{f(x_r)} = \frac{f(x_n \mid x_r) f(x_r \mid x_s) f(x_s)}{f(x_r)}$$

$$= f(x_n \mid x_r) f(x_s \mid x_r)$$

上述结论可以推广到具有任意多个过去和将来时刻的随机变量的情况中。

（5）马尔可夫序列的转移概率密度满足

$$f(x_n \mid x_s) = \int_{-\infty}^{+\infty} f(x_n \mid x_r) f(x_r \mid x_s) \mathrm{d}x_r \qquad (7.2.7)$$

其中 $n > r > s$ 为任意整数。此式就是马尔可夫序列的切普曼-柯尔莫哥洛夫方程。

证明：对任意三个随机变量 X_n、X_r、X_s，有

$$f(x_n \mid x_s) = \int_{-\infty}^{+\infty} f(x_n, x_r \mid x_s) \mathrm{d}x_r$$

又

$$f(x_n, x_r \mid x_s) = \frac{f(x_n, x_r, x_s)}{f(x_s)} = \frac{f(x_n, x_r, x_s)}{f(x_r, x_s)} \frac{f(x_r, x_s)}{f(x_s)}$$
$$= f(x_n \mid x_r, x_s) f(x_r \mid x_s)$$

由马尔可夫特性，得

$$f(x_n \mid x_r, x_s) = f(x_n \mid x_r)$$

所以，可得

$$f(x_n, x_r \mid x_s) = f(x_n \mid x_r) f(x_r \mid x_s)$$

于是，有

$$f(x_n \mid x_s) = \int_{-\infty}^{+\infty} f(x_n \mid x_r) f(x_r \mid x_s) \mathrm{d}x_r$$

7.3 马尔可夫过程

7.3.1 马尔可夫过程的定义

定义 随机过程 $X(t), t \in T$，若对任意的 $t_1 < t_2 < \cdots < t_n, t_i \in T$，$X(t_n)$ 在条件 $X(t_i) = x_i (i = 1, 2, 3, \cdots, n-1)$ 下的分布函数，等于 $X(t_n)$ 在条件 $X(t_{n-1}) = x_{n-1}$ 下的分布函数，即

$$F(x_n; t_n \mid x_{n-1}, x_{n-2}, \cdots, x_1; t_{n-1}, t_{n-2}, \cdots, t_1) = F(x_n; t_n \mid x_{n-1}; t_{n-1}) \quad (n \geqslant 3)$$
$$(7.3.1)$$

则称 $X(t)$ 为马尔可夫过程。

式(7.3.1)中的条件分布函数

$$F(x_n; t_n \mid x_{n-1}; t_{n-1}) = P\{X(t_n) \leqslant x_n \mid X(t_{n-1}) = x_{n-1}\} \qquad (7.3.2)$$

或

$$F(x; t \mid x_0; t_0) = P\{X(t) \leqslant x \mid X(t_0) = x_0\} \quad (t > t_0) \qquad (7.3.3)$$

称为马尔可夫过程的转移概率分布。

若条件概率密度存在时，式(7.3.1)等价于

$$f(x_n; t_n \mid x_{n-1}, x_{n-2}, \cdots, x_1; t_{n-1}, t_{n-2}, \cdots, t_1) = f(x_n; t_n \mid x_{n-1}; t_{n-1}) \quad (n \geqslant 3)$$
$$(7.3.4)$$

上述表明，若 $t_{n-1}, t_{n-2}, \cdots, t_1$ 表示过去时刻，则将来时刻 t_n 的 $X(t)$ 的统计特性仅取决

于现在时刻 t_{n-1} 的状态,而与过去时刻的状态无关。这种特性称为马尔可夫特性或无后效性。

转移概率分布 $F(x;t|x_0;t_0)$ 是关于 x 的分布函数,因而满足

(1) $F(x;t|x_0;t_0) \geqslant 0$;

(2) $F(+\infty;t|x_0;t_0)=1$;

(3) $F(-\infty;t|x_0;t_0)=0$;

(4) $F(x;t|x_0;t_0)$ 是关于 x 的单调非减和右连续的函数。

若 $F(x;t|x_0;t_0)$ 关于 x 的导数存在,则有

$$f(x;t|x_0;t_0)=\frac{\partial F(x;t|x_0;t_0)}{\partial x} \tag{7.3.5}$$

称为马尔可夫过程的转移概率密度。

显然,有

$$F(x;t|x_0;t_0)=\int_{-\infty}^{x} f(u;t|x_0;t_0)\mathrm{d}u \tag{7.3.6}$$

并且有

$$\int_{-\infty}^{+\infty} f(x;t|x_0;t_0)\mathrm{d}x=1 \tag{7.3.7}$$

若马尔可夫过程的转移概率分布 $F(x;t|x_0;t_0)$ 或转移概率密度 $f(x;t|x_0;t_0)$ 仅与转移前后的状态 x_0,x 及相应的时间差 $\tau=t-t_0$ 有关,即

$$F(x;t|x_0;t_0)=F(x|x_0;\tau) \tag{7.3.8}$$

或

$$f(x;t|x_0;t_0)=f(x|x_0;\tau) \tag{7.3.9}$$

则称该马尔可夫过程为齐次马尔可夫过程。

7.3.2 马尔可夫过程的切普曼-柯尔莫哥洛夫方程

马尔可夫过程的转移概率密度满足下列关系式:

$$f(x_n;t_n|x_s;t_s)=\int_{-\infty}^{+\infty} f(x_n;t_n|x_r;t_r)f(x_r;t_r|x_s;t_s)\mathrm{d}x_r \quad (t_n>t_r>t_s) \tag{7.3.10}$$

此式为马尔可夫过程的切普曼-柯尔莫哥洛夫方程。

证明:已知

$$f(x_n;t_n|x_s;t_s)=\int_{-\infty}^{+\infty} f(x_n,x_r;t_n,t_r|x_s;t_s)\mathrm{d}x_r$$

其中

$$f(x_n,x_r;t_n,t_r|x_s;t_s)=\frac{f(x_n,x_r,x_s;t_n,t_r,t_s)}{f(x_s;t_s)}$$

$$=\frac{f(x_r,x_s;t_r,t_s)f(x_n;t_n|x_r,x_s;t_r,t_s)}{f(x_s;t_s)}$$

$$= f(x_r; t_r \mid x_s; t_s) f(x_n; t_n \mid x_r, x_s; t_r, t_s)$$

$$= f(x_r; t_r \mid x_s; t_s) f(x_n; t_n \mid x_r; t_r)$$

所以

$$f(x_n; t_n \mid x_s; t_s) = \int_{-\infty}^{+\infty} f(x_n; t_n \mid x_r; t_r) f(x_r; t_r \mid x_s; t_s) \mathrm{d}x_r$$

故式(7.3.10)得证。

7.3.3　马尔可夫过程的统计特性

随机过程可用有限维联合概率分布来近似地描述其统计特性。对马尔可夫过程而言，其 n 维概率密度可表示为

$$f(x_1, x_2, \cdots, x_n; t_1, t_2, \cdots, t_n) = f(x_1; t_1) \prod_{k=1}^{n-1} f(x_{k+1}; t_{k+1} \mid x_k; t_k) \quad (7.3.11)$$

其中，$t_1 < t_2 < \cdots < t_n (n=1, 2, \cdots)$。当取 t_1 为初始时刻时，$f(x_1; t_1)$ 表示初始概率密度。于是式(7.3.11)表示：马尔可夫过程的统计特性完全由它的初始概率分布(密度)和转移概率分布(密度)所确定。

证明：
$$f(x_1, x_2, \cdots, x_n; t_1, t_2, \cdots, t_n)$$
$$= f(x_1) f(x_2 \mid x_1) f(x_3 \mid x_1, x_2) \cdots f(x_n \mid x_1, x_2, \cdots, x_{n-1})$$
$$= f(x_1) f(x_2 \mid x_1) f(x_3 \mid x_2) \cdots f(x_n \mid x_{n-1})$$
$$= f(x_1; t_1) \prod_{k=1}^{n-1} f(x_{k+1}; t_{k+1} \mid x_k; t_k)$$

故式(7.3.11)得证。

在一个马尔可夫过程中，若现在状态已知，则将来状态与过去无关。即若 $t_s < t_r < t_n$，则当过程在 t_r 时刻的状态已知时，随机变量 X_n 与 X_s 是独立的，即有

$$f(x_n, x_s; t_n, t_s \mid x_r; t_r) = f(x_n; t_n \mid x_r; t_r) f(x_s; t_s \mid x_r; t_r) \quad (7.3.12)$$

证明：根据式(7.3.11)，有

$$f(x_s, x_r, x_n; t_s, t_r, t_n) = f(x_s; t_s) f(x_r; t_r \mid x_s; t_s) f(x_n; t_n \mid x_r; t_r)$$

所以

$$f(x_n, x_s; t_n, t_s \mid x_r; t_r) = \frac{f(x_s, x_r, x_n; t_s, t_r, t_n)}{f(x_r; t_r)}$$

$$= \frac{f(x_s; t_s) f(x_r; t_r \mid x_s; t_s) f(x_n; t_n \mid x_r; t_r)}{f(x_r; t_r)}$$

$$= \frac{f(x_s, x_r; t_s, t_r)}{f(x_r; t_r)} f(x_n; t_n \mid x_r; t_r)$$

$$= f(x_s; t_s \mid x_r; t_r) f(x_n; t_n \mid x_r; t_r)$$

故式(7.3.12)得证。

此外，由马尔可夫过程的无后效性，还可容易地推得下面两个有用的结论。

(1)　　$E[X(t_n)|X(t_{n-1}),X(t_{n-2}),\cdots,X(t_1)]=E[X(t_n)|X(t_{n-1})]$　　(7.3.13)

其中，$t_1<t_2<\cdots<t_n$。

（2）马尔可夫过程满足

$$f(x_n;t_n\mid x_{n+1},x_{n+2},\cdots,x_{n+k};t_{n+1},t_{n+2},\cdots,t_{n+k})$$

$$=f(x_n;t_n\mid x_{n+1};t_{n+1})$$　　(7.3.14)

其中，n、k 为任意整数。即逆方向的马尔可夫过程仍为马尔可夫过程。

习题

7.1　一质点在区间[1,5]的整数点上随机游动。到达 1 点或 5 点后则停留在该点处，在其他整数点上则分别以概率 $\frac{1}{3}$ 向前、向后移动一步或停留在原处。求质点随机游动的一步转移概率矩阵和二步转移概率矩阵。

7.2　设齐次马尔可夫链 $X=\{X_n,n\geqslant 0\}$ 的状态空间为 $I=\{0,1,2\}$，它的一步转移概率矩阵为

$$\boldsymbol{P}=\begin{bmatrix}0.1 & 0.2 & 0.7\\ 0.9 & 0.1 & 0\\ 0.1 & 0.8 & 0.1\end{bmatrix}$$

初始分布为 $p_0=0.3,p_1=0.4,p_2=0.3$。试求概率

（1）$P\{X_0=1,X_1=0,X_2=2\}$；

（2）$P\{X_1=2,X_2=1\}$。

7.3　写出下列集合的马尔可夫链的一步转移概率矩阵。

（1）$I_1=\{0,1,2,3\}$。$p_{00}=1,p_{33}=1$，且

$$p_{ij}=\begin{cases}0.4 & (\text{当 }j=i+1\text{ 时})\\ 0.6 & (\text{当 }j=i-1\text{ 时})\\ 0 & (\text{其他})\end{cases}$$

（2）$I_2=\{\cdots,-2,-1,0,1,2,\cdots\}$ 是全体整数集合。

$$p_{ij}=\begin{cases}q & (\text{当 }j=i+1\text{ 时})\\ p & (\text{当 }j=i-1\text{ 时})\\ 0 & (\text{其他})\end{cases}$$

其中，$p+q=1$。

7.4　设有三个状态$\{0,1,2\}$的马尔可夫链，其一步转移概率矩阵为

$$\boldsymbol{P}=\begin{bmatrix}0 & 1 & 0\\ q & 0 & p\\ 0 & 1 & 0\end{bmatrix}$$

求 $\boldsymbol{P}(2)$，并证明：$\boldsymbol{P}(2)=\boldsymbol{P}(4)$。

7.5　马尔可夫链的一步转移概率矩阵为

$$\boldsymbol{P} = \begin{bmatrix} \dfrac{1}{3} & \dfrac{1}{3} & \dfrac{1}{3} & 0 \\[2mm] \dfrac{1}{2} & \dfrac{1}{2} & 0 & 0 \\[2mm] \dfrac{1}{4} & \dfrac{1}{4} & 0 & \dfrac{1}{2} \\[2mm] 0 & \dfrac{1}{2} & 0 & \dfrac{1}{2} \end{bmatrix}$$

(1) 求从第二个状态出发,经过几步可转移到第三状态?

(2) 求马尔可夫链的两步转移概率矩阵。

7.6 设有三个状态{0,1,2}的马尔可夫链,其一步转移概率矩阵为

$$\boldsymbol{P} = \begin{bmatrix} \dfrac{1}{3} & \dfrac{2}{3} & 0 \\[2mm] \dfrac{1}{4} & \dfrac{1}{2} & \dfrac{1}{4} \\[2mm] 0 & \dfrac{1}{6} & \dfrac{5}{6} \end{bmatrix}$$

问此马尔可夫链是否是不可约的?并画出状态传递图。

7.7 设有四个状态{1,2,3,4}的马尔可夫链,它的一步转移概率矩阵为

$$\boldsymbol{P} = \begin{bmatrix} 0 & 0 & \dfrac{1}{2} & \dfrac{1}{2} \\[2mm] \dfrac{1}{3} & \dfrac{2}{3} & 0 & 0 \\[2mm] 0 & 1 & 0 & 0 \\[2mm] 0 & 1 & 0 & 0 \end{bmatrix}$$

试对其状态进行分类,并画出状态传递图。

7.8 设有四个状态{1,2,3,4}的马尔可夫链,其一步转移概率矩阵为

$$\boldsymbol{P} = \begin{bmatrix} 0 & 0 & \dfrac{1}{2} & \dfrac{1}{2} \\[2mm] 0 & 0 & \dfrac{1}{2} & \dfrac{1}{2} \\[2mm] \dfrac{1}{2} & \dfrac{1}{2} & 0 & 0 \\[2mm] \dfrac{1}{2} & \dfrac{1}{2} & 0 & 0 \end{bmatrix}$$

试画出其状态传递图,并回答该过程是否具有周期性。

7.9 设齐次马尔可夫链的一步转移概率矩阵为

$$P = \begin{bmatrix} \dfrac{1}{2} & \dfrac{1}{3} & \dfrac{1}{6} \\[2ex] \dfrac{1}{3} & \dfrac{1}{3} & \dfrac{1}{3} \\[2ex] \dfrac{1}{3} & \dfrac{1}{2} & \dfrac{1}{6} \end{bmatrix}$$

试问此链共有几个状态? 是否具有遍历性?

7.10 设有三个状态 $\{1,2,3\}$ 的马尔可夫链,它的一步转移概率矩阵为

$$P = \begin{bmatrix} \dfrac{1}{2} & \dfrac{1}{4} & \dfrac{1}{4} \\[2ex] \dfrac{1}{3} & \dfrac{1}{3} & \dfrac{1}{3} \\[2ex] \dfrac{1}{4} & \dfrac{1}{2} & \dfrac{1}{4} \end{bmatrix}$$

试问此链何时具有遍历性?

7.11 证明:$E[X_n \mid X_{n-1}, X_{n-2}, \cdots, X_1] = E[X_n \mid X_{n-1}]$

附录 A

标准正态分布表

$$\Phi(x)=\int_{-\infty}^{x}\frac{1}{\sqrt{2\pi}}e^{-\frac{t^2}{2}}dt=P\{X\leqslant x\}$$

x	0	1	2	3	4	5	6	7	8	9
0.0	0.5000	0.5040	0.5080	0.5120	0.5160	0.5199	0.5239	0.5279	0.5319	0.5359
0.1	0.5398	0.5438	0.5478	0.5517	0.5557	0.5596	0.5636	0.5675	0.5714	0.5753
0.2	0.5793	0.5832	0.5871	0.5910	0.5948	0.5987	0.6026	0.6064	0.6103	0.6141
0.3	0.6179	0.6217	0.6255	0.6293	0.6331	0.6368	0.6406	0.6443	0.6180	06517
0.4	0.6554	0.6591	0.6628	0.6664	0.6700	0.6736	0.6772	0.6808	0.6844	0.6879
0.5	0.6915	0.6950	0.6985	0.7019	0.7054	0.7088	0.7123	0.7157	0.7190	0.7224
0.6	0.7257	0.7291	0.7324	0.7357	0.7389	0.7422	0.7454	0.7486	0.7517	0.7549
0.7	0.7580	0.7611	0.7642	0.7673	0.7703	0.7734	0.7764	0.7794	0.7823	0.7852
0.8	0.7881	0.7910	0.7939	0.7967	0.7995	0.8023	0.8051	0.8078	0.8106	0.8133
0.9	0.8159	0.8186	0.8212	0.8238	0.8264	0.8289	0.8315	0.8340	0.8365	0.8389
1.0	0.8413	0.8438	0.8461	0.8485	0.8508	0.8531	0.8554	0.8577	0.8599	0.8621
1.1	0.8643	0.8665	0.8686	0.8708	0.8729	0.8749	0.8770	0.8790	0.8810	0.8830
1.2	0.8849	0.8869	0.8888	0.8907	0.8925	0.8944	0.8962	0.8980	0.8997	0.9015
1.3	0.9032	0.9049	0.9066	0.9082	0.9099	0.9115	0.9131	0.9147	0.9162	0.9177
1.4	0.9192	0.9207	0.9222	0.9236	0.9251	0.9265	0.9278	0.9292	0.9306	0.9319
1.5	0.9332	0.9345	0.9357	0.9370	0.9382	0.9394	0.9406	0.9418	0.9430	0.9441
1.6	0.9452	0.9463	0.9474	0.9484	0.9495	0.9505	0.9515	0.9525	0.9535	0.9545
1.7	0.9554	0.9564	0.9573	0.9582	0.9591	0.9599	0.9608	0.9616	0.9625	0.9633
1.8	0.9641	0.9648	0.9656	0.9664	0.9671	0.9678	0.9686	0.9693	0.9700	0.9706
1.9	0.9713	0.9719	0.9726	0.9732	0.9733	0.9744	0.9750	0.9756	0.9762	0.9767
2.0	0.9772	0.9778	0.9783	0.9788	0.9793	0.9798	0.9803	0.9808	0.9812	0.9817
2.1	0.9821	0.9826	0.9830	0.9834	0.9838	0.9842	0.9846	0.9850	0.9854	0.9857
2.2	0.9861	0.9864	0.9868	0.9871	0.9874	0.9878	0.9881	0.9884	0.9887	0.9890
2.3	0.9893	0.9896	0.9898	0.9901	0.9904	0.9906	0.9909	0.9911	0.9913	0.9916
2.4	0.9918	0.9920	0.9922	0.9925	0.9927	0.9929	0.9931	0.9932	0.9934	0.9936
2.5	0.9938	0.9940	0.9941	0.9943	0.9945	0.9946	0.9948	0.9949	0.9951	0.9952
2.6	0.9953	0.9955	0.9956	0.9957	0.9959	0.9960	0.9961	0.9962	0.9963	0.9964
2.7	0.9965	0.9966	0.9967	0.9968	0.9969	0.9970	0.9971	0.9972	0.9973	0.9974
2.8	0.9974	0.9975	0.9976	0.9977	0.9977	0.9978	0.9979	0.9979	0.9980	0.9981
2.7	0.9981	0.9982	0.9982	0.9983	0.9984	0.9984	0.9985	0.9985	0.9986	0.9986
3.0	0.9987	0.9990	0.9993	0.9995	0.9997	0.9998	0.9998	0.9999	0.9999	1.0000

附录 B

傅里叶变换的性质

序号	$f(t)$	$F(j\omega)$
1	$\displaystyle\sum_{i=1}^{n} a_i f_i(t)$	$\displaystyle\sum_{i=1}^{n} a_i F_i(\omega)$
2	$f(t-t_0)$	$F(j\omega)e^{-j\omega t_0}$
3	$f(t)e^{j\omega_0 t}$	$F[j(\omega-\omega_0)]$
4	$f(at)$	$\dfrac{1}{\lvert a \rvert} F\left(j\,\dfrac{\omega}{a}\right)$
5	$\dfrac{\mathrm{d}^n f(t)}{\mathrm{d}^n t}$	$(j\omega)^n F(j\omega)$
6	$\displaystyle\int_{-\infty}^{t} f(\tau)\mathrm{d}\tau$	$\pi F(0)\delta(\omega)+\dfrac{F(j\omega)}{j\omega}$
7	$F(jt)$	$2\pi f(-\omega)$
8	$(-jt)^n f(t)$	$\dfrac{\mathrm{d}^n F(j\omega)}{\mathrm{d}^n \omega}$
9	$f_1(t) * f_2(t)$	$F_1(j\omega) F_2(j\omega)$
10	$f_1(t) f_2(t)$	$\dfrac{1}{2\pi} F_1(j\omega) * F_2(j\omega)$
11	$\displaystyle\sum_{k=-\infty}^{+\infty} f(t)\delta(t-kT)$	$\dfrac{1}{T}\displaystyle\sum_{k=-\infty}^{+\infty} F\left(\omega-\dfrac{2\pi k}{T}\right)$
12	$\dfrac{1}{\omega_s}\displaystyle\sum_{k=-\infty}^{+\infty} f\left(t-\dfrac{2\pi k}{\omega_s}\right)$	$\displaystyle\sum_{k=-\infty}^{+\infty} F(\omega)\delta(\omega-k\omega_s)$

附录 C

常用傅里叶变换对

序号	$f(t)$	$F(j\omega)$
1	$\delta(t)$	1
2	1	$2\pi\delta(\omega)$
3	$u(t)$	$\pi\delta(\omega)+\dfrac{1}{j\omega}$
4	$\mathrm{sgn}(t)$	$\dfrac{2}{j\omega}$
5	$\mathrm{e}^{j\omega_0 t}$	$2\pi\delta(\omega-\omega_0)$
6	$\mathrm{e}^{-at}u(t)\quad(\alpha>0)$	$\dfrac{1}{\alpha+j\omega}$
7	$t\,\mathrm{e}^{-at}u(t)\quad(\alpha>0)$	$\dfrac{1}{(\alpha+j\omega)^2}$
8	$\mathrm{e}^{-a\lvert t\rvert}\quad(\alpha>0)$	$\dfrac{2\alpha}{\alpha^2+\omega^2}$
9	$\mathrm{e}^{-\left(\frac{t}{\sigma}\right)^2}$	$\sigma\sqrt{\pi}\,\mathrm{e}^{-\left(\frac{\sigma\omega}{2}\right)^2}$
10	$G_\tau(t)$	$\tau\,\mathrm{Sa}\left(\dfrac{\omega\tau}{2}\right)$
11	$\mathrm{tri}(t)$	$\dfrac{\tau}{2}\,\mathrm{Sa}^2\left(\dfrac{\omega\tau}{4}\right)$
12	$\mathrm{Sa}(\omega_c t)$	$\dfrac{\pi}{\omega_c}G_{2\omega_c}(\omega)$
13	$\cos\omega_0 t$	$\pi[\delta(\omega-\omega_0)+\delta(\omega+\omega_0)]$
14	$\sin\omega_0 t$	$\dfrac{\pi}{j}[\delta(\omega-\omega_0)-\delta(\omega+\omega_0)]$
15	$\mathrm{e}^{-at}\cos\omega_0 t\,u(t)\ (\alpha>0)$	$\dfrac{\alpha+j\omega}{\omega_0^2+(\alpha+j\omega)^2}$
16	$\mathrm{e}^{-at}\sin\omega_0 t\,u(t)\ (\alpha>0)$	$\dfrac{\omega_0}{\omega_0^2+(\alpha+j\omega)^2}$
17	$\cos\omega_0 t\,u(t)$	$\dfrac{\pi}{2}[\delta(\omega-\omega_0)+\delta(\omega+\omega_0)]+\dfrac{j\omega}{\omega_0^2-\omega^2}$
18	$\sin\omega_0 t\,u(t)$	$\dfrac{\pi}{2j}[\delta(\omega-\omega_0)-\delta(\omega+\omega_0)]+\dfrac{\omega_0}{\omega_0^2-\omega^2}$
19	$\delta_T(t)=\displaystyle\sum_{k=-\infty}^{+\infty}\delta(t-kT)$	$\dfrac{2\pi}{T}\displaystyle\sum_{k=-\infty}^{+\infty}\delta\left(\omega-\dfrac{2\pi k}{T}\right)$

说明：

(1) $u(t)$ 为单位阶跃函数：$u(t)=\begin{cases}1 & (t\geqslant 0)\\ 0 & (t<0)\end{cases}$

(2) $\mathrm{sgn}(t)$ 为符号函数：$\mathrm{sgn}(t)=\begin{cases}1 & (t>0)\\ 0 & (t=0)\\ -1 & (t<0)\end{cases}$

（3）$G_\tau(t)$ 为门函数：$G_\tau(t) = \begin{cases} 1 & \left(|t| < \dfrac{\tau}{2}\right) \\ 0 & \left(|t| > \dfrac{\tau}{2}\right) \end{cases}$

（4）$\mathrm{tri}(t)$ 为三角脉冲函数：$\mathrm{tri}(t) = \begin{cases} 1 - \dfrac{2|t|}{\tau} & \left(|t| < \dfrac{\tau}{2}\right) \\ 0 & \left(|t| \geqslant \dfrac{\tau}{2}\right) \end{cases}$

（5）$\mathrm{Sa}(t)$ 为取样函数：$\mathrm{Sa}(t) = \dfrac{\sin t}{t}$

部分习题参考答案

第1章

1.1 (1) $A_1A_2A_3A_4$ (2) $\overline{A_1A_2A_3A_4}$

(3) $\overline{A}_1A_2A_3A_4 + A_1\overline{A}_2A_3A_4 + A_1A_2\overline{A}_3A_4 + A_1A_2A_3\overline{A}_4$

(4) $\overline{A}_1A_2A_3A_4 + A_1\overline{A}_2A_3A_4 + A_1A_2\overline{A}_3A_4 + A_1A_2A_3\overline{A}_4 + A_1A_2A_3A_4$

或 $A_2A_3A_4 + A_1A_3A_4 + A_1A_2A_4 + A_1A_2A_3$

(5) $\overline{A}_1\overline{A}_2\overline{A}_3\overline{A}_4$ (6) $\overline{A_1A_2A_3A_4}$

1.2 (1) 0.972   (2) 0.32

1.3 (1) $\dfrac{4}{7}$ (2) $\dfrac{2}{3}$

1.4 0.427

1.5 $\dfrac{3}{5}$

1.6 0.9

1.7 0.625

1.8 6

1.9 $\dfrac{16}{45}$

1.10 0.923

1.11 $\dfrac{1}{2}$; $\dfrac{2}{9}$

1.12
X	0	1	2
P	$\dfrac{22}{35}$	$\dfrac{12}{35}$	$\dfrac{1}{35}$

$\;$; $F(x) = \begin{cases} 0 & (x \leqslant 0) \\[2mm] \dfrac{22}{35} & (0 < x \leqslant 1) \\[2mm] \dfrac{34}{35} & (1 < x \leqslant 2) \\[2mm] 1 & (x > 2) \end{cases}$

1.13 (1) $C = \dfrac{1}{2}$;   (2) 0.316;   (3) $F(x) = \begin{cases} \dfrac{1}{2}\mathrm{e}^x & (x < 0) \\[2mm] 1 - \dfrac{1}{2}\mathrm{e}^{-x} & (x \geqslant 0) \end{cases}$

1.14 $\quad F(x)=\begin{cases} 0 & (x\leqslant 0) \\ \dfrac{x^2}{2} & (0<x\leqslant 1) \\ -\dfrac{x^2}{2}+2x-1 & (1<x\leqslant 2) \\ 1 & (x>2) \end{cases}$

1.15 (1) 0.5328; (2) $C=3$

1.16 3.29

1.17 $C=\dfrac{1}{e^\lambda-1}$

1.18

Y	-1	0	1
P	$\dfrac{2}{15}$	$\dfrac{1}{3}$	$\dfrac{8}{15}$

1.19 $\quad \varphi(y)=\begin{cases} \dfrac{1}{2\sqrt{(y-1)\pi}}e^{-\frac{y-1}{4}} & (y>1) \\ 0 & (y\leqslant 1) \end{cases}$

1.20 $\quad \varphi(y)=\begin{cases} \dfrac{2}{\pi\sqrt{1-y^2}} & (0<y<1) \\ 0 & (其他) \end{cases}$

1.21 (1) 0.9028;

(2) $f_X(x)=\begin{cases} 2x^2+\dfrac{2}{3}x & (0<x\leqslant 1) \\ 0 & (其他) \end{cases}$; $f_Y(y)=\begin{cases} \dfrac{1}{6}y+\dfrac{1}{3} & (0<y\leqslant 2) \\ 0 & (其他) \end{cases}$

1.22 $\quad E(X)=0$；$E(X^2)=2.4$；$E(3X^2+5)=12.2$

1.23 $\quad E(X)=2$；$E(X-2)^2=2$

1.24 $\quad E(X)=1$；$E(X^2+2X)=\dfrac{19}{6}$

1.25 $\quad E(X)=0$；$D(X)=2$

1.26 $\quad E(Y)=1$

1.27 $\quad E(X)=E(Y)=\dfrac{7}{6}$；$D(X)=D(Y)=\dfrac{11}{36}$；$\mathrm{Cov}(X,Y)=-1/36$；$\rho_{XY}=-1/11$

1.28 $\quad E(XY)=0.5$；$\rho_{XY}=0$

1.29 $\quad D(X+Y)=85$；$D(X-Y)=37$

1.30 $\quad \dfrac{\alpha^2}{\alpha^2+u^2}$

1.31　$\left(\dfrac{\sin u}{u}\right)^2$

1.32　$M_Y(u)=\mathrm{e}^{-\frac{a^2u^2}{2}+jbu}$

第 2 章

2.1　$f_1(x;t)=0.1\delta(x+2)+0.2\delta(x+1)+0.4\delta(x)+0.1\delta(x-1)+0.2\delta(x-2)$

2.2　$f_1(y;t)=\dfrac{1}{\sqrt{2\pi}\,|t|}\mathrm{e}^{-\frac{(y-C)^2}{2t^2}}$；$E[Y(t)]=C$；$B_Y(t_1,t_2)=t_1t_2+C^2$

2.3　$E[Y(t)]=m_X(t)+\phi(t)$；$\mathrm{Cov}_Y(t_1,t_2)=\mathrm{Cov}_X(t_1,t_2)$

2.4　$f_1(x;t)=\dfrac{1}{\sqrt{2\pi}\,|\cos\omega_0 t|}\mathrm{e}^{-\frac{x^2}{2\cos^2\omega_0 t}}$　$(-\infty<x<+\infty)$

2.5　$E[X(t)]=\dfrac{1}{4}(1+3\sin\omega_0 t+3\cos\omega_0 t)$；

$B_X(t_1,t_2)=\dfrac{1}{8}(1+5\sin\omega_0 t_1\sin\omega_0 t_2+5\cos\omega_0 t_1\cos\omega_0 t_2)$

2.6　$E[X(t)]=0$；$B_X(t_1,t_2)=\sigma^2\cos\omega_0(t_2-t_1)$

2.7　$B_Y(t_1,t_2)=B_X(t_1+a,t_2+a)-B_X(t_1+a,t_2)-B_X(t_1,t_2+a)+B_X(t_1,t_2)$

2.8　$E[X(t)]=\sin\omega_0 t$；$D[X(t)]=\dfrac{1}{3}\sin^2\omega_0 t$；$E[X^2(t)]=\dfrac{4}{3}\sin^2\omega_0 t$；

$B_X(t_1,t_2)=\dfrac{4}{3}\sin\omega_0 t_1\sin\omega_0 t_2$；$\mathrm{Cov}_X(t_1,t_2)=\dfrac{1}{3}\sin\omega_0 t_1\sin\omega_0 t_2$

2.9　$E[X(t)]=0$；$B_X(t_1,t_2)=\dfrac{1}{6}\cos\omega_0(t_2-t_1)$

2.10　$E[X(t)]=4t+7t^2$；$D[X(t)]=0.1t^2+2t^4$；

$B_X(t_1,t_2)=16.1t_1t_2+28(t_1t_2^2+t_1^2t_2)+51t_1^2t_2^2$；$\mathrm{Cov}_X(t_1,t_2)=0.1t_1t_2+2t_1^2t_2^2$

2.11　$E[Y(t)]=0$；$B_Y(t,t+\tau)=\dfrac{1}{2}B_X(\tau)\cos(\omega_0\tau)$

2.13　$X(t)$ 和 $Y(t)$ 为非平稳过程；$Z(t)$ 为平稳过程

2.14　$f_1(x;0)=\dfrac{1}{\sqrt{2\pi}\sigma}\mathrm{e}^{-\frac{x^2}{2\sigma^2}}$；$f_1(x;1)=\dfrac{1}{\sqrt{2\pi}\sigma}\mathrm{e}^{-\frac{x^2}{2\sigma^2}}$

2.18　在一个周期内,自相关函数的表示式为

$$B_S(\tau)=\begin{cases}\dfrac{A^2}{T}(t_0-\tau) & (0\leqslant\tau<t_0)\\[2mm] 0 & (t_0\leqslant\tau<T-t_0)\\[2mm] \dfrac{A^2}{T}(t_0-T+\tau) & (T-t_0\leqslant\tau<T)\end{cases}$$

2.19　A 为常数时，$X(t)$ 为宽各态历经过程

2.20　$B_X(\tau)=4\mathrm{Sa}(5\tau)$

2.22　$E[Z(t)]=0$；　　$D[Z(t)]=260$；　　$B_Z(\tau)=26\mathrm{e}^{-2|\tau|}(9+\mathrm{e}^{-3\tau^2})\cos\omega_0\tau$

2.24　(1) $E[X(t)]=\pm4$；$E[X^2(t)]=41$；$D[X(t)]=25$；

　　　　　$\mathrm{Cov}_X(\tau)=25\mathrm{e}^{-4|\tau|}\cos\omega_0 t$

　(2) $E[X(t)]=0$；$E[X^2(t)]=A^2$；$D[X(t)]=A^2$；

　　$\mathrm{Cov}_X(\tau)=A^2\mathrm{e}^{-\alpha|\tau|}\cos\beta\tau$

　(3) $E[X(t)]=0$；$E[X^2(t)]=A^2$；$D[X(t)]=A^2$；$\mathrm{Cov}_X(\tau)=\dfrac{A^2\sin\beta\tau}{\beta\tau}$

　(4) $E[X(t)]=\pm2\sqrt{5}$；$E[X^2(t)]=50$；$D[X(t)]=30$；

$$\mathrm{Cov}_X(\tau)=\begin{cases}30\left(1-\dfrac{|\tau|}{10}\right) & (|\tau|\leqslant10)\\[2mm]0 & (|\tau|>10)\end{cases}$$

2.25　$E[X(t)]=\pm5$；$E[X^2(t)]=50$；$D[X(t)]=25$；$\mathrm{Cov}_X(\tau)=25\mathrm{e}^{-10|\tau|}$

2.26　$B_{XY}(t,t+\tau)=-\sigma^2\sin\omega_0\tau$

2.27　$B_W(t,t+\tau)=\mathrm{e}^{-|\tau|}+\cos(2\pi\tau)$；

　　　$B_Z(t,t+\tau)=\mathrm{e}^{-|\tau|}+\cos(2\pi\tau)$；

　　　$B_{WZ}(t,t+\tau)=\mathrm{e}^{-|\tau|}-\cos(2\pi\tau)$

第 3 章

3.1　(5) $\dfrac{1}{2\pi}+\dfrac{1}{2\sqrt{2}}\mathrm{e}^{-\sqrt{2}|\tau|}$

3.2　$\dfrac{\sqrt{2}-1}{2}$

3.3　$\dfrac{1}{48}(9\mathrm{e}^{-|\tau|}+5\mathrm{e}^{-3|\tau|})$；　　$\dfrac{7}{24}$

3.4　$\dfrac{A\alpha}{(\omega-\omega_0)^2+\alpha^2}+\dfrac{A\alpha}{(\omega+\omega_0)^2+\alpha^2}$

3.5　$\dfrac{4}{(\omega-\pi)^2+\alpha^2}+\dfrac{4}{(\omega+\pi)^2+\alpha^2}+\pi[\delta(\omega-3\pi)+\delta(\omega+3\pi)]$

3.6　$T\mathrm{Sa}^2\left(\dfrac{\omega T}{2}\right)$

3.7　$\pi a^2 P(\omega)$

3.8　(1) $\tau=\dfrac{1}{a}$；$\Delta f=\dfrac{a}{4}$；(2) $\tau_k=\dfrac{1}{2a}$；$\Delta f=\dfrac{a}{2}$

3.9 (1) $\dfrac{BK}{2\pi}$; (2) $\dfrac{BK}{2\pi}\mathrm{Sa}^2\left(\dfrac{B\tau}{2}\right)$; (3) $\tau_k=\dfrac{\pi}{B}$; $\Delta f=\dfrac{B}{4\pi}$

3.11 $S_X(\omega)=\displaystyle\sum_{k=-\infty}^{+\infty}\dfrac{\pi\sin^2\left(\dfrac{k\pi}{2}\right)}{\left(\dfrac{k\pi}{4}\right)^2}\delta(\omega-k\Omega)$; $\Omega=\dfrac{2\pi}{T}$

3.13 $S_{XY}(\omega)=2\pi m_X m_Y\delta(\omega)$; $S_{XZ}(\omega)=S_X(\omega)+2\pi m_X m_Y\delta(\omega)$

第 4 章

4.1 $Y(t)=\dfrac{5}{3}M+\dfrac{20}{13}[3\cos(2t+\theta)+2\sin(2t+\theta)]$

4.2 $\dfrac{a}{\alpha}$

4.3 $B_Y(\tau)=\dfrac{b^2\beta N_0}{4(b^2-\beta^2)}\left(\mathrm{e}^{-\beta|\tau|}-\dfrac{\beta}{b}\mathrm{e}^{-b|\tau|}\right)$

4.4 $E[Y(t)]=0.2222\mathrm{V}$; $D[Y(t)]=0.037\mathrm{V}^2$; $E[Y^2(t)]=0.0864\mathrm{V}^2$

4.5 $\dfrac{N_0\Omega}{2\pi}$

4.6 总平均功率=交流平均功率=8

4.7 $S_Y(\omega)=\dfrac{\pi\alpha^2}{2(\alpha^2+\omega_0^2)}[\delta(\omega-\omega_0)+\delta(\omega+\omega_0)]$

4.9 (1) $B_Y(\tau)=S_0\left[\delta(\tau)-\dfrac{R}{2L}\mathrm{e}^{-\frac{R}{L}|\tau|}\right]$; $\tau_k=\dfrac{L}{R}$

(2) $B_{XY}(\tau)=S_0\left[\delta(\tau)-\dfrac{R}{L}\mathrm{e}^{-\frac{R}{L}|\tau|}u(\tau)\right]$; $B_{YX}(\tau)=S_0\left[\delta(\tau)-\dfrac{R}{L}\mathrm{e}^{\frac{R}{L}|\tau|}u(-\tau)\right]$

4.10 (1) $B_Y(\tau)=\dfrac{S_0}{2RC}\mathrm{e}^{-\frac{1}{RC}|\tau|}$; $\tau_k=RC$

(2) $B_{XY}(\tau)=\dfrac{S_0}{RC}\mathrm{e}^{-\frac{1}{RC}|\tau|}u(\tau)$; $B_{YX}(\tau)=\dfrac{S_0}{RC}\mathrm{e}^{\frac{1}{RC}|\tau|}u(-\tau)$

4.12 (1) $\dfrac{1}{4}N_0\omega_0$;   (2) $\tau_k=\dfrac{1}{\omega_0}$; $\Delta f=\dfrac{\omega_0}{4}$

4.13 $S_Y(\omega)=\dfrac{\alpha^2}{\alpha^2+\omega^2}(1-2\mathrm{e}^{-\alpha T}\cos\omega T+\mathrm{e}^{-2\alpha T})S_X(\omega)$

4.14 $B_Y(\tau)=\dfrac{24}{7}\mathrm{e}^{-3|\tau|}-\dfrac{18}{7}\mathrm{e}^{-4|\tau|}$;   平均功率$=\dfrac{6}{7}$

4.15 (1) $B_Y(\tau)=10\cos100\tau$; $E[Y^2(t)]=10$

(2) $B_Z(\tau)=40\pi^2\cos100\tau$; $E[Z^2(t)]=40\pi^2$

4.16 (1) $H(\mathrm{j}\omega)=\dfrac{1-\mathrm{e}^{-\mathrm{j}\omega T}}{\mathrm{j}\omega}$; (2) $S_0 T$

4.17 $S_Y(\omega)=\alpha A^2(a^2+b^2\omega^2)\left[\dfrac{1}{(\omega-\omega_0)^2+\alpha^2}+\dfrac{1}{(\omega+\omega_0)^2+\alpha^2}\right]$

4.20 $\sqrt{\dfrac{kT}{L}}$

4.21 $\dfrac{2kTR}{R^2+\left(\omega L-\dfrac{1}{\omega C}\right)^2}$

4.22 $V_{ab}(\omega)=\dfrac{2kTR}{(1-\omega^2 LC)^2+(\omega RC)^2}$

4.23 (1) 4×10^{-5}; (2) 1.27×10^{-6}; (3) 4.002×10^{-5}

4.24 (1) $\dfrac{10^{-20}}{10^{-6}+10^{-14}\omega^2}$; (2) 7.07×10^{-3}

第 5 章

5.1 $E[R]=\sqrt{\dfrac{\pi}{2}}$; $D[R]=\left(2-\dfrac{\pi}{2}\right)$

5.2 $f_{Y1}(y)=\dfrac{1}{2\sigma^2}\mathrm{e}^{-\frac{y}{2\sigma^2}}$ $(y\geqslant0)$

5.3 $\mathrm{e}^{-18\sigma^2}$

5.5 $B_U(\tau)=\dfrac{4kTA^2\Delta}{\pi}\dfrac{R_1 R_2}{R_1+R_2}\mathrm{Sa}(\Delta\tau)\cos\omega_0\tau$; $\overline{U^2(t)}=\dfrac{4kTA^2\Delta}{\pi}\dfrac{R_1 R_2}{R_1+R_2}$

5.6 $B_0(\tau)=\dfrac{N_0\alpha}{4}\mathrm{e}^{-\alpha|\tau|}\dfrac{\cos\omega_0\tau}{2}$; 平均功率 $=\dfrac{N_0\alpha}{8}$

5.7 $f(R)=\dfrac{R}{2BS_0 A^2}\mathrm{e}^{-\frac{R^2}{4BS_0 A^2}}$; $E[R]=A\sqrt{\pi BS_0}$; $E[R^2]=4BS_0 A^2$

5.8 $f(R)=\dfrac{R}{2BS_0}\mathrm{e}^{-\frac{R^2}{4BS_0}}$; $E[R]=\sqrt{\pi BS_0}$; $E[R^2]=4BS_0$

5.9 $1-\mathrm{e}^{-1}$

5.10 $B_Z(\tau)=\dfrac{A^2\sigma^2}{4}\mathrm{e}^{-\beta|\tau|}$; $E[Z^2(t)]=\dfrac{A^2\sigma^2}{4}$

5.11 (1) $S_Y(\omega)=S_X(\omega)+S_n(\omega)$; 其中 $S_X(\omega)=\dfrac{\pi}{2}[\delta(\omega-\omega_0)+\delta(\omega+\omega_0)]$;

$S_n(\omega)=\begin{cases}\dfrac{N_0}{2}\left[1-\dfrac{1}{\Delta}||\omega|-\omega_0|\right] & (|\omega\pm\omega_0|\leqslant\Delta),\\ 0 & (\text{其他})\end{cases}$

$$B_Y(\tau) = \frac{1}{2}\left[1 + \frac{N_0\Delta}{\pi}\left(\frac{\sin\Delta\tau/2}{\Delta\tau/2}\right)^2\right]\cos\omega_0\tau\;;$$

(2) $f_Z(z) = \dfrac{2\pi z}{N_0\Delta}\mathrm{e}^{-\frac{\pi(z^2+1)}{N_0\Delta}}I_0\left(\dfrac{2\pi z}{N_0\Delta}\right), \quad z \geqslant 0$

第 6 章

6.1　(1) $f_{Y1}(y) = \begin{cases} \dfrac{1}{\sqrt{2\pi}\,y}\mathrm{e}^{-\frac{(\ln\frac{y}{b})^2}{2}} & (y > 0); \\ 0 & (y \leqslant 0) \end{cases}$

(2) $E[Y(t)] = b\mathrm{e}^{\frac{1}{2}}$；$E[Y^2(t)] = b^2\mathrm{e}^2$

6.2　(1) $f_{Y1}(y) = \begin{cases} \dfrac{1}{\sqrt{2\pi}}\mathrm{e}^{-\frac{y^2}{8}} & (y \geqslant 0); \\ 0 & (y < 0) \end{cases}$　　(2) $E[Y^2(t)] = 4$

6.4　$E[Y(t)] = b\sqrt{\dfrac{B_X(0)}{2\pi}}$；$D[Y(t)] = \dfrac{b^2 B_X(0)}{2}\left(1 - \dfrac{1}{\pi}\right)$

6.5　$B_Y(\tau) = a^2\left(\dfrac{N_0}{4RC}\right)^2(1 + 2\mathrm{e}^{-\frac{2}{RC}|\tau|})$；

$$S_Y(\omega) = \frac{a^2 N_0^2\pi}{8R^2C^2}\delta(\omega) + \frac{a^2 N_0^2}{2RC}\frac{1}{(\omega RC)^2 + 4}$$

6.6　$B_Y(\tau) = \mathrm{e}^{B_X(\tau)} + 0.2738$

第 7 章

7.1

$$\begin{bmatrix} 1 & 0 & 0 & 0 & 0 \\ 1/3 & 1/3 & 1/3 & 0 & 0 \\ 0 & 1/3 & 1/3 & 1/3 & 0 \\ 0 & 0 & 1/3 & 1/3 & 1/3 \\ 0 & 0 & 0 & 0 & 1 \end{bmatrix}; \quad \begin{bmatrix} 1 & 0 & 0 & 0 & 0 \\ 4/9 & 2/9 & 2/9 & 1/9 & 0 \\ 1/9 & 2/9 & 1/3 & 2/9 & 1/9 \\ 0 & 1/9 & 2/9 & 2/9 & 4/9 \\ 0 & 0 & 0 & 0 & 1 \end{bmatrix}$$

7.2　(1) 0.252；(2) 0.192

7.3　(1)

$$\begin{bmatrix} 1 & 0.4 & 0 & 0 \\ 0.6 & 0 & 0.4 & 0 \\ 0 & 0.6 & 0 & 0.4 \\ 0 & 0 & 0.6 & 1 \end{bmatrix}$$

（2）

$$\begin{bmatrix} & \vdots & \vdots & \vdots & \vdots & \\ \cdots & 0 & q & 0 & 0 & \cdots \\ \cdots & p & 0 & q & 0 & \cdots \\ \cdots & 0 & p & 0 & q & \cdots \\ \cdots & 0 & 0 & p & 0 & \cdots \\ & \vdots & \vdots & \vdots & \vdots & \end{bmatrix}$$

7.4

$$\begin{bmatrix} q & 0 & p \\ 0 & 1 & 0 \\ q & 0 & p \end{bmatrix}$$

7.5

$$\boldsymbol{P} = \begin{bmatrix} \dfrac{13}{36} & \dfrac{13}{36} & \dfrac{1}{9} & \dfrac{1}{6} \\[2mm] \dfrac{5}{12} & \dfrac{15}{12} & \dfrac{1}{6} & 0 \\[2mm] \dfrac{5}{24} & \dfrac{11}{24} & \dfrac{1}{12} & \dfrac{1}{4} \\[2mm] \dfrac{1}{4} & \dfrac{1}{2} & 0 & \dfrac{1}{4} \end{bmatrix}$$

参 考 文 献

[1] 吴赣昌.概率论与数理统计[M].北京：中国人民大学出版社,2004.

[2] 张继昌.概率论与数理统计教程[M].杭州：浙江大学出版社,2021.

[3] 盛骤,谢式千,潘承毅.概率论与数理统计[M].5版.北京：高等教育出版社,2020.

[4] 吴祈耀.随机过程[M].北京：国防工业出版社,1984.

[5] 应坚刚,金蒙伟.随机过程基础[M].上海：复旦大学出版社,2020.

[6] 周荫清.随机过程理论[M].北京：电子工业出版社,2006.

[7] 赵希人,彭秀艳.随机过程基础及其应用[M].哈尔滨：哈尔滨工程大学出版社,2020.

[8] 郑君里,应启珩,杨为理.信号与系统[M].3版.北京：高等教育出版社,2018.

[9] 罗鹏飞,张文明.随机信号分析与处理[M].北京：清华大学出版社,2012.

[10] 李晓峰,李在铭,周宁,等.随机信号分析[M].北京：电子工业出版社,2008.

[11] 帕普里斯,佩莱.概率 随机变量与随机过程[M].保铮,等译.4版.西安：西安交通大学出版社,2004.

[12] 常建平,李海林.随机信号分析[M].北京：科学出版社,2006.

[13] 郑薇,赵淑清,李卓明.随机信号分析[M].3版.北京：电子工业出版社,2015.

[14] 王永德,王军.随机信号分析基础[M].5版.北京：电子工业出版社,2020.

[15] 李兵兵,马文平,田红心,等.随机信号分析教程[M].北京：高等教育出版社,2012.

[16] 麦克多纳,瓦伦.噪声中的信号检测[M].王德石,等译.2版.北京：电子工业出版社,2006.

[17] 丁玉美,阔永红,高新波.数字信号处理——时域离散随机信号处理[M].西安：西安电子科技大学出版社,2002.

[18] 杨鉴,普园媛,梁虹.随机信号处理原理与实践[M].2版.北京：科学出版社,2020.

图书资源支持

感谢您一直以来对清华大学出版社图书的支持和爱护。为了配合本书的使用，本书提供配套的资源，有需求的读者请扫描下方的"书圈"微信公众号二维码，在图书专区下载，也可以拨打电话或发送电子邮件咨询。

如果您在使用本书的过程中遇到了什么问题，或者有相关图书出版计划，也请您发邮件告诉我们，以便我们更好地为您服务。

我们的联系方式：

教学资源·教学样书·新书信息

地　　址：北京市海淀区双清路学研大厦 A 座 714

邮　　编：100084

电　　话：010-83470236　010-83470237

资源下载：http://www.tup.com.cn

客服邮箱：tupjsj@vip.163.com

QQ：2301891038（请写明您的单位和姓名）

人工智能科学与技术
人工智能|电子通信|自动控制

资料下载·样书申请

书圈

用微信扫一扫右边的二维码，即可关注清华大学出版社公众号。